JN117252

iPhone 13 Pro/13 Pro Max/13/13 mini 便利すぎる！テクニック

新機能の集中モードで通知をコントロール

自分のアドレスを隠してメールを送受信する

Safariの新しいタブの操作をマスターする

WindowsやAndroidともFaceTimeで通話

YouTubeで見せたいシーンを共有する

eSIMで2つの回線を同時に利用する

カメラの高い性能を発揮させる多彩な撮影技

LINEの既読回避や送信取り消しでストレスを撃退

使わないとも損するGoogleマップのお役立ち機能

プライバシーを完全保護するセキュリティ設定

standards

CONTENTS

ネットの快適技 SECTION 3

写真・音楽・動画 SECTION 4

SECTION 5 仕事効率化

SECTION 6 設定とカスタマイズ

生活お役立ち技 SECTION 7

トラブル解決とメンテナンス SECTION 8

最新iPhoneが
もっと便利に
もっと快適になる
技あり操作と
正しい設定
ベストなアプリが満載!

いつでも手元に用意してSNSやゲーム、動画や音楽を楽しんだり、
時には仕事の道具としても活躍するiPhone。
しかし、本来の先進的でパワフルな実力をを最大限に引き出すには、
iOSの隠れた便利機能や最適な設定、効率的な操作法、
自分の目的に合ったベストなアプリを知ることが大事。
本書では、iPhoneをもっとしっかり活用したいユーザーへ向けて
241のテクニックを公開。日々の使い方を劇的に変える1冊になるはずだ。

0:05
Sometimes I Might Be Introvert
Little Simz
Lo que viste en los jardines
ミュージック
水
13
FaceTime
カレンダー
写真
カメラ
メール
メモ
リマインダー
時計
連絡先
設定
App Store
Google Maps
LINE
Twitter
LINE
YouTube
Dropbox

iOS 15
の新機能も
まとめてわかる

本書の見方・使い方 >>>>

「マスト!」マーク

241のテクニックの中でも多くのユーザーにとって有用な、特にオススメのものをピックアップ。まずは、このマークが付いたテクニックから試してみよう。

「iOS 15」マーク

iOS 15で追加・変更された機能や操作法、また、iOS 15に関わる新たなテクニックにはこのマークを表示。iPhone 13 Pro/13 Pro Max/13/13 miniではじめて搭載された機能にも、便宜的にこのマークを表示している。

App

Microsoft Whiteboard
作者/Microsoft Corporation
価格/無料

QRコード

QRコードをカメラで読み取れば、App Storeの該当アプリのインストールページへ簡単にアクセスできる。コントロールセンターから「コードスキャナー」を起動して読み取ろう。

QRコードの利用方法

1 コードスキャナーを起動する

コードスキャナーが見当たらない場合は、「設定」→「コントロールセンター」で追加しよう

コントロールセンターを引き出し、「コードスキャナー」をタップ。カメラをQRコードへ向ければすぐにスキャンされる。

2 App Storeのページが開く

Microsoft
Whiteboard
Microsoft Corporation
入手
3.9
4+
アップデート
バージョン履歴
Enhanced App Experience...!!
プレビュー

自動でApp Storeの該当ページが開くので、「入手」か「¥250」などの価格表示部分をタップしてインストールしよう。

カメラアプリでスキャンする

標準のカメラアプリでもQRコードを読み取ることができる。「写真」モードでQRコードへカメラ向けると「App Storeで表示」と表示されるので、これをタップ。すぐにApp Storeの該当ページが開く。

掲載アプリINDEX

巻末のP111にはアプリ名から記事を検索できる「アプリINDEX」を掲載。
気になるあのアプリの使い方を知りたい……といった場合に参照しよう。

CAUTION ●本書掲載の情報は2021年10月現在のものであり、各種機能や操作方法、価格や仕様、WebサイトのURLなどは変更される可能性があります。本書の内容はそれぞれ検証した上で掲載していますが、すべての機種、環境での動作を保証するものではありません。以上の内容をあらかじめご了承の上、すべて自己責任でご利用ください。

SECTION 1

新機能と基本の便利技

新型iPhoneやiOS 15の隠れた便利機能を総まとめ。さらに、iPhoneを買ったら最初に必ずチェックしたい設定ポイント、頻繁に使う快適操作法など、すべてのユーザーにおすすめの基本テクニックが満載。

SoftBank
21:11
10月24日 日曜日

iOS15

001 FaceTime WindowsやAndroidともFaceTimeで通話する

招待リンクを送るとWebブラウザ経由で参加できる

これまではAppleデバイス同士でしか通話できず汎用性に乏しかったFaceTimeだが、iOS 15からは、WindowsやAndroidユーザーも通話に参加できるようになっている。これにより、FaceTimeをオンラインミーティングなどに活用しやすくなった。FaceTimeで通話のリンクを作成してメールなどで招待すると、WindowsやAndroidユーザーはWebブラウザからログイン不要で通話に参加できる。なお、Webブラウザで通話に参加する場合、ミー文字などの機能は利用できないが、カメラのオンオフやマイクのミュートといった基本的な機能は利用可能だ。

1 FaceTimeの招待リンクを送る

タップ
リンクを作成
新しいFaceTime

「名前を追加」で通話に名前を付けられる

FaceTimeを起動したら「リンクを作成」をタップし、メールやメッセージで招待リンクを送信しよう。なお「新しいFaceTime通話」は、Appleデバイス同士で通話するためのボタンだ。

2 ホスト側で通話を開始する

FaceTime
タップ
iPhone本打ち合わせ

タップ
iPhone本打ち合わせ
参加

招待リンクを送信したら、「今後の予定」欄に作成したFaceTime通話のリンクが表示されるのでタップ。FaceTime通話の画面が開始されたら、右上の「参加」ボタンをタップしよう。

3 Androidスマホなどで参加する

iPhone本打ち合わせ
西川希典
タップ
FaceTimeに参加してください
FaceTime リンク
iPhoneから送信

FaceTime
名前を入力して、チャットに参加しましょう。
青山
タップ
続ける

Androidスマホなどで FaceTimeの招待リンクを受け取ったら、記載された「FaceTime リンク」をタップしよう。Webブラウザが起動するので、名前を入力して「続ける」→「参加」で参加できる。

SECTION 1

iOS15

002 メッセージ メッセージの新機能「あなたと共有」を利用する

共有されたコンテンツを各アプリで表示

メッセージアプリでURLや写真、音楽などが送られてきた場合、以前はメッセージアプリを起動してから各コンテンツを表示する必要があった。しかしiOS 15からは、それぞれ対応するアプリ内に「あなたと共有」セクションが設けられており、メッセージアプリを起動することなく共有されたコンテンツを確認できる。たとえばSafarならスタートページで、写真は「For You」画面で、ミュージックは「今すぐ聴く」画面で、共有されたURLや写真、音楽を確認できる。また「共有元」をタップすると、相手にメッセージで返信することもできる。

1 「あなたと共有」機能を有効にする

あなたと共有
自動共有
ミュージック
TV
Safari
写真
Podcast
それぞれスイッチをオンにしておく

「設定」→「メッセージ」→「あなたと共有」→「自動共有」のオンを確認しよう。その下で、「あなたと共有」機能を利用するアプリのスイッチもそれぞれオンにしておく。

2 「あなたと共有」で表示する

あなたと共有
Siriからの提案
メッセージで送られてきたURL
iPadから

メッセージアプリでURLが送られてきた場合は、メッセージアプリを起動しなくても、Safariのスタートページにある「あなたと共有」欄で確認できる。

3 メッセージの返信も行える

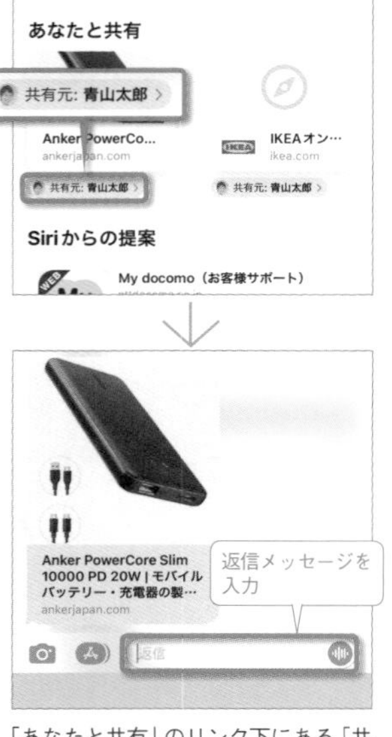
あなたと共有
共有元: 青山太郎
Siriからの提案
返信メッセージを入力

「あなたと共有」のリンク下にある「共有元」をタップすると、メッセージの作成画面が開き、Safariから直接メッセージを返信できる。

マスト! iOS15

003 通知の基本設定と新機能をチェックする

通知

重要度に合わせて通知を柔軟に設定しよう

さまざまなアプリの新着情報をバナーやサウンドで知らせてくれる通知機能は、便利な反面、あまり頻繁に届くとわずらわしいこともある。重要度の低いアプリは、通知をオフにしたりバッジのみで知らせるなど通知方法を制限し、通知を必ず確認したい重要なアプリは、サウンドを変更して目立たせるなど、アプリごとの通知設定を見直そう。メールの場合は、アカウントごとに個別に通知を変更することも可能だ（No056で解説）。また、通知の設定で「時刻指定要約」をオンにすると、要約に含めたアプリの通知を指定した時間に一度に表示するようになる。あまり重要でない通知は、この機能であとからまとめてチェックしよう。

>>> アプリごとに通知の設定を変更する

1 通知の許可と即時通知

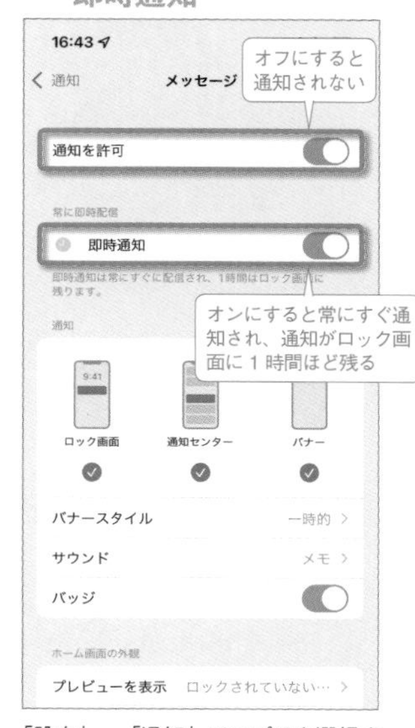

オフにすると通知されない
オンにすると常にすぐ通知され、通知がロック画面に1時間ほど残る

「設定」→「通知」でアプリを選択すると、アプリごとに通知設定を変更できる。通知が不要なアプリは「通知を許可」をオフにしよう。一部アプリに用意された「即時通知」をオンにすると、通知がすぐに配信され、1時間はロック画面に残る。

2 通知の表示スタイルを設定

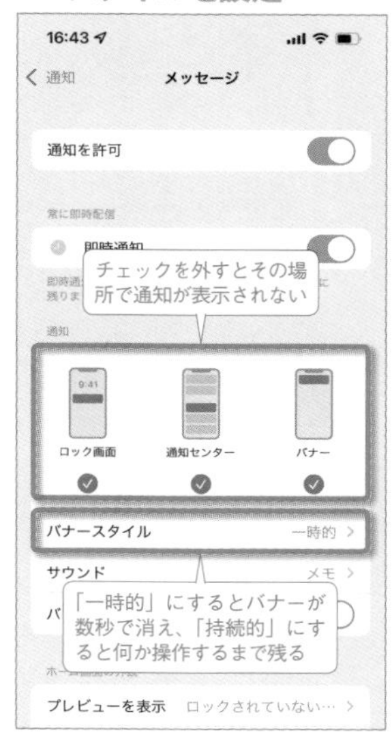

チェックを外すとその場所で通知が表示されない
「一時的」にするとバナーが数秒で消え、「持続的」にすると何か操作するまで残る

「通知」欄で通知を表示する場所を選択できる。また、バナーを数秒で消すか持続的に残すかを選べる他、通知サウンドの種類やバッジ表示の有無も設定できる。重要度の低いアプリはバッジだけをオンにするなど、柔軟に設定しよう。

3 プレビュー表示をオフにする

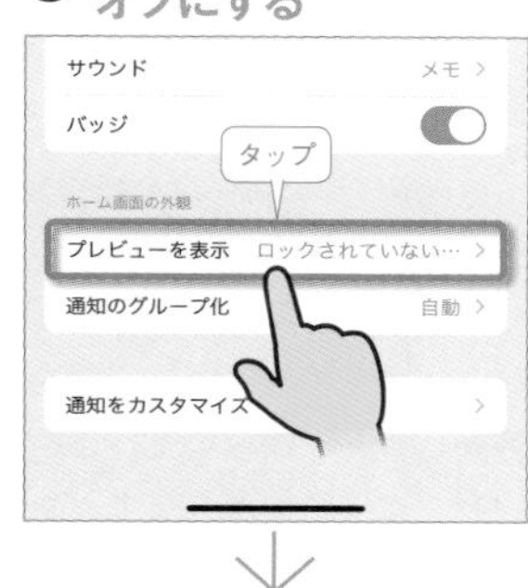

タップ

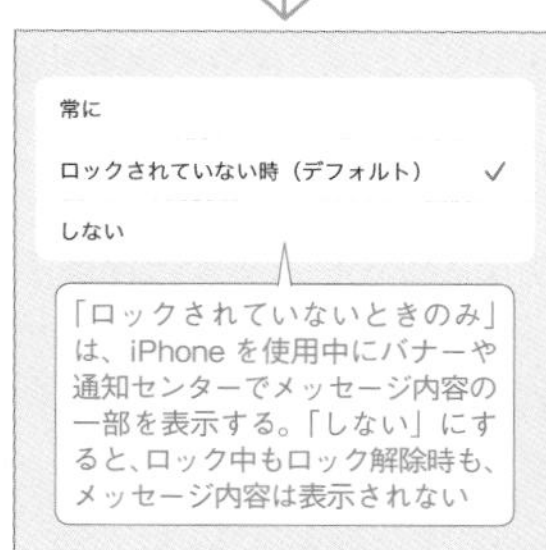

「ロックされていないときのみ」は、iPhoneを使用中にバナーや通知センターでメッセージ内容の一部を表示する。「しない」にすると、ロック中もロック解除時も、メッセージ内容は表示されない

メッセージやメールの通知は、本文の内容の一部が通知画面に表示される。これを表示したくないなら、「プレビューを表示」をタップし、「しない」に変更しておこう。

>>> 通知センターの画面と時刻指定要約

1 通知センターを表示させる

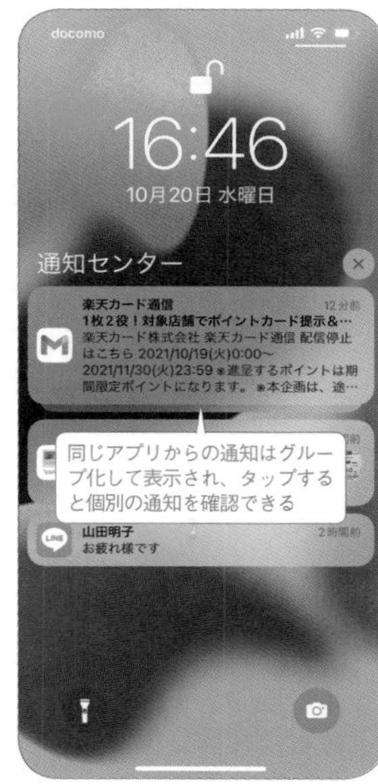

同じアプリからの通知はグループ化して表示され、タップすると個別の通知を確認できる

画面上部の中央や左から下にスワイプするか、ロック画面では画面の中央から上にスワイプすると、通知センターが表示される。この画面では、届いた通知をまとめて確認できる。

2 通知センターで行える操作

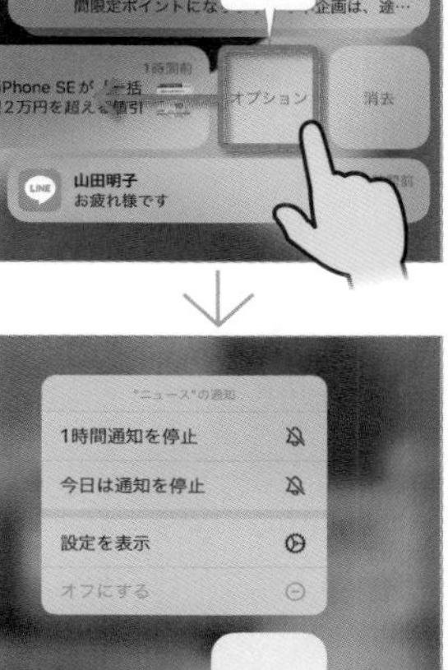

タップ

通知センターの通知を左にスワイプし、「オプション」をタップすると、通知を1時間停止したり、今日の通知を停止できる。「オフにする」をタップすると通知をオフにできる。

3 指定時間に通知をまとめて表示する

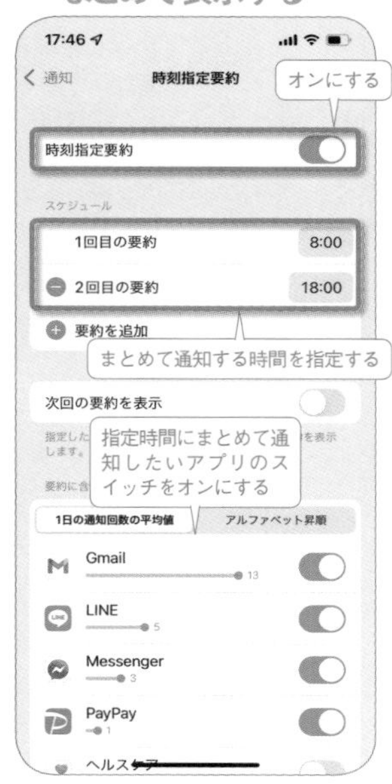

オンにする
まとめて通知する時間を指定する
指定時間にまとめて通知したいアプリのスイッチをオンにする

「設定」→「通知」→「時刻指定要約」をタップし、「時刻指定要約」のスイッチをオンにすると、「要約に含まれるAPP」でオンにしたアプリの通知を、「スケジュール」で設定した時間にまとめて通知するようになる。

POINT

アプリ独自の通知設定を開く

TwitterやLINEなど一部のアプリは、通知設定の一番下に「○○の通知設定」というリンクが用意されている。これをタップすると、アプリ独自の通知設定画面が開き、より細かく通知を変更できる。

iOS15

004 集中モードで通知をコントロールする

集中モード

仕事中や運転中などシーン別に通知を制御

集中して作業したい時にメールや SNS の通知が届くと、気が散って集中できなくなる。そこで設定しておきたいのが「集中モード」機能だ。仕事中や睡眠中、運転中といったシーン別に、通知や着信をオフにしたり、特定の連絡先やアプリの通知を許可したり（No005 で解説）、自動で有効にするトリガーを設定するなど、通知を細かく制御できる。なお、「おやすみモード」と「睡眠」という似た項目があるが、「睡眠」はヘルスケアアプリで設定した毎日の睡眠スケジュールと連動する設定。一時的に休憩したい時は「おやすみモード」を使おう。

1 集中モードのシーンを選択

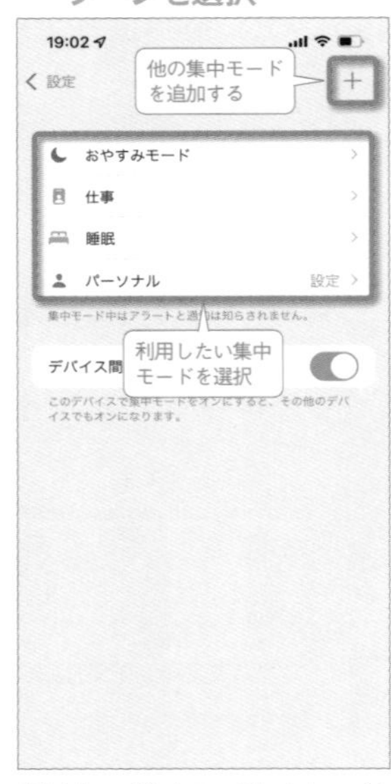

他の集中モードを追加する
おやすみモード
仕事
睡眠
パーソナル
利用したい集中モードを選択

「設定」→「集中モード」をタップすると、「おやすみモード」や「仕事」などシーン別の集中モードが準備されているので、設定したいものをタップ。「＋」をタップすると、他の集中モードを追加できる。

2 各シーンの設定を済ませる

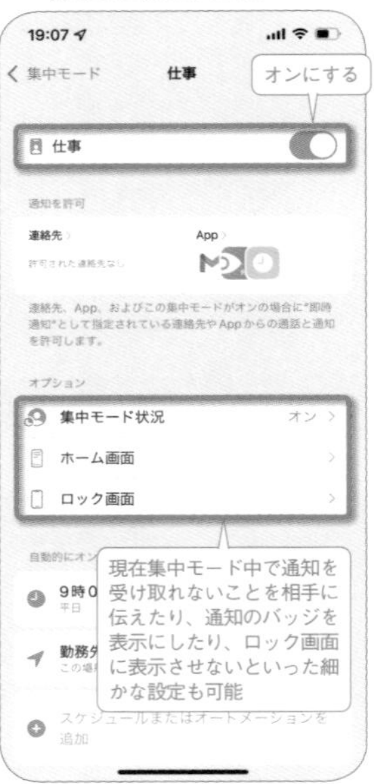

オンにする
仕事
集中モード状況
ホーム画面
ロック画面
現在集中モード中で通知を受け取れないことを相手に伝えたり、通知のバッジを表示にしたり、ロック画面に表示させないといった細かな設定も可能

各シーンの一番上のスイッチをオンにすると、この集中モードが有効になる。通知を許可する連絡先やアプリを指定したり、自動的に有効にするスケジュールや場所を設定しておこう。

3 コントロールセンターで切り替え

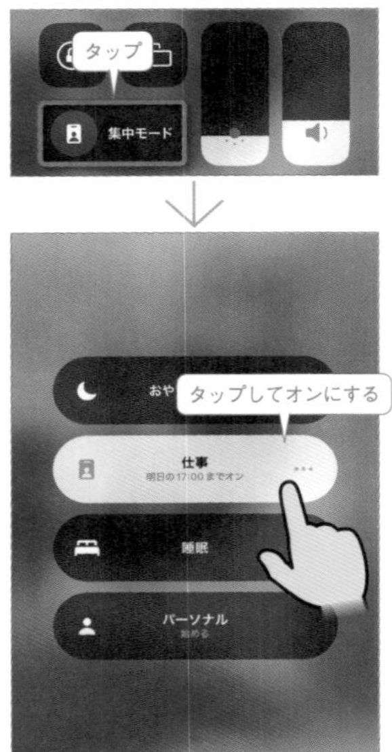

タップ
集中モード
タップしてオンにする
仕事
睡眠
パーソナル

集中モードは、コントロールセンターから手動でオン／オフを切り替えできる。「集中モード」ボタンをタップして、機能を有効にしたい集中モードのシーンをタップしよう。

SECTION 1

iOS15

005 集中モード中でも重要な連絡は通知させる

集中モード

集中モード（No004 で解説）は、集中したい時や、ゆっくり休みたい時に通知を無効にするための機能だが、特定の人やアプリからの通知は許可しておくこともできる。また、個別に許可していない人でも、「よく使う項目」に登録した連絡先や、同じ人から 3 分以内に 2 度めの電話があった場合に通知させたり、許可リストに追加していないアプリでも、「即時通知」をオンにしたアプリ（No003 で解説）からの通知は許可するといった設定も行える。

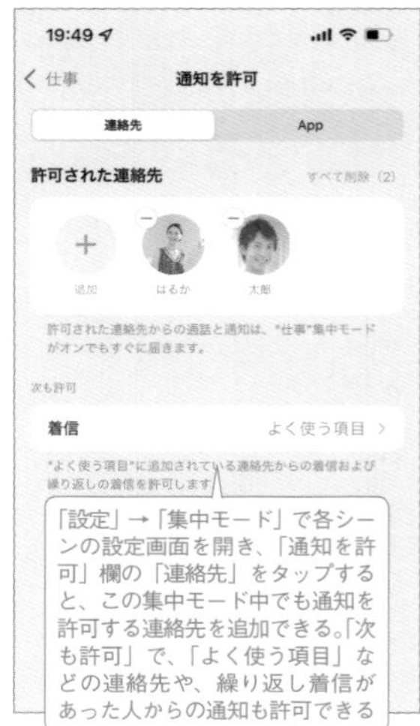

通知を許可
許可された連絡先
着信
よく使う項目

「設定」→「集中モード」で各シーンの設定画面を開き、「通知を許可」欄の「連絡先」をタップすると、この集中モード中でも通知を許可する連絡先を追加できる。「次も許可」で、「よく使う項目」などの連絡先や、繰り返し着信があった人からの通知も許可できる

通知を許可
許可された App
即時通知

各シーンの設定画面を開き、「通知を許可」欄の「App」をタップすると、この集中モード中でも通知を許可するアプリを追加できる。「即時通知」をオンにすると、通知を許可したアプリ以外に、「即時通知」が有効になっているアプリからの通知も許可される

マスト! iOS15

006 アプリごとに文字サイズや画面表示の設定を変える

画面

iPhone では、全体的に文字サイズを大きくしたり太くできるだけでなく、アプリ単位で文字サイズや画面設定を個別に変更することも可能だ。「設定」→「アクセシビリティ」→「App ごとの設定」をタップし、「App を追加」で変更したいアプリを追加したら、追加したアプリをタップ。文字の太さやサイズを変更できるほか、透明度を下げたりコントラストを上げることもできる。さらに、画面の色を反転させたり視差効果を減らすなど細かく設定可能だ。

「設定」→「アクセシビリティ」→「App ごとの設定」をタップし、「App を追加」で変更したいアプリを追加。続けて追加したアプリをタップする。「設定」→「画面表示と明るさ」→「テキストサイズを変更」で、iPhone 全体の文字サイズを設定した上で、個別のアプリの設定を変更しよう

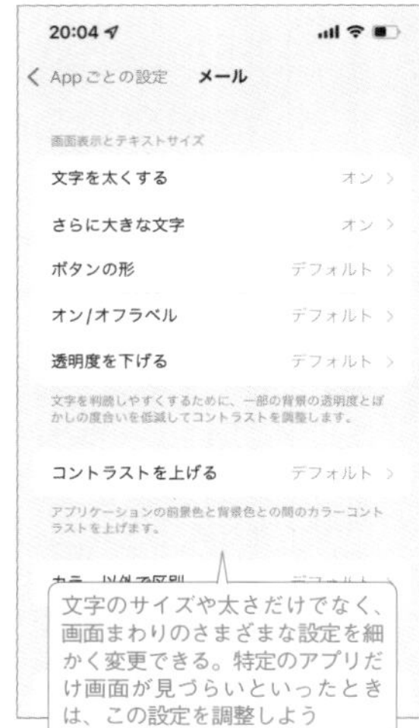

メール
文字を太くする
さらに大きな文字
ボタンの形
オン/オフラベル
透明度を下げる
コントラストを上げる

文字のサイズや太さだけでなく、画面まわりのさまざまな設定を細かく変更できる。特定のアプリだけ画面が見づらいといったときは、この設定を調整しよう

マスト!
007

ウィジェット

ウィジェットをホーム画面に配置する

ホーム画面でアプリの最新情報を確認

アプリを起動しなくても最新情報を確認できたり、アプリに備わる特定の機能を素早く呼び出せるパネル状のツールを「ウィジェット」と言う。iPhoneでは、ウィジェットをホーム画面にアプリと並べて配置しておけるので、今日の予定や天気、ニュースなど、よく見るアプリの最新情報を、いつでも目に付く場所で素早く確認することが可能だ。また、同サイズのウィジェットを重ねて上下スワイプで表示を切り替えできる「スマートスタック」機能や、時刻や使用状況に応じてベストなウィジェットを表示してくれる「スマートローテーション」機能なども設定できる。なお、ウィジェットを配置できるのは、ウィジェット機能を備えたアプリだけだ。

>>> ウィジェットをホーム画面に追加してみよう

1 ウィジェットを追加する

完了
FaceTime
写真
カメラ
メール
時計
マップ
天気

ウィジェットを検索
スマートスタック
追加したいウィジェットを探してタップする

ウィジェットを追加するには、まずホーム画面の何もないところロングタップして編集モードに切り替えよう。画面左上の「＋」をタップし、追加したいウィジェットをタップする。

2 ウィジェットのサイズを選択する

サイズだけではなく表示機能を選べる場合もある
カレンダー
次はこちら
ウィジェットを追加

ウィジェットによっては、複数のサイズが用意されていることがある。左右スワイプで配置したいサイズを選んで、「ウィジェットを追加」をタップしよう。

3 ウィジェットを配置する

ホーム画面にウィジェットが配置されるので、ドラッグして位置を調整しよう。ホーム画面を見るだけで、カレンダーや天気を確認できるようになり、利便性が劇的に向上した。なお、アプリの移動操作と同じように、ホーム画面の左右端にドラッグすれば、前後のページに移動させることができる

>>> ウィジェットの便利な機能と編集

1 スマートスタック機能を使う

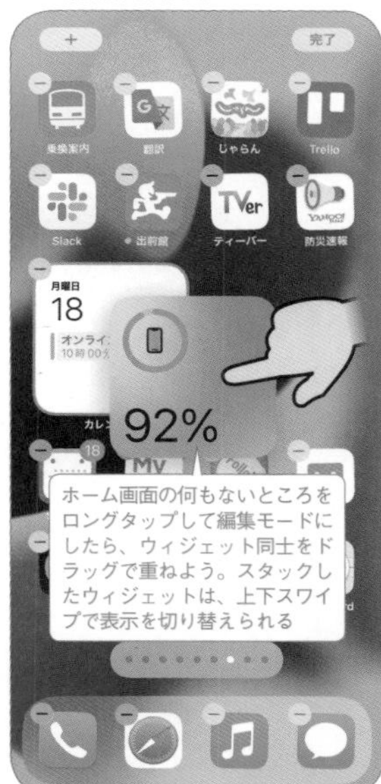
完了
92%
ホーム画面の何もないところをロングタップして編集モードにしたら、ウィジェット同士をドラッグで重ねよう。スタックしたウィジェットは、上下スワイプで表示を切り替えられる

スマートスタックは、フォルダのように同じサイズのウィジェット同士をまとめられる機能だ。ホーム画面の編集モードでウィジェット同士を重ねればスタック化される。

2 スマートスタックを編集する

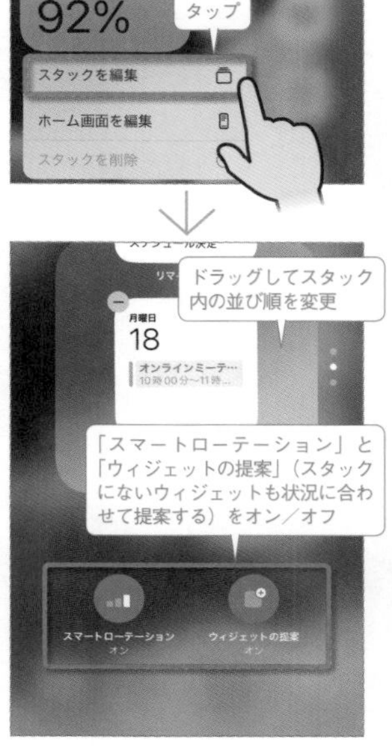
92%
タップ
スタックを編集
ホーム画面を編集
スタックを削除
ドラッグしてスタック内の並び順を変更
「スマートローテーション」と「ウィジェットの提案」（スタックにないウィジェットも状況に合わせて提案する）をオン／オフ
スマートローテーション
ウィジェットの提案

スタックをロングタップ→「スタックを編集」で、スタック内の並び順を変更可能だ。「スマートローテーション」が有効であれば、状況に応じて関連性の高いウィジェットが自動表示される。

3 ウィジェットの機能を設定する

タップ
ホーム画面を編集
ウィジェットを編集
葛飾区
13°

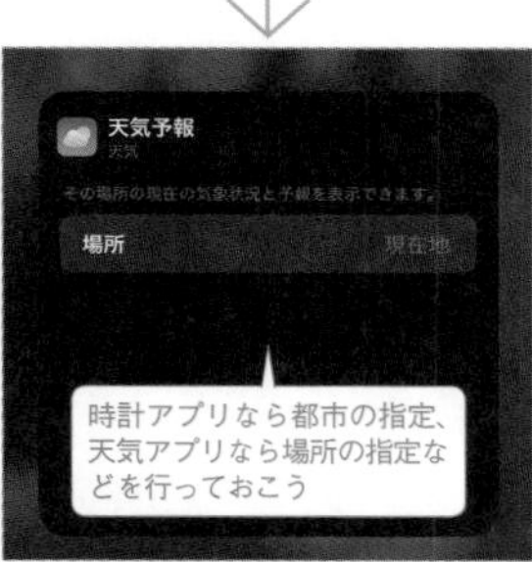
天気予報
場所
現在地
時計アプリなら都市の指定、天気アプリなら場所の指定などを行っておこう

ウィジェットによっては、配置後に設定が必要なものがある。ウィジェットの設定画面を表示したい場合は、ウィジェットをロングタップして「ウィジェットを編集」をタップすればいい。

POINT

旧仕様のウィジェットは「カスタマイズ」から追加しよう

ウィジェットによっては、ホーム画面に配置できない旧仕様のものもある。旧仕様のウィジェットは、ウィジェット画面（ホーム画面の最初のページを右にスワイプした画面）で追加が可能だが、画面の最下部にまとめて表示され自由に移動できない。

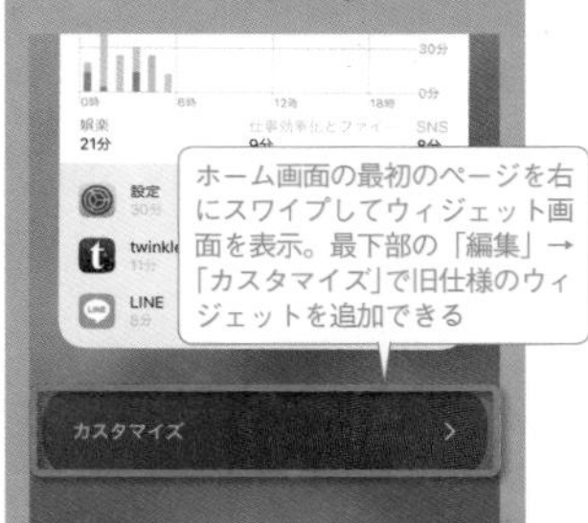
ホーム画面の最初のページを右にスワイプしてウィジェット画面を表示。最下部の「編集」→「カスタマイズ」で旧仕様のウィジェットを追加できる
カスタマイズ

マスト!

008 Appライブラリ すべてのアプリはAppライブラリで管理する

アプリを非表示にしてホーム画面をすっきりさせよう

アプリを大量にインストールしていて、ホーム画面から目的のアプリを探すのが大変という人は、よく使うアプリだけをホーム画面に残しておき、普段あまり使わないアプリは非表示にしておこう。すべてのインストール済みアプリは、ホーム画面を一番右までスワイプして表示される「App ライブラリ」画面で確認できる。非表示にしたアプリはこの画面から起動しよう。アプリはカテゴリ別に自動分類されており、検索機能で目的のアプリをすぐ探すことも可能だ。また、非表示にしたアプリをホーム画面に配置し直すこともできる。

1 Appライブラリの表示と検索

Appライブラリ
アプリ名だけでなく、「動画」「メモ」など機能やジャンルでも検索できる
提案
最近追加した項目
アプリは自動でカテゴリ分けされる。アイコンが4つ並んだ部分をタップすると、そのカテゴリのすべてのアプリが表示される
仕事効率化
SNS

ホーム画面を一番右までスワイプすると「App ライブラリ」が表示され、インストール済みのすべてのアプリをカテゴリ別に確認できる。上部の検索欄でアプリのキーワード検索も可能。

2 アプリをホーム画面から取り除く

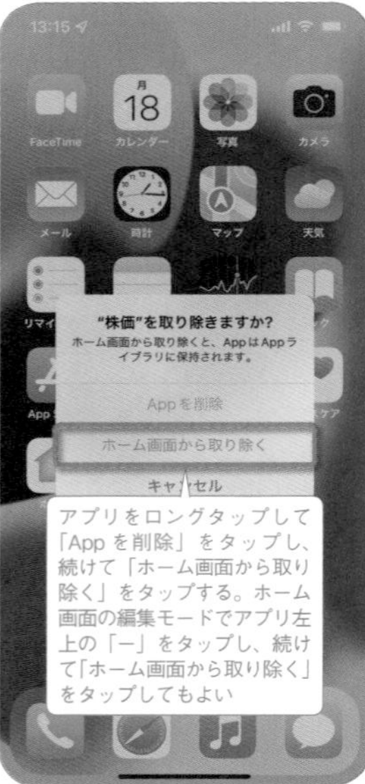

"株価"を取り除きますか?
ホーム画面から取り除くと、AppはAppライブラリに保持されます。
Appを削除
ホーム画面から取り除く
キャンセル
アプリをロングタップして「App を削除」をタップし、続けて「ホーム画面から取り除く」をタップする。ホーム画面の編集モードでアプリ左上の「ー」をタップし、続けて「ホーム画面から取り除く」をタップしてもよい

あまり使わないアプリは、ホーム画面では非表示にして、App ライブラリのみで表示することが可能だ。非表示にするだけなので、もちろんアプリ本体やデータは削除されない。

3 Appライブラリからアプリを追加する

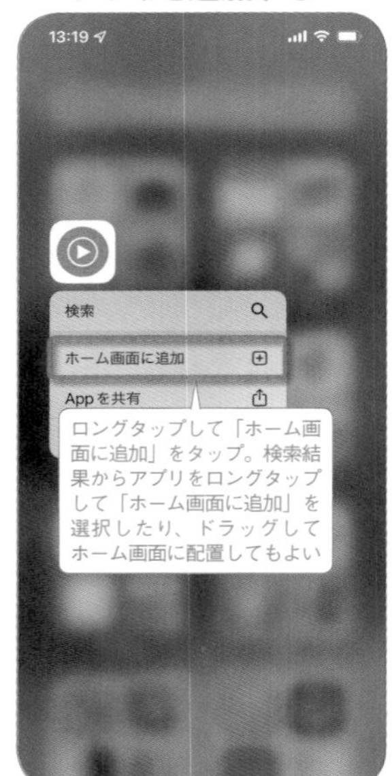

検索
ホーム画面に追加
Appを共有
ロングタップして「ホーム画面に追加」をタップ。検索結果からアプリをロングタップして「ホーム画面に追加」を選択したり、ドラッグしてホーム画面に配置してもよい

ホーム画面で非表示になっているアプリをホーム画面に表示したいときは、App ライブラリで該当のアプリをロングタップ。「ホーム画面に追加」を選べばいい。

iOS15

009 ホーム画面 ホーム画面のページを隠したり並べ替えたりする

ホーム画面をページ単位で整理しよう

No008 で解説したように、アプリはホーム画面から非表示にして App ライブラリのみに表示させることができるが、いちいち個別に非表示にするのは面倒だ。あまり使わないアプリは特定のページにまとめて配置し、ページ単位で非表示にしておこう。非表示にしたページはいつでも再表示できる。再表示する必要がないなら、ページを丸ごと削除してもいい。削除したページに配置していたアプリは、App ライブラリに残ったままになる。また、ホーム画面を左右にフリックした際のページ表示順も、ドラッグして簡単に並べ替えできる。

1 ホーム画面を非表示にする

タップ

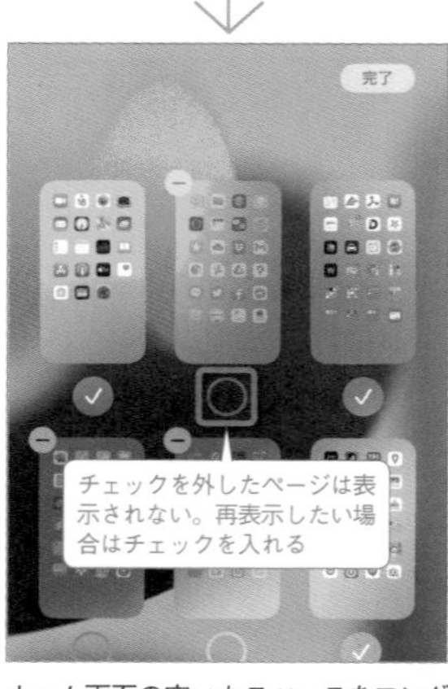

完了
チェックを外したページは表示されない。再表示したい場合はチェックを入れる

ホーム画面の空いたスペースをロングタップして編集モードにし、画面下部に並ぶドット部分をタップすると、ホーム画面のページ一覧が表示される。チェックを外したページは非表示になる。

2 ホーム画面を削除する

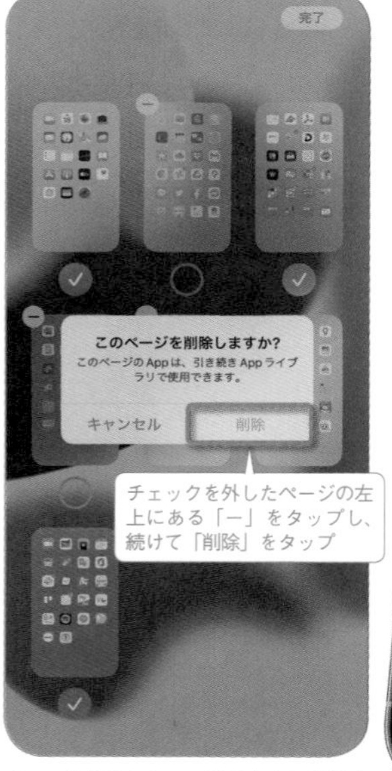

完了
このページを削除しますか?
このページのAppは、引き続きAppライブラリで使用できます。
キャンセル
削除
チェックを外したページの左上にある「ー」をタップし、続けて「削除」をタップ

チェックを外したページの左上に表示される「ー」ボタンをタップすると、このページを丸ごと削除できる。削除したページにあるアプリは、App ライブラリ（No008 で解説）画面に残っている。

3 ホーム画面を並べ替える

完了
ページをロングタップして他の場所にドラッグすると、ページの表示順を並べ替えできる。よく使うアプリをまとめたページは、最初のほうに移動しておこう

SECTION 1

iOS15

010 アプリ間でテキストや写真をドラッグ&ドロップ

ファイル操作

iPhoneでは、写真やファイル、テキストなどを、ドラッグ&ドロップで他のアプリに受け渡すことができる。ただし両手を使う必要があり、操作には少し慣れが必要だ。まず、受け渡したい写真などをロングタップして少し動かし、写真が浮いた状態になったらそのまま指をキープする。次に、他の指でホーム画面に戻り、メールの作成画面などを開く。あとはロングタップしたままの指を、メールの画面内にドロップすれば、写真を添付できる。

1:14
2021年8月7日
千代田区 - 内神田
選択

写真などをロングタップし、少し指を動かす。浮いた状態になるので、そのまま指を離さずキープ。別の指で他の写真をタップして、複数選択することも可能だ

1:16
キャンセル
新規メッセージ
宛先:
Cc/Bcc、差出人: mare_nishikawa@icloud.com
件名:
iPhoneか

別の指でホーム画面に戻って、メールなど他のアプリを起動する。あとはロングタップした写真をメールの作成画面などに移動して指を離せば、メールに写真を添付できる

011 アプリを素早く切り替える方法を覚えておこう

画面操作

ホームボタンがないiPhoneでは、画面最下部を右へスワイプすると1つ前に使ったアプリを素早く表示することができる。その後、すぐに左へスワイプすると、元のアプリやホーム画面へ戻ることが可能だ。少し前に使ったアプリに切り替えるなら、この方法が早いので覚えておこう。もっと前に使ったアプリに切り替えたければ、画面最下部から中央までスワイプし、画面から指を離さずにいれば、Appスイッチャーが表示され選択できる。

メール
時計
マップ
天気
リマインダー
メモ
株価
ブック
App Store
Podcast
tv
ヘルスケア

ホーム画面やアプリ利用中に、画面の下端を右へスワイプ

Apple Watchを
健やかな
ための究
デバイス
すべての写真
apple.c

1つ前に使ったアプリに切り替わる。さらに右へスワイプすれば、過去に使ったアプリを順次表示可能だ

012 動画やビデオ通話の画面を小さく表示したまま別のアプリを使う

マスト!

ピクチャ・イン・ピクチャ

動画を再生しつつ別の作業をする際に便利だ

iPhoneには、動画を小さな画面で再生させながら別のアプリで作業できる、「ピクチャ・イン・ピクチャ」という機能が用意されている。アプリ側も対応している必要があるが、FaceTimeやApple TV、ミュージック、Safariなど標準アプリのほかに、Amazonプライムビデオ、Netflix、Hulu、DAZNといった動画配信サービスのアプリでも利用可能だ。なお、写真アプリのビデオはピクチャ・イン・ピクチャが使えないが、SafariでiCloud.comにアクセスして写真アプリのビデオを再生すると、ピクチャ・イン・ピクチャで再生できる。

1 ピクチャ･イン･ピクチャに切り替える

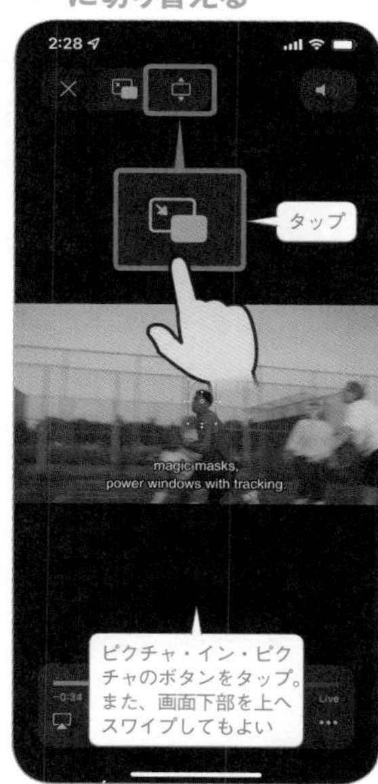
2:28
タップ
magic masks,
power windows with tracking

ピクチャ・イン・ピクチャのボタンをタップ。また、画面下部を上へスワイプしてもよい

動画を全画面で再生したら、ピクチャ・イン・ピクチャのボタンをタップしよう。なお、アプリによっては対応していないものもある。

2 小さい画面で動画が再生される

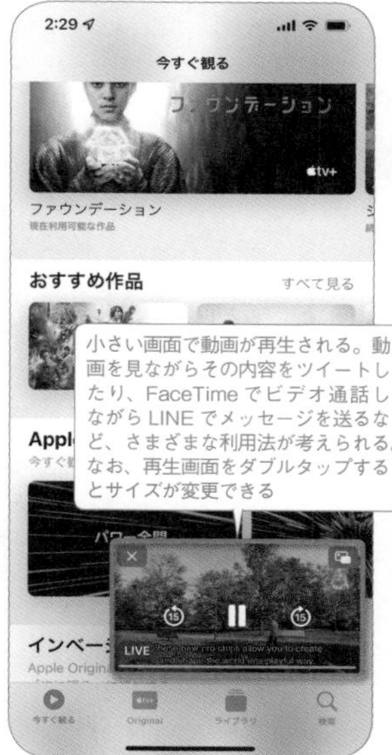
2:29
今すぐ観る
ファウンデーション
ファウンデーション
おすすめ作品
すべて見る
LIVE

小さい画面で動画が再生される。動画を見ながらその内容をツイートしたり、FaceTimeでビデオ通話しながらLINEでメッセージを送るなど、さまざまな利用法が考えられる。なお、再生画面をダブルタップするとサイズが変更できる

小さな画面が表示され、引き続き動画が再生される。ピクチャ・イン・ピクチャ表示中は、ホーム画面に戻ったり、他のアプリを操作したりが可能だ。

3 動画を一時的に隠すことも可能

画面端にスワイプ
LIVE

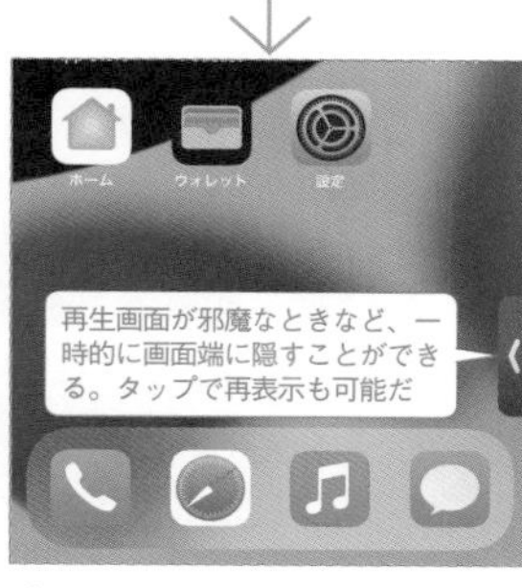
ホーム
ウォレット
設定

再生画面が邪魔なときなど、一時的に画面端に隠すことができる。タップで再表示も可能だ

ピクチャ・イン・ピクチャの画面はドラッグで位置を調整できる。また、画面端にスワイプすると、再生したまま一時的に表示を隠すことが可能。

013 画面収録

画面の録画と同時に音声も録音しよう

ゲーム実況や解説動画の作成に使える

iOSには、画面収録機能が用意されており、各種アプリやゲームなどの映像と音を動画として記録することが可能だ。また､コントロールセンターで｢画面収録｣ボタンをロングタップすると、マイクのオン／オフを切り替えることができる。マイクをオンにした場合、画面収録中に自分の声などをマイクで同時に録音することが可能。マイクの音はアプリ側の音とミックスされるので、ゲーム実況やアプリの解説動画を作るのにも使える。なお、アプリの音が録音されない場合は、サイレントモードを解除し、目的のアプリを起動して音が鳴っている状態にしてから画面収録しよう。

1 コントロールセンターを設定する

「含まれているコントロール」一覧に「画面収録」がない場合は、下の「コントロールを追加」一覧から画面収録の「＋」ボタンをタップして追加しておこう

まずは「設定」→「コントロールセンター」を表示。画面下の「含まれているコントロール」に「画面収録」を追加しておこう。

2 画面収録時にマイクで録音する

コントロールセンターで画面収録ボタンをロングタップ

マイクをオンにすると、同時に音声も録音できる

コントロールセンターの画面収録ボタンをロングタップして、「マイク」をオンにすると、画面収録時にiPhoneのマイクで音声も録音できる。

3 画面収録の開始と停止

コントロールセンターの画面収録ボタンを押せば収録開始。収録時は画面左上に赤いマークが表示される。ここをタップして「停止」をタップすれば、録画を停止できる。初期設定のままであれば、録画した動画は写真アプリで確認することが可能だ

SECTION 1

014 画面表示

夜間は目に優しいダークモードに自動切り替え

ホーム画面やアプリの画面をダークな装いに

iOSでは「ダークモード」と呼ばれる、画面を暗めの配色に切り替える機能が搭載されている。ダークモードに切り替えると、ホーム画面やアプリのインターフェイスなどがすべて黒を基調とした配色に変更されるのだ。これにより、暗い場所で画面を見ても目が疲れにくくなり､従来の配色（ライトモード）よりもバッテリー消費が抑えられるといった効果を得られる。また、昼間は従来のライトモードを使い、夜間はダークモードに自動で切り替える、といった機能もある。「設定」→「画面表示と明るさ」で「自動」をオンにしておけば、この機能を利用可能だ。

1 外観モードを自動で切り替える

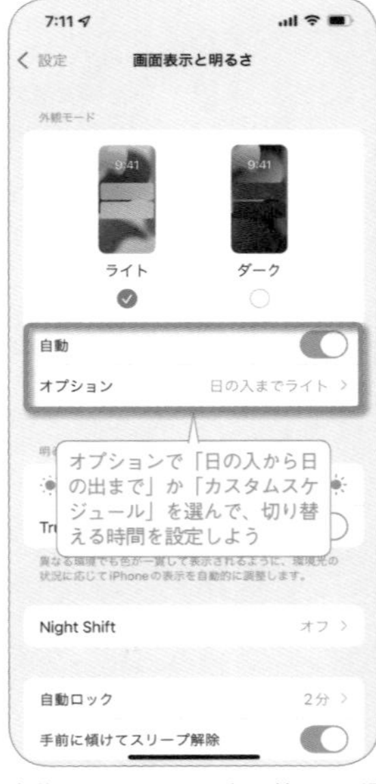

オプションで「日の入から日の出まで」か「カスタムスケジュール」を選んで、切り替える時間を設定しよう

自動でダークモードに切り替えたい場合は、「設定」→「画面表示と明るさ」→「自動」をオンにしたら､「オプション」をタップ。切り替える時間を設定しておこう。

2 ダークモードに切り替わる

指定した時間に外観モードが切り替わる

これで設定した時間でダークモードとライトモードが切り替わるようになる。手動で切り替えたい場合は、右で紹介しているコントロールセンターから切り替える方法を利用しよう。

POINT
コントロールセンターから切り替える方法
「ダークモード」をコントロールセンターに追加しておく

｢設定｣→｢コントロールセンター｣にある｢含まれているコントロール｣一覧に｢ダークモード｣を追加しておくと､コントロールセンターからダークモードの切り替えが行えるようになる｡手動ですぐ切り替えられるようにしたい場合は設定しておこう｡

015 Face IDの認識失敗をできるだけなくす

Face ID

フルディスプレイモデルに搭載された顔認証機能「Face ID」は、本人が寝ている際などに悪用されないよう、カメラを注視しないと認証されない設定になっている。ただ、店頭でApple Payによる支払いを行いたい時などは、注視による認証がわずらわしいことも。そこで、注視が不要になるように設定を変更してみよう。認証の処理が断然スムーズになる。ただし、Face ID認証のセキュリティは下がってしまうので、よく検討してから設定すること。

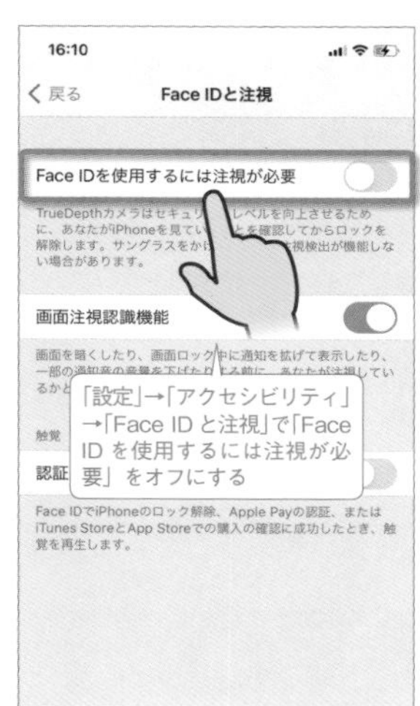

16:10
戻る
Face IDと注視
Face IDを使用するには注視が必要
画面注視認識機能

「設定」→「アクセシビリティ」→「Face IDと注視」で「Face IDを使用するには注視が必要」をオフにする

16:11
amazon
iD
Face ID

カメラをじっと見つめることなくスムーズに認証されるようになる

016 Face IDにもう1つの容姿を設定する

Face ID

Face IDは、「もう一つの容姿をセットアップ」することで、顔認証の認識精度を向上させることができる。メイクや変装などで大きく顔が変わる場合は、その顔も登録しておくと認証しやすくなるのだ。また、「もう一つの容姿をセットアップ」に家族などの顔を追加しておけば、複数人で使うことも可能だ。なお、Face IDは継続的に容姿や外観の変化を学習していくので、髪型や髭、眼鏡などの変化は何もしなくても認証できるようになっている。

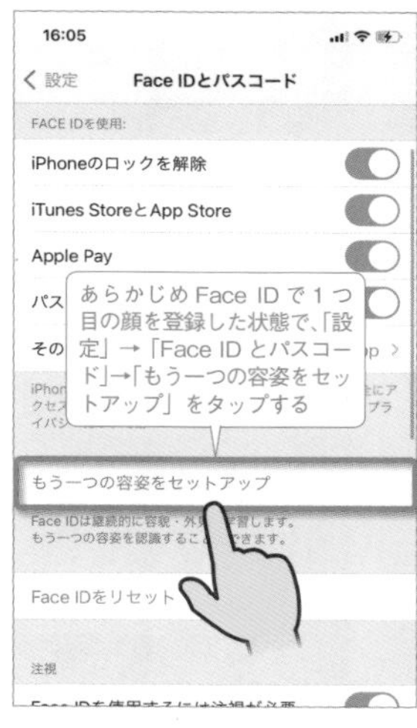

16:05
設定
Face IDとパスコード
FACE IDを使用:
iPhoneのロックを解除
iTunes StoreとApp Store
Apple Pay
もう一つの容姿をセットアップ
Face IDをリセット
注視

あらかじめFace IDで1つ目の顔を登録した状態で、「設定」→「Face IDとパスコード」→「もう一つの容姿をセットアップ」をタップする

開始

「開始」をタップし、画面の指示に従って2つ目の顔を登録しよう。メイクや変装の有無で2つ目の顔を登録しておけば、認識精度が上がる。また、自分以外の顔を登録することもできる

017 よく行う操作を素早く呼び出せる「ショートカット」アプリ

ショートカット

アプリの面倒な操作をまとめてすばやく実行

iOSには「ショートカット」というアプリが標準搭載されている。このショートカットアプリは、よく使うアプリの操作やiPhoneの機能など、複数の処理を連続して自動実行させるためのアプリだ。実行させたい処理をショートカットとして登録しておけば、ウィジェットをタップしたり、Siriにショートカット名を伝えるだけで、自動実行できるようになる。たとえば、ギャラリーにある「自宅までの所要時間」を登録すると、ワンタップで現在地から自宅までの移動時間を計算し、特定の相手に「18:30に帰宅します！」といったメッセージを送ることが可能だ。

1 ギャラリーからショートカットを追加

8:28
ギャラリー
必須ショートカット
すべて表示
自宅までの所要時間
タップ
上位25曲のプレ…
どこから
個人的な会議を開始
1日を振り返る
朝の日課
動務先到着時のリマインダー
歯磨きタイマー
ギャラリー

ショートカットアプリでは、自分でゼロからショートカットを作れるが、初心者には少し難しい。まずは「ギャラリー」から使いやすそうなショートカットを選んでみよう。

2 ショートカットの設定を行う

8:28
キャンセル
自宅までの所要時間
自宅への到着予定時刻を記載したテキストメッセージを送信します。
自宅までの所要時間
このショートカットについて
タップ
ショートカットを設定

次に「ショートカットを設定」をタップ。ギャラリーで選んだショートカットの場合、いくつかの設定項目が表示されるので、入力していこう。

3 ウィジェットを追加して実行しよう

8:29
自宅までの所要時間
ショートカット
FaceTime
カレンダー
写真
カメラ
メール
時計
マップ
天気
リマインダー
メモ
株価
ブック
App Store
Podcast
TV
ヘルスケア
ホーム
ウォレット
設定

ショートカットが登録できたら、ウィジェットとしてホーム画面に追加しておこう。ウィジェットから登録したショートカットを実行できるようになる

018 Siri Siriの真価を発揮する便利な活用法

ますます便利になったSiriを使いこなそう

スリープ（電源）ボタンやホームボタンを長押ししたり、「Hey Siri」（No019で解説）の呼びかけで起動する「Siri」は、iPhoneの操作をユーザーの代わりに行ってくれる、音声アシスタント機能だ。たとえば、「明日の天気は？」や「母親に電話をかけて」などと話しかけると、Siriが情報を検索したりアプリを実行し、音声だけでさまざまな操作を行える。さらに、ここで紹介するような意外な使い方もできるので、試してみよう。なお、Siriを利用するには、あらかじめ「設定」→「Siriと検索」で機能を有効にしておく必要がある。

日本語を英語に翻訳

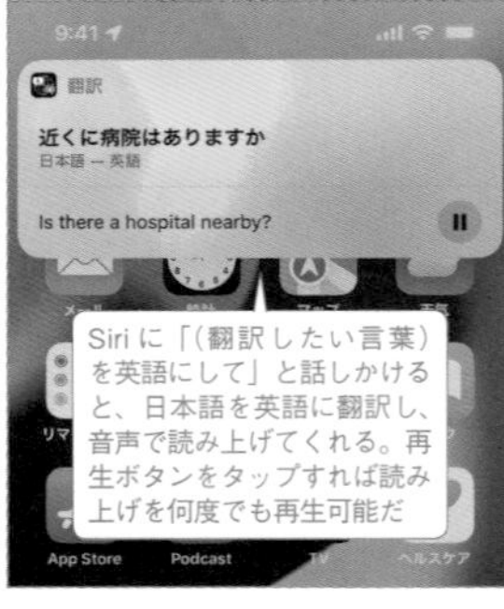

近くに病院はありますか
Is there a hospital nearby?

Siriに「（翻訳したい言葉）を英語にして」と話しかけると、日本語を英語に翻訳し、音声で読み上げてくれる。再生ボタンをタップすれば読み上げを何度でも再生可能だ

パスワードを調べる

パスワード
twitter.com

「Twitterのパスワード」などとと話しかけると、「設定」→「パスワード」に保存されているTwitterのアカウントが一覧表示され、タップするとそれぞれのパスワードを確認できる

流れている曲名を知る

Into The Night (English Version)
アーティスト: YOASOBI

「この曲は何？」と話しかけ、音楽を聴かせることで、今流れている曲名を表示させることができる

リマインダーを登録

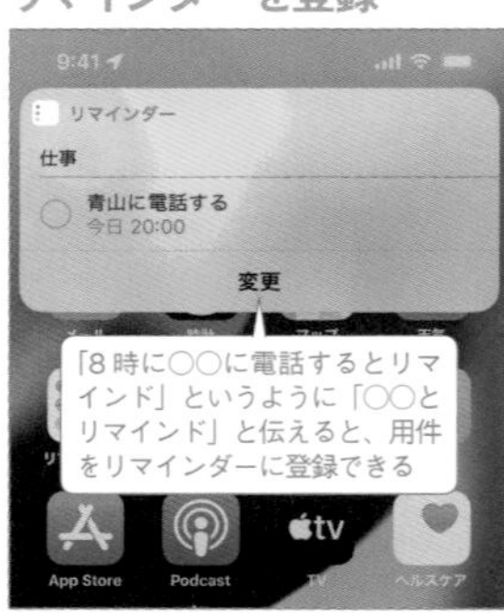

リマインダー
青山に電話する
今日 20:00
変更

「8時に○○に電話するとリマインド」というように「○○とリマインド」と伝えると、用件をリマインダーに登録できる

通貨を変換する

$128.00 =
¥14,634

「128ドルは何円？」と話しかけると、最新の為替レートで換算してくれる。各種単位換算もお手のものだ

アラームをすべて削除

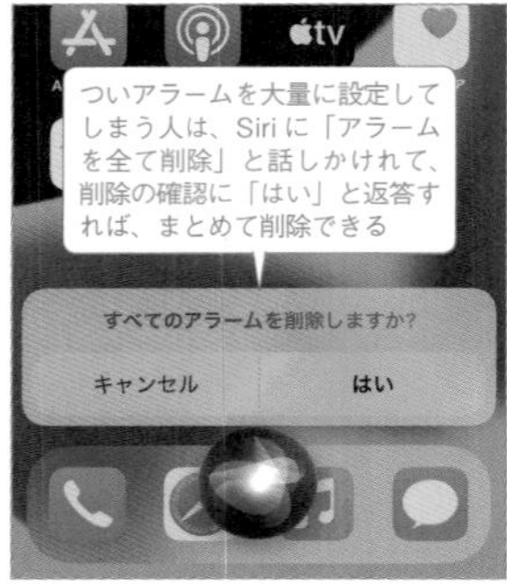

すべてのアラームを削除しますか?
キャンセル
はい

ついアラームを大量に設定してしまう人は、Siriに「アラームを全て削除」と話しかけれて、削除の確認に「はい」と返答すれば、まとめて削除できる

SECTION 1

マスト! 019 Siri Hey Siriと呼びかけてSiriを利用する

あらかじめ自分の声を認識させておこう

音声アシスタント機能の「Siri」を起動するには、フルディスプレイモデルであればスリープ（電源）ボタンを長押し、ホームボタンのある機種であればホームボタンを長押しすればいい。もし、ボタン操作ではなく声でSiriを起動したいのであれば、「設定」→「Siriと検索」から「"Hey Siri"を聞き取る」をオンにしておこう。いくつかのセリフを読み上げ、自分の声を認識させたら設定完了。これで、iPhoneに「Hey Siri（ヘイシリ）」と呼びかけるだけで、Siriが起動するようになる。車の運転中や料理中など、ハンズフリーでSiriを起動できるので便利だ。

1 「"Hey Siri"を聞き取る」をオンにする

Siriと検索
"Hey Siri"を聞き取る
サイドボタンを押してSiriを使用
ロック中にSiriを許可
言語
Siriの声
"調べる"に表示
Spotlightに表示

「ロック中にSiriを許可」もオンにしておくと、ロック中でもHey Siriで起動できるようになる。ただ、カバンやポケットの中で誤動作することもあるので、Siriをあまり使わないならオフにしておいた方が安全だ

iPhoneに「Hey Siri」と呼びかけてSiriを起動させたいなら、まず「設定」→「Siriと検索」→「"Hey Siri"を聞き取る」をオンにしよう。

2 指定されたセリフを言って声を登録

キャンセル
1/5
iPhoneに向かって、"Hey Siri"と言ってください

あらかじめ声を認識させれば、自分の声でだけ「Hey Siri」に反応するようになる

「Hey Siri」や「Hey Siri、今日の天気は？」など、いくつかセリフが表示されるので読み上げていく。これで自分の声を認識してくれるようになる。

3 「Hey Siri」でSiriを起動してみよう

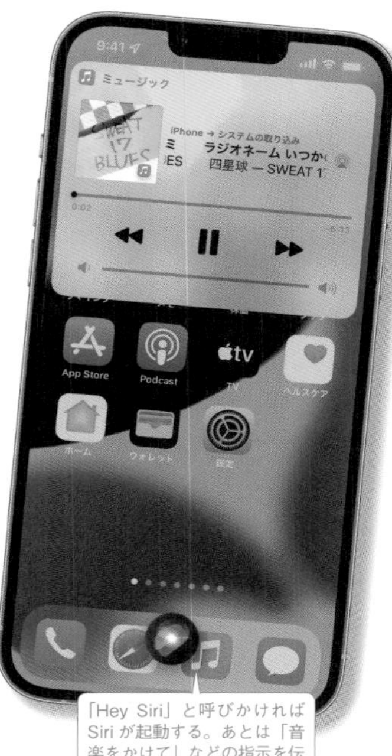

ラジオネーム いつか
四星球 — SWEAT 17

「Hey Siri」と呼びかければSiriが起動する。あとは「音楽をかけて」などの指示を伝えれば各種操作を実行できる

020 Siriへの問いかけや返答を文字で表示

Siri

Siriに頼んだ内容がうまく伝わらず、間違った結果が表示される場合は、「設定」→「Siriと検索」→「Siriの応答」で、「話した内容を常に表示」をオンにしておこう。自分が話した内容がテキストで表示されるようになり、正しい質問に書き直すこともできる。また、「Siriキャプションを常に表示」をオンにすると、Siriが話した内容がテキストで表示されるので、Siriの音声読み上げがオフの状態でもテキストでSiriの返答を確認できる。

「設定」→「Siriと検索」→「Siriの応答」で、「Siriキャプションを常に表示」と「話した内容を常に表示」をオンにしておく

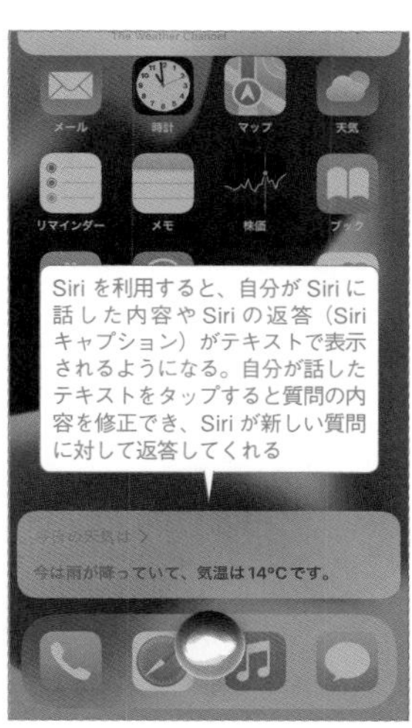

Siriを利用すると、自分がSiriに話した内容やSiriの返答（Siriキャプション）がテキストで表示されるようになる。自分が話したテキストをタップすると質問の内容を修正でき、Siriが新しい質問に対して返答してくれる

021 2本指ドラッグでファイルやメールを選択する

マスト!

ファイル選択

ファイルアプリで複数のファイルを同時に選択したい場合、通常であれば画面右上の「…」をタップしてから「選択」でファイルの選択モードに切り替え、目的のファイルをタップまたはドラッグして選択する。しかし、実は選択モードに入らなくても、2本指でファイルをタップまたはドラッグするだけで、選択状態にすることが可能だ。この操作はメールアプリなど他のアプリでも利用できる。複数項目を一気に選択したいときに便利なので使いこなそう。

ファイルアプリで選択したいファイルを2本指でタップまたはドラッグすると、連続での複数選択が可能だ

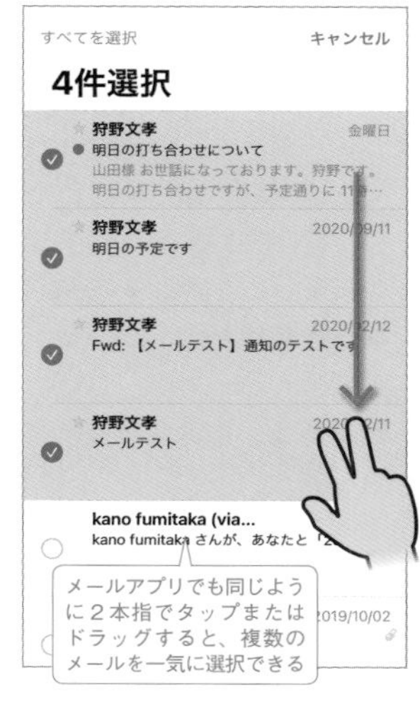

メールアプリでも同じように2本指でタップまたはドラッグすると、複数のメールを一気に選択できる

022 スクロールをスピーディに行う操作法

マスト!

画面操作

Safariやメールなどの各種アプリで、画面を縦にスクロールしたいときには、上下にスワイプもしくはフリップする操作方法を使うのが一般的だ。しかし、実は、画面の右端に表示されるスクロールバーを、ロングタップ後に上下ドラッグすることでもスクロールができる。縦長のページであれば、スワイプやフリップよりも高速にスクロール可能なので便利だ。なお、本操作はiOS 13以降に最適化されているアプリであれば、ほとんどのアプリで利用できる。

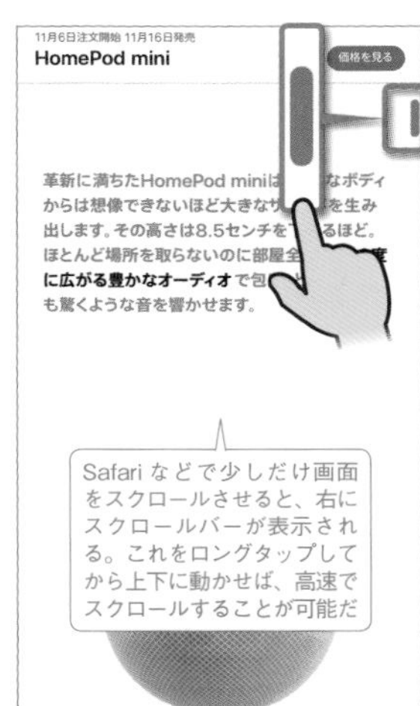

Safariなどで少しだけ画面をスクロールさせると、右にスクロールバーが表示される。これをロングタップしてから上下に動かせば、高速でスクロールすることが可能だ

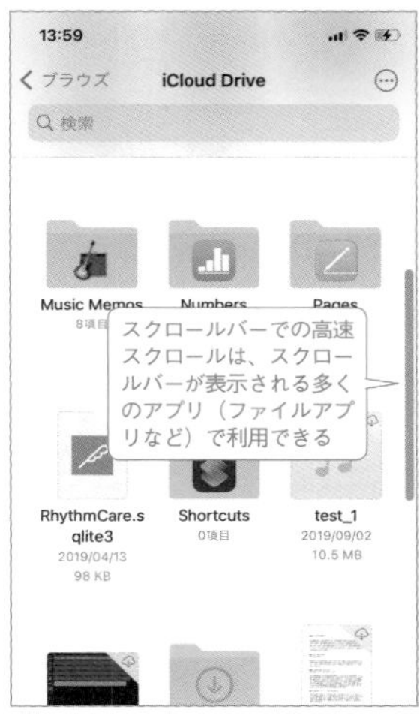

スクロールバーでの高速スクロールは、スクロールバーが表示される多くのアプリ（ファイルアプリなど）で利用できる

023 自動ロックの時間を適切に調節する

マスト!

自動ロック

iPhoneの標準状態では、1分間操作を行わないと自動ロックがかかり、ディスプレイの電源が切れてスリープ状態になる。この自動ロック時間は「設定」→「画面表示と明るさ」→「自動ロック」の項目から、30秒〜5分の間、または「なし」に変更可能だ。少し放置するだけで自動ロックがかかってしまい、いちいちパスコード入力やFace ID認証を行うのが面倒に感じる場合は、自動ロックまでの時間を長めに設定しておくといい。

「設定」→「画面表示と明るさ」→「自動ロック」をタップする

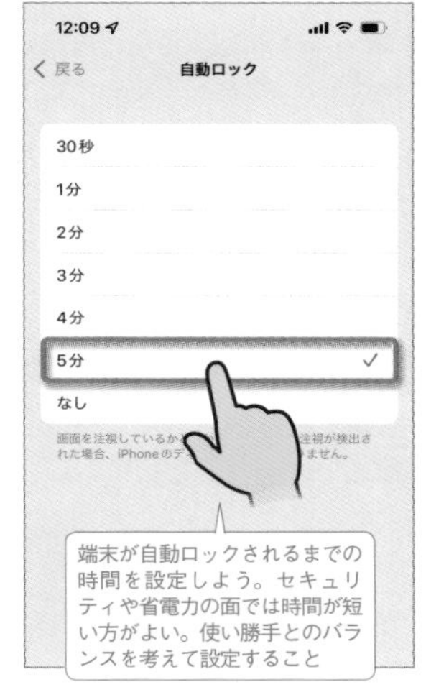

端末が自動ロックされるまでの時間を設定しよう。セキュリティや省電力の面では時間が短い方がよい。使い勝手とのバランスを考えて設定すること

SECTION 1

マスト!

024 画面をタップしてスリープ解除できるようにする

スリープ解除

スムーズにスリープ状態を解除するには、本体側面のサイドボタン以外の操作方法も把握しておこう。ホームボタン搭載モデルはホームボタンを押してスリープを解除できるが、ホームボタンがないフルディスプレイモデルの場合は、画面をタップすることでスリープ解除が可能になっている。机に置いたiPhoneをロック解除したいときなどに使おう。本機能は標準で有効になっているが、うまく動作しない場合は以下で設定を確認しておくこと。

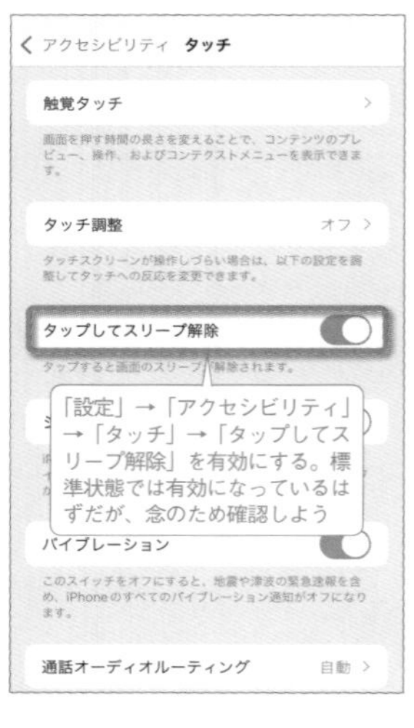
アクセシビリティ　タッチ
触覚タッチ
タッチ調整　オフ
タップしてスリープ解除
「設定」→「アクセシビリティ」→「タッチ」→「タップしてスリープ解除」を有効にする。標準状態では有効になっているはずだが、念のため確認しよう
バイブレーション
通話オーディオルーティング　自動

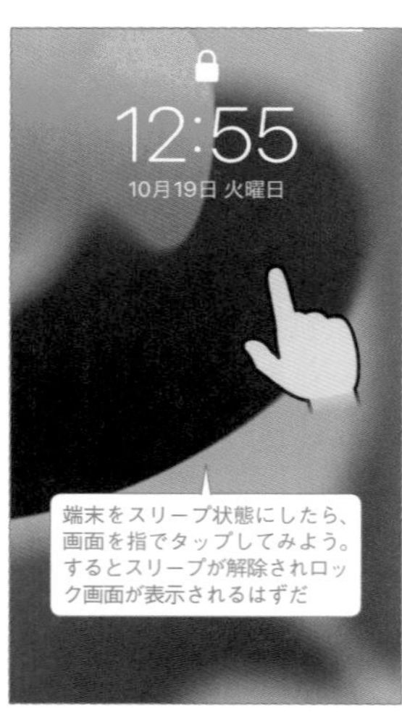
12:55
10月19日 火曜日
端末をスリープ状態にしたら、画面を指でタップしてみよう。するとスリープが解除されロック画面が表示されるはずだ

マスト!

025 不要な操作音をオフにする

サウンド

iPhoneの各種操作音を消したい場合は、本体側面のスイッチを切り替えてサイレントモードにするのが一番手っ取り早いが、これだと着信音も消えてしまう。着信音は鳴らしつつ、ほかの音を極力減らしておきたいという人は、「設定」→「サウンドと触覚」で個々の設定を自分好みの状態にしてみよう。着信音以外の音は、すべて「なし」に設定することが可能だ。また、「キーボードのクリック」をオフにすれば、文字入力中のクリック音も無効にできる。

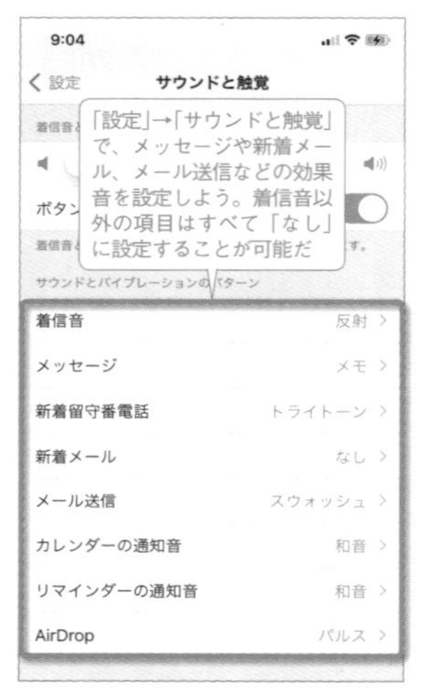
9:04
設定
サウンドと触覚
「設定」→「サウンドと触覚」で、メッセージや新着メール、メール送信などの効果音を設定しよう。着信音以外の項目はすべて「なし」に設定することが可能だ
着信音　反射
メッセージ　メモ
新着留守番電話　トライトーン
新着メール　なし
メール送信　スウォッシュ
カレンダーの通知音　和音
リマインダーの通知音　和音
AirDrop　パルス

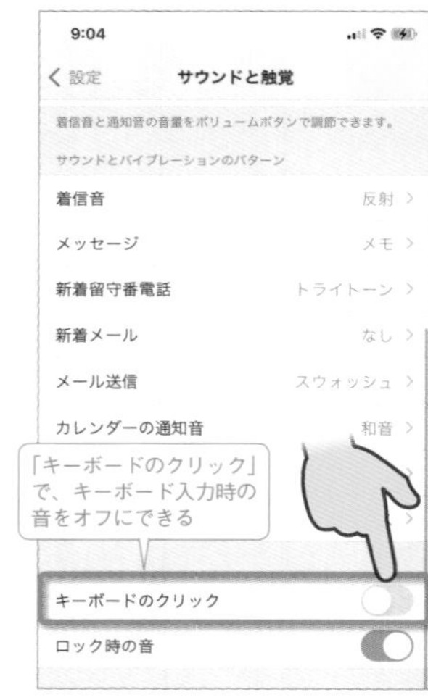
9:04
設定
サウンドと触覚
着信音　反射
メッセージ　メモ
新着留守番電話　トライトーン
新着メール　なし
メール送信　スウォッシュ
カレンダーの通知音　和音
「キーボードのクリック」で、キーボード入力時の音をオフにできる
キーボードのクリック
ロック時の音

マスト!

026 複数のアプリをまとめて移動する

ホーム画面

iPhoneアプリは無料のものも多く、つい気軽にインストールしてしまいがちだ。普段あまり使わないアプリをひとつのページにまとめておけば、そのページを非表示にしてホーム画面をすっきり整理できる（No009で解説）が、アプリをひとつひとつ移動するのは意外と面倒。そこで覚えておきたいのが、複数アプリをまとめて移動する技だ。意外と知られていないが、以下のように両手を使ってタップすることで、複数のアプリを同時に移動することができる。

まずはホーム画面の何もない場所をロングタップ。アプリが振動して編集モードになったら、移動したいアプリを１つだけドラッグして位置をずらそう

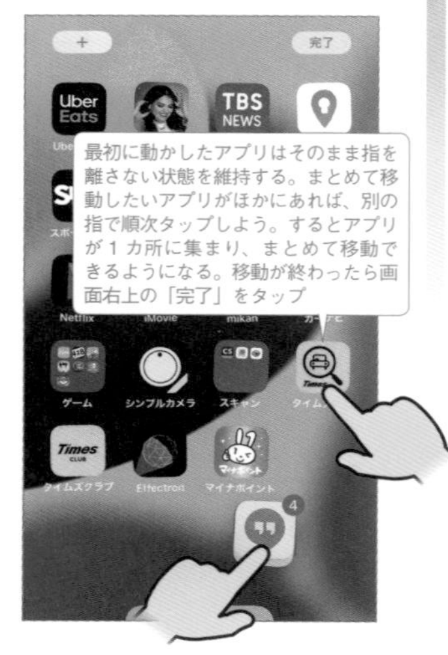
最初に動かしたアプリはそのまま指を離さない状態を維持する。まとめて移動したいアプリがほかにあれば、別の指で順次タップしよう。するとアプリが１カ所に集まり、まとめて移動できるようになる。移動が終わったら画面右上の「完了」をタップ

マスト!

027 画面のスクリーンショットを保存する

画面キャプチャ

iPhoneには、表示している画面をそのまま写真として保存できるスクリーンショット機能が搭載されている。スリープ（電源）ボタンと音量の上げるボタン（もしくはホームボタン）を同時に押して、すぐにボタンを離すと、カシャッと音がして撮影可能だ。撮影が完了すると、画面左下に画像のサムネイルが表示される。左にスワイプするかしばらく待つと消えるが、タップすればマークアップ機能による書き込みやメールなどでの共有が行える。

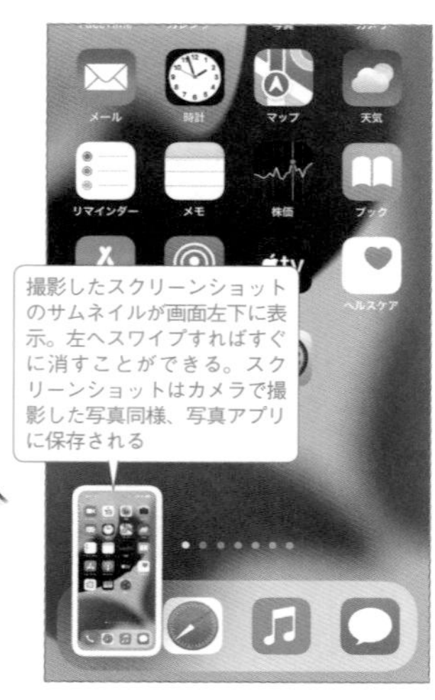
撮影したスクリーンショットのサムネイルが画面左下に表示。左へスワイプすればすぐに消すことができる。スクリーンショットはカメラで撮影した写真同様、写真アプリに保存される

サムネイルをタップするとマークアップ機能による編集画面に切り替わる。右上の共有ボタンからメールやLINEでの送信やSNSでの共有を行える

マスト!

028 Suicaも使える Apple Payの利用方法

電子決済

iPhoneを使って各種支払いをスマートに行う

「Apple Pay」は、クレジットカードや電子マネー、Suica、PASMOなどの各種情報をウォレットアプリに登録して利用できる電子決済サービスだ。対応店舗や改札の読み取り機にiPhoneをかざすだけで各種支払いを完了できるだけでなく、アプリ内購入やオンラインショッピングなどにも対応している。ウォレットにクレジットカードを登録した場合は、電子マネーの「iD」や「QUICPay」で決済するか、Visaなどのタッチ決済を利用できる。また、SuicaやPASMOは「エクスプレスカード」に設定でき、面倒なFace IDなどの認証なしに改札を通ることができる。電子マネーとしては他にも、「WAON」と「nanaco」を追加することが可能だ。

POINT

Suicaをチャージする

クレジットカードがウォレットに登録されていれば、ウォレット上でSuicaのチャージも可能だ。Suicaを表示し「チャージ」ボタンをタップ。必要な金額を入力しよう。なお、以前はVisaカードだとウォレット上でチャージできず、別途「Suica」アプリからチャージする必要があったが、現在はVisaでもチャージできる。

>>> クレジットカードを登録して利用する

1 クレジットカードを登録する

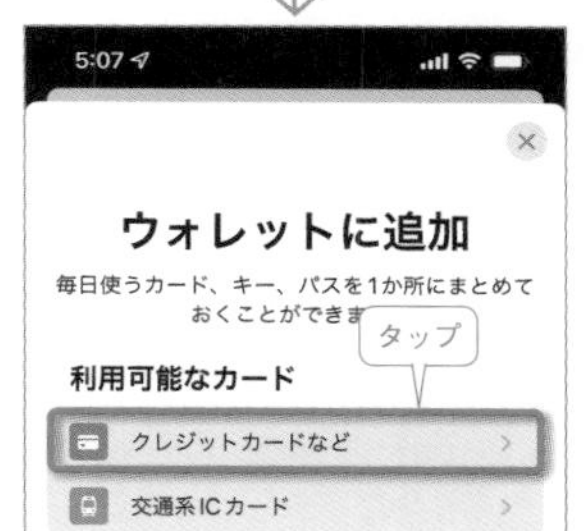
タップ

Apple Payでクレジットカードを利用するには、あらかじめウォレットアプリにカード情報を登録しておこう。まずはウォレットアプリを起動して、右上の「+」から「クレジットカードなど」→「続ける」をタップ。

2 カード情報を入力して認証する

カードをカメラで読み取ると、名前やカード番号、有効期限が自動入力される。内容が間違っていれば修正し、セキュリティコードを入力すれば、登録作業は完了だ。あとは、電話やSMSで認証作業（カードごとに認証方法が異なる）を行えば使えるようになる。

3 Face IDなどで認証して利用する

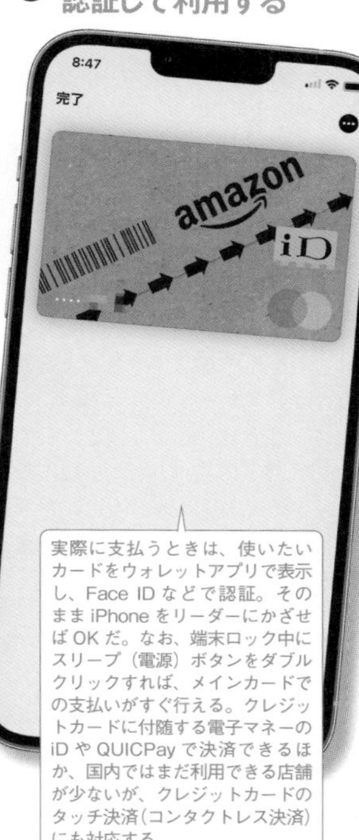

実際に支払うときは、使いたいカードをウォレットアプリで表示し、Face IDなどで認証。そのままiPhoneをリーダーにかざせばOKだ。なお、端末ロック中にスリープ（電源）ボタンをダブルクリックすれば、メインカードでの支払いがすぐ行える。クレジットカードに付随する電子マネーのiDやQUICPayで決済できるほか、国内ではまだ利用できる店舗が少ないが、クレジットカードのタッチ決済（コンタクトレス決済）にも対応する

>>> Suicaなどの電子マネーを新規登録して利用する

1 ウォレットにSuicaを登録する

タップ

ウォレットアプリでは、Suicaを新規登録して電子マネーとして使うことができる。Suicaを新規登録するには、右上の「+」から「交通系ICカード」→「Suica」→「続ける」をタップしよう。

2 金額のチャージとエクスプレスカード

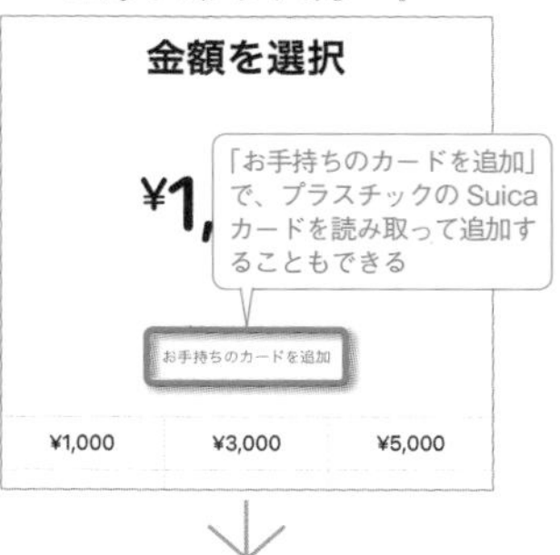
「お手持ちのカードを追加」で、プラスチックのSuicaカードを読み取って追加することもできる

エクスプレスカードに設定するSuicaやPASMOは、あとから「設定」→「ウォレットとApple Pay」の「エクスプレスカード」で変更できる

チャージしたい金額を入力して「追加」をタップすると、Suicaがウォレットアプリに追加される。最初に追加したSuicaやPASMOは「エクスプレスカード」に設定され、Face IDなどの認証なしに改札を通ることができる。

3 WAONやnanacoも登録できる

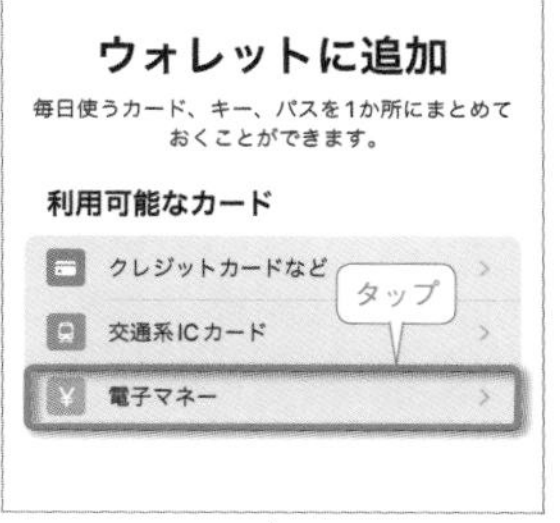
タップ

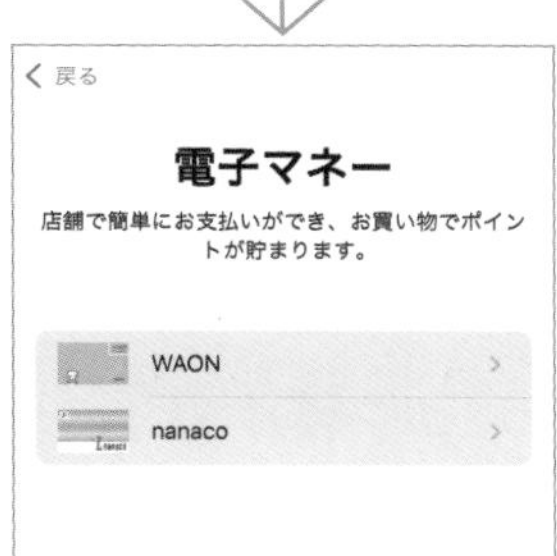

「+」→「電子マネー」をタップすると、WAONやnanacoをApple Payに追加できる。ただしnanacoを登録するには、公式アプリや手持ちのカードが必要。WAONはウォレットアプリ内でも新規発行ができるが、ポイント確認などに公式アプリが必要となる。

マスト!

029 ページの一番上へワンタップで即座に移動する

画面操作

Safariやメールで下に長いページを読み進めた後に、ページの一番上に戻りたいことはよくあるが、フリックを何度も繰り返して戻るのは面倒だ。スクロールバーで素早く上まで移動してもいいが（No022で解説）、iPhoneではもっと手軽に、ワンタップで一番上にジャンプする方法がある。操作は非常に簡単で、画面最上部のステータスバー（時刻やバッテリーのアイコンが表示されているエリア）をタップするだけ。中央に切り欠きのあるフルディスプレイモデルの場合は、左右どちらかのエリアをタップすればよい。一気に一番上のページに戻る。標準アプリ以外にも、Twitterなど縦にスクロールするほとんどのアプリで利用できる操作法なので覚えておこう。

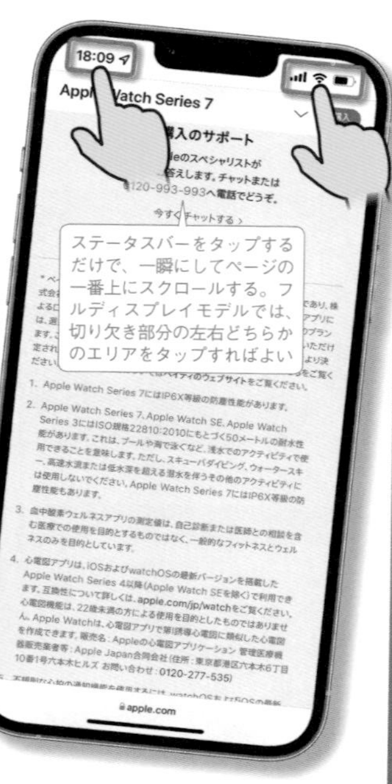
ステータスバーをタップするだけで、一瞬にしてページの一番上にスクロールする。フルディスプレイモデルでは、切り欠き部分の左右どちらかのエリアをタップすればよい

030 iPhoneを伏せてフェイスダウンモードにする

バッテリー

iPhoneのバッテリーを長持ちさせたいなら、画面を伏せて置く癖を付けておこう。実はiPhoneは、画面を下向きにして机などに置くと、自動ロックの設定（No023で解説）に関わらず、数十秒でスリープ状態になる仕様となっている（フェイスダウンモード）。この時は通知が来てもスリープが解除されない。また、近くにあるiPadやMacでSiriを使いたいときに、iPhoneの画面を伏せておけば、iPhoneのSiriが反応しなくなるというメリットもある。

iPhoneの画面を下向きにして机などに置くと、画面の自動ロックを長めに設定していても、数十秒で自動的にスリープ状態になる。また通知が届いてもスリープが解除されないので、バッテリーの節約になる

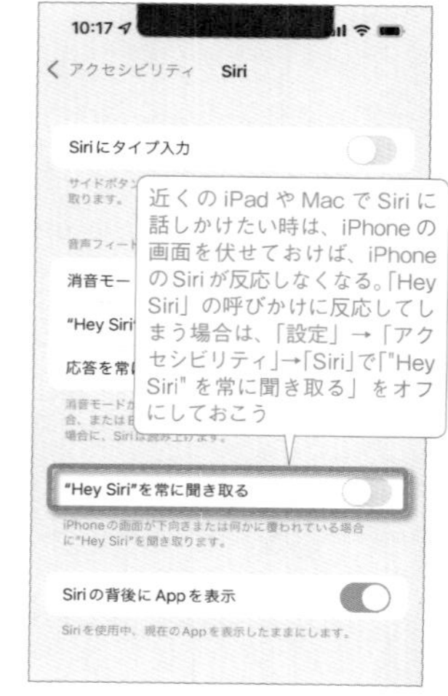
10:17
アクセシビリティ　Siri
Siriにタイプ入力
"Hey Siri"を常に聞き取る
Siriの背後にAppを表示
近くのiPadやMacでSiriに話しかけたい時は、iPhoneの画面を伏せておけば、iPhoneのSiriが反応しなくなる。「Hey Siri」の呼びかけに反応してしまう場合は、「設定」→「アクセシビリティ」→「Siri」で「"Hey Siri"を常に聞き取る」をオフにしておこう

031 iPhone同士で写真やデータを簡単にやり取りする

AirDrop

AirDropでさまざまなデータを送受信する

iOSの標準機能「AirDrop」を使えば、近くのiPhoneやiPad、Macと手軽に写真やファイルをやり取りすることができる。AirDropを使うには、送受信する双方の端末が近くにあり、それぞれのWi-FiとBluetoothがオンになっていることが条件だ。なお、Wi-Fiはアクセスポイントに接続している必要はない。まずは、受信側のコントロールセンターで「AirDrop」をタップし、「連絡先のみ」か「すべての人」に設定。相手の連絡先が連絡先アプリに登録されていない場合は、「すべての人」に設定しておこう。

1 受信側でAirDropを許可しておく

相手を連絡先に登録している場合は「連絡先のみ」でもよい（要iCloudサインイン）

AirDrop
すべての人
モバイルデータ通信
オン
Bluetooth
オン
インターネット共有
検出不可能
受信側の端末でコントロールセンターを表示し、Wi-Fiボタンがある場所をロングタップ。「AirDrop」をタップして「すべての人」に設定しておく。

2 送信側で送りたいデータを選択する

タップ
AirDrop
メール
Messenger
写真をコピー
共有アルバムに追加
知っている人
青山太郎
送信側の端末で送信作業を行う。写真の場合は「写真」アプリで写真を開いて共有ボタン→「AirDrop」をタップ。あとは相手の端末名を選択しよう。

3 受信側の端末でデータが受信される

AirDrop
西川希典さんが1枚の写真を共有しようとしています。
辞退
受け入れる
App Store
Podcast
TV
ヘルスケア
受信側には、このようなダイアログが表示される。「受け入れる」をタップしてデータを受信しよう。AirDropを使えば、写真以外にも連絡先やWebサイトのURLなど、さまざまなデータを送受信可能だ

SECTION 1

032 テザリング インターネット共有でiPadやパソコンをネット接続しよう

iPhoneを使ってほかの外部端末をネット接続できる

iPhoneのモバイルデータ通信を使って、外部機器をインターネット接続することができる「テザリング」機能。パソコンやタブレットなど、Wi-Fi以外の通信手段を持たないデバイスでも、手軽にネット接続できるようになるので使いこなしてみよう。設定手順は簡単。iPhoneの「設定」→「インターネット共有」→「ほかの人の接続を許可」をオンにし、パソコンやタブレットなどの外部機器をWi-Fi（BluetoothやUSBケーブルでも接続可）接続するだけ。なお、テザリングは通信キャリアが提供するサービスなので、事前の契約も必要だ。

1 インターネット共有をオンにする

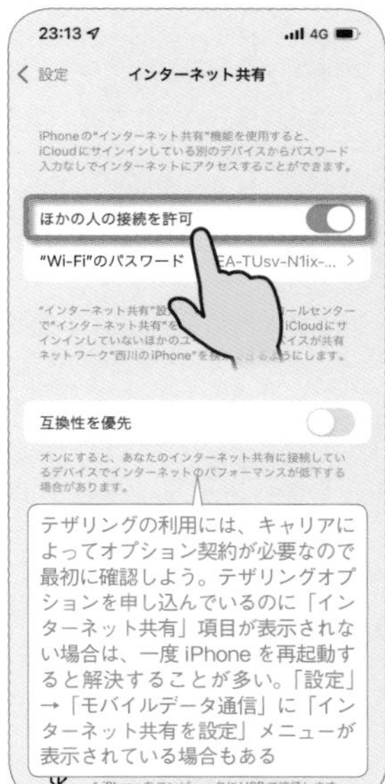

テザリングの利用には、キャリアによってオプション契約が必要なので最初に確認しよう。テザリングオプションを申し込んでいるのに「インターネット共有」項目が表示されない場合は、一度iPhoneを再起動すると解決することが多い。「設定」→「モバイルデータ通信」に「インターネット共有を設定」メニューが表示されている場合もある

iPhoneでテザリングを有効にする場合は、「設定」→「インターネット共有」をタップし、さらに「ほかの人の接続を許可」をオンにする。

2 外部機器とテザリング接続する

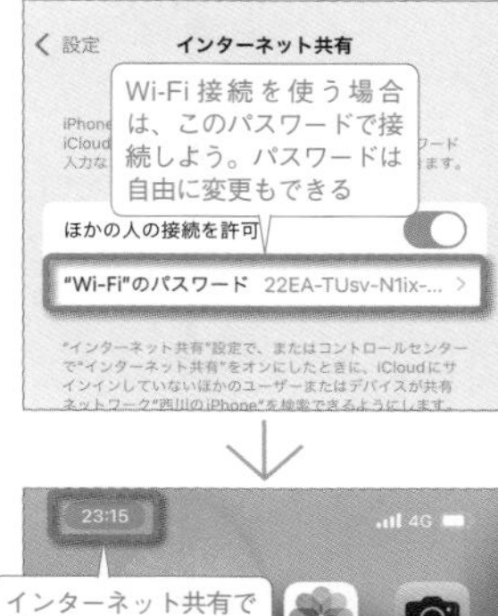

Wi-Fi接続を使う場合は、このパスワードで接続しよう。パスワードは自由に変更もできる

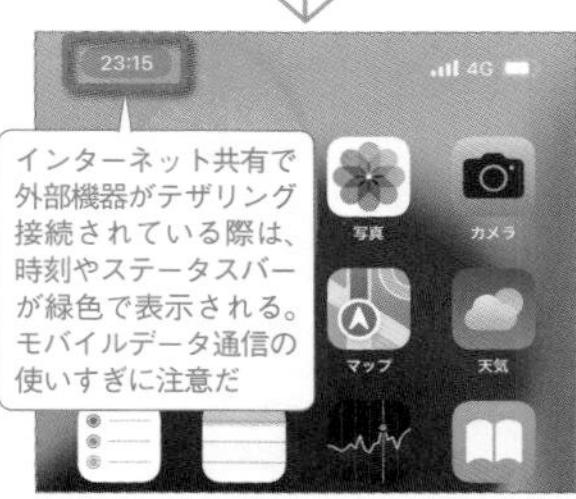

インターネット共有で外部機器がテザリング接続されている際は、時刻やステータスバーが緑色で表示される。モバイルデータ通信の使いすぎに注意だ

テザリングを有効にするとiPhoneがWi-Fiのアクセスポイントとなる。パソコンやタブレットなどのWi-Fi接続画面に表示されたiPhone名をタップし、パスワードを入力すれば接続完了。iPhone経由でネットを利用可能になる。

POINT

iOS端末同士なら簡単に接続が可能だ

iOS端末同士でテザリング接続する場合は、より簡単に接続が可能だ。ほかのiOS端末側で「設定」→「Wi-Fi」を開いたら、「マイネットワーク」項目からテザリング接続する端末名を選ぶだけ。接続パスワードなども不要だ。ただし、両端末とも同じApple IDでiCloudにサインインし、Bluetoothがオンになっていることが条件となる。

033 マスト! Wi-Fi Wi-Fiのパスワードを一瞬で共有する

端末同士を近づけるだけで共有完了

iPhoneやiPad、Mac同士なら、自分のiPhoneに設定されているWi-Fiパスワードを、一瞬で相手の端末にも設定することができる。友人に自宅Wi-Fiを利用してもらう際など、パスワード入力の手間が省ける上、パスワードの文字列が相手端末に表示されないので、セキュリティ面も安心だ。手順も簡単で、相手端末の「設定」→「Wi-Fi」でネットワークを選び、パスワード入力画面を表示。自分のiPhoneを近づけるとパスワード共有のメニューが表示されるのでタップするだけだ。ただし、お互いのApple IDのメールアドレスがお互いの連絡先アプリに登録されている必要がある。

1 Wi-Fi接続したい相手端末の操作

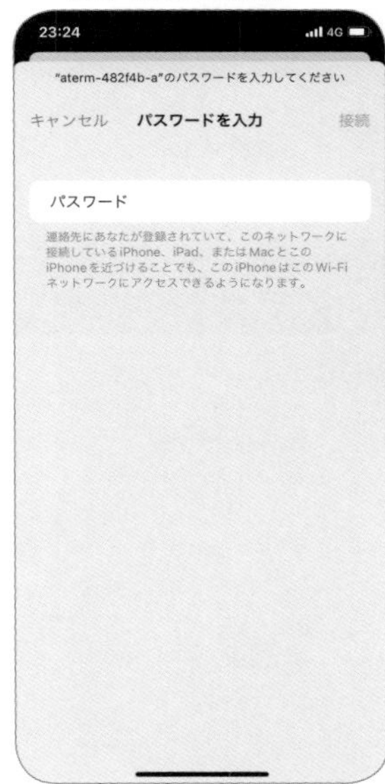

Wi-Fi接続したい端末で、「設定」→「Wi-Fi」を開く。接続したいネットワーク名をタップし、パスワード入力画面を表示する。

2 iPhoneを相手の端末に近づける

Wi-Fiパスワード
タップ
パスワードを共有

Wi-Fiパスワード設定済みの自分のiPhoneを、相手の端末に近づける。このような画面が表示されるので、「パスワードを共有」をタップする。

3 一瞬でパスワードが入力され接続が完了

パスワード入力作業を省略し、即座にWi-Fiに接続された

一瞬でパスワードが入力され、Wi-Fiに接続された。その際、パスワードの文字列が表示されないため、セキュリティ面でも安心できる機能だ。

034 ランドスケープモードだけの機能を活用する

横画面

　コントロールセンターにある画面縦向きのロックがオフ状態なら、iPhone本体を横にすると画面も横向きに回転し、ランドスケープモードになる。YouTubeなどの動画再生時は、横向きの方が大きな画面で楽しめるのでぜひ活用しよう。また、メッセージの手書きメッセージや、計算機の関数電卓、カレンダーの週間バーチカル表示など、アプリによってはランドスケープモードだけで使える機能もある。いろいろなアプリで試してみよう。

コントロールセンターで画面の縦向きロックをオフにしておく。
横画面にし、キーボード右下の手書きキーをタップする
完了

メッセージアプリのiMessage送信画面で横向きにすると、手書きメッセージを送信可能。相手に届くと筆跡通りのアニメーションで再生される。

035 デフォルトのWebブラウザとメールアプリを変更

デフォルトアプリ

　iPhoneでは、デフォルトのWebブラウザやメールアプリを、他社製のアプリに変更できる。普段パソコンなどでChromeやGmailを利用している人は、iPhoneでもChromeやGmailをデフォルトアプリに設定しておくと便利だ。リンクやメールアドレスをタップしたときに、標準のSafariやメールアプリではなく、変更したデフォルトアプリで起動する。なお、デフォルトアプリに変更可能なアプリでないと、設定項目は表示されない。

23:57
設定
Chrome
位置情報
使用中のみ
「設定」画面を表示したら、画面の一番下にあるアプリ一覧からデフォルトに設定したいWebブラウザやメールアプリ名をタップ。続けて「デフォルトのブラウザ(メール)App」をタップしよう
デフォルトのブラウザApp
Safari
Webサイト越えトラッキング
言語
日本語

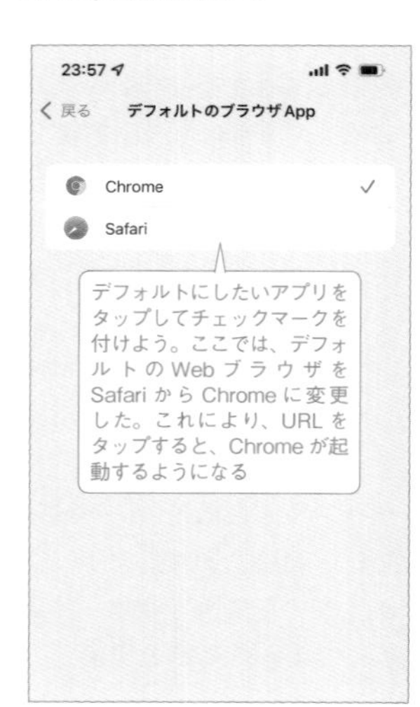

23:57
戻る
デフォルトのブラウザApp
Chrome
Safari
デフォルトにしたいアプリをタップしてチェックマークを付けよう。ここでは、デフォルトのWebブラウザをSafariからChromeに変更した。これにより、URLをタップすると、Chromeが起動するようになる

SECTION 1

036 Spotlight検索画面からアプリをインストールする

iOS15

検索

　iPhoneでは、ホーム画面を中央から下にスワイプすると検索画面が表示され、Webサイトやインストール済みアプリ、App Storeのアプリ、アプリ内のコンテンツ、メール、ニュースなどをまとめて検索できる。このうちApp Storeのアプリは、従来だとタップして一度App Storeを開かないとインストールできなかったが、iOS 15からはアプリ名の横に「入手」（または価格）ボタンが用意され、タップして直接インストール可能になった。

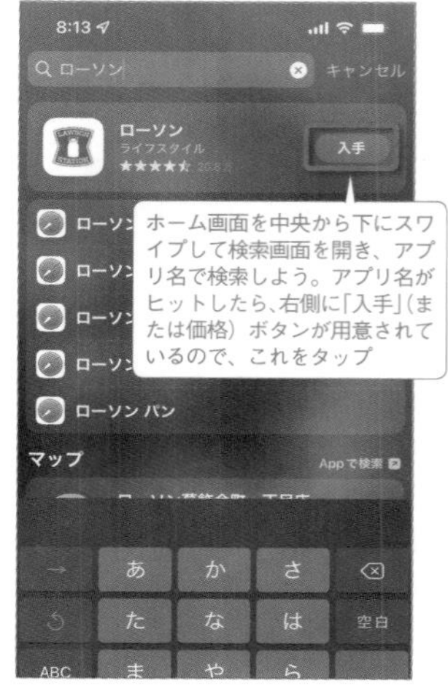

8:13
ローソン
キャンセル
ローソン
入手
ホーム画面を中央から下にスワイプして検索画面を開き、アプリ名で検索しよう。アプリ名がヒットしたら、右側に「入手」(または価格) ボタンが用意されているので、これをタップ
ローソン パン
マップ

ダブルクリックでインストール
App Storeの画面に遷移することなく、すぐにアプリのインストールを行える
App Store
キャンセル
ローソン
サイドボタンで承認

037 独自のメールアドレスを作成して利用する

iOS15

カスタムメールドメイン

　iCloudのストレージ容量を有料で購入（月額130円から）すると、「iCloud＋」にアップグレードされ、「カスタムメールドメイン」機能も利用できる。これは、iCloudメールアドレスの「@icloud.com」部分を、独自のドメイン名に変更できる機能だ。最大5つのドメインでメールを送受信でき、ドメイン1つにつき最大3つのメールアドレスを使える。またファミリー共有を設定していれば、家族も同じメールアカウントを使えるようになる。

9:08
ストレージ
メールを非公開
管理
カスタムメールドメインの設定は、Webブラウザで行う必要がある。SafariでiCloud.comにログインしたら、「アカウント設定」→「カスタムメールドメイン」の「管理」をタップ

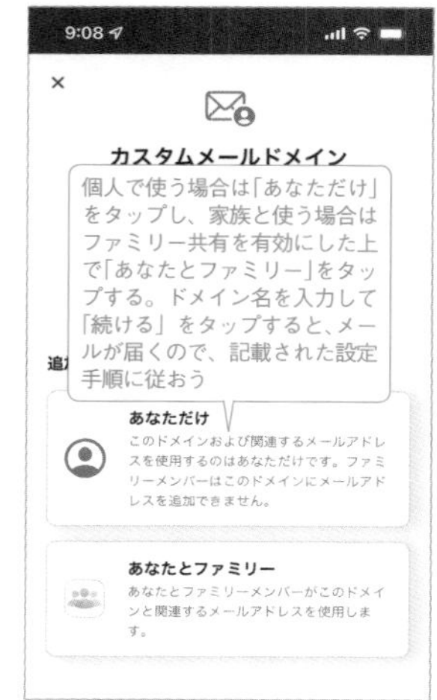

9:08
カスタムメールドメイン
個人で使う場合は「あなただけ」をタップし、家族と使う場合はファミリー共有を有効にした上で「あなたとファミリー」をタップする。ドメイン名を入力して「続ける」をタップすると、メールが届くので、記載された設定手順に従おう
あなただけ
あなたとファミリー

SECTION 2

電話・メール・LINE

iPhoneの電話やメール、メッセージには、
隠れた便利機能が満載だ。しっかり使いこなして
日々の操作をスムーズかつスマートに行おう。
人気のLINEやGmailの裏技、
活用技もユーザーなら必見だ。

21:12
新宿区
14°
やや曇り
最高:20° 最低:8°
天気
10月
日 月 火 水 木 金 土
1 2
3 4 5 6 7 8 9
10 11 12 13 14 15 16
17 18 19 20 21 22 23
24 25 26 27 28 29 30
31
カレンダー
FaceTime
日
24
カレンダー
6
メール
メモ

038 電話 電話に出られない時はメッセージで対応する

着信画面でさまざまな操作を行える

iPhoneにかかってきた電話に今すぐ出られない場合は、着信画面の「あとで通知」をタップすると、「ここを出るとき」「1時間後」に通知するよう、リマインダーアプリにタスクを登録できる。また「メッセージを送信」をタップすると、「現在電話に出られません。」など3種類の定型文をSMSで送信できる。定型文の内容は、「設定」→「電話」→「テキストメッセージで返信」で自由に変更可能だ。なお、ロック解除時は、画面上部のバナー表示で着信が通知されるので、バナーをタップして全画面表示に切り替えて各種機能を利用しよう。

1 すぐに電話に出られない時のオプション

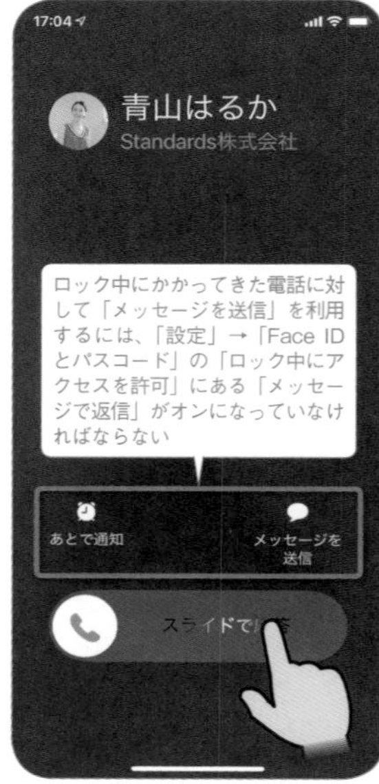
17:04
青山はるか
Standards株式会社
ロック中にかかってきた電話に対して「メッセージを送信」を利用するには、「設定」→「Face IDとパスコード」の「ロック中にアクセスを許可」にある「メッセージで返信」がオンになっていなければならない
あとで通知
メッセージを送信
スライドで応答

かかってきた電話にすぐ出られない時は、折り返しの電話を忘れずリマインダー登録する「あとで通知」や、相手にSMSで定型文を送信する「メッセージを送信」が利用できる。

2 「あとで通知」でリマインダー登録

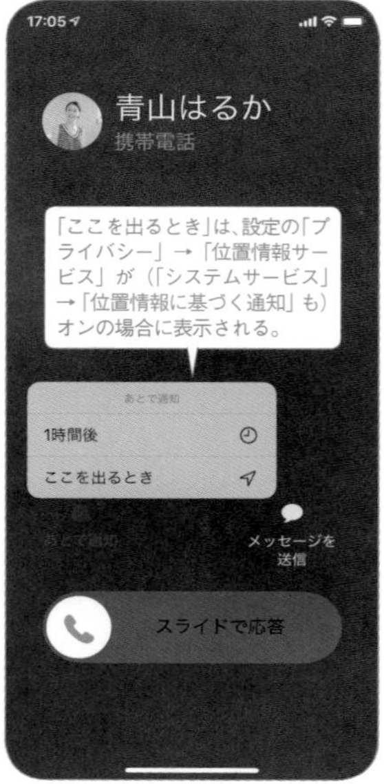
17:05
青山はるか
携帯電話
「ここを出るとき」は、設定の「プライバシー」→「位置情報サービス」が（「システムサービス」→「位置情報に基づく通知」も）オンの場合に表示される。
あとで通知
1時間後
ここを出るとき
メッセージを送信
スライドで応答

「あとで通知」をタップすると、「ここを出るとき」「1時間後」に通知するよう、リマインダーアプリにタスクを登録できる。

3 「メッセージを送信」で定型文をSMS送信

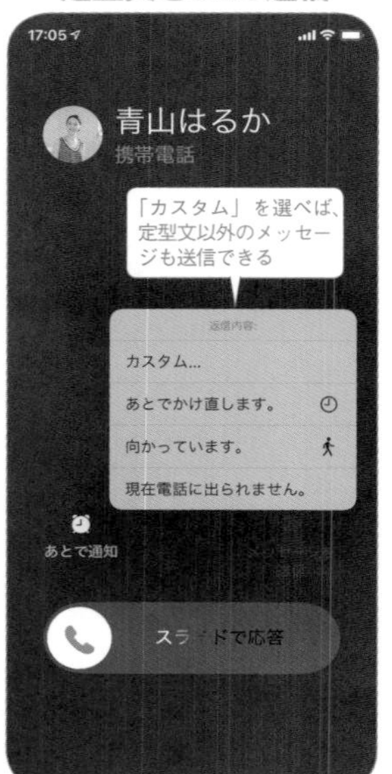
17:05
青山はるか
携帯電話
「カスタム」を選べば、定型文以外のメッセージも送信できる
カスタム...
あとでかけ直します。
向かっています。
現在電話に出られません。
あとで通知
スライドで応答

「メッセージを送信」をタップすると、いくつかの定型文で、相手にSMSを送信できる。定型文の内容は「設定」→「電話」→「テキストメッセージで返信」で自由に編集できる。

SECTION 2

039 マスト! 電話 かかってきた電話の着信音を即座に消す

電車の中や会議中など、電話に出られない状況で着信があった場合、サイレントモードにしていないとしばらく着信音が鳴り響いてしまう。素早く着信音を消したい場合は、スリープ（電源）ボタンもしくは音量ボタンのどちらかを一度押してみよう。即座に着信音が消え、バイブレーションもオフになるのだ。なお、この操作では着信音が消えるだけで、着信状態は続いているので注意しよう。留守番電話サービスを契約済みなら、そのまましばらく待っていれば自動的に留守番電話に転送される。ちなみに、すぐ留守番電話に転送したい場合はスリープボタンを2回押せばいい。

17:04
青山はるか
Standards株式会社
あとで通知
メッセージを送信

電話がかかってきたら、スリープボタンか音量ボタンを押せば、即座に着信音を消音することが可能。またスリープボタンを2回押せば、素早く留守番電話に転送できる

040 電話 電話やFaceTimeの着信拒否機能を利用する

特定の相手からの着信を拒否したい時は、電話アプリの履歴や連絡先画面から、拒否したい相手の「i」ボタンをタップし、「この発信者を着信拒否」をタップすればよい。電話はもちろん、メッセージやFaceTimeも着信拒否できる。また、知り合いからの電話のみ通知して欲しいなら、「設定」→「電話」→「不明な発信者を消音」をオンにしよう。連絡先やSiriからの提案にない番号からかかってきた電話は着信音が鳴らず、すぐに留守番電話に送られる。

21:19
すべて
不在着信
編集
履歴
青山はるか
携帯電話
青山はるか (4)
緊急連絡先に追加
自分の位置情報を共有
この発信者を着信拒否

「この発信者を着信拒否」→「連絡先を着信拒否」で着信拒否。解除する場合は、同じ画面で「この発信者の着信拒否設定を解除」をタップ。なお、「設定」→「電話」→「着信拒否した連絡先」でも設定できる

20:01
＜ 電話　不明な発信者を消音
不明な発信者を消音

「設定」→「電話」→「不明な発信者を消音」をオンにすると、連絡先や発信履歴、メールに記載された番号からの電話は着信するが、それ以外の番号は消音され、留守番電話に送られる。電話アプリの履歴には表示される。留守番電話のないプランや契約していない場合、相手の電話画面には「通話中または通信中」と表示されすぐに切断される。この場合も着信履歴は記録される

041 相手によって着信音やバイブパターンを変更しよう

着信音

電話やメッセージの着信音とバイブパターンを、相手によって個別に設定したい場合は、「連絡先」または「電話」アプリで変更したい連絡先を開き、「編集」をタップ。「着信音」「メッセージ」項目で、それぞれ着信音やバイブレーションの種類を個別に変更可能だ。内蔵の着信音で物足りない場合は、iTunes Store で購入できるほか、自分で着信音ファイルを作成してパソコンの iTunes や Finder（Mac の場合）経由で転送することもできる。

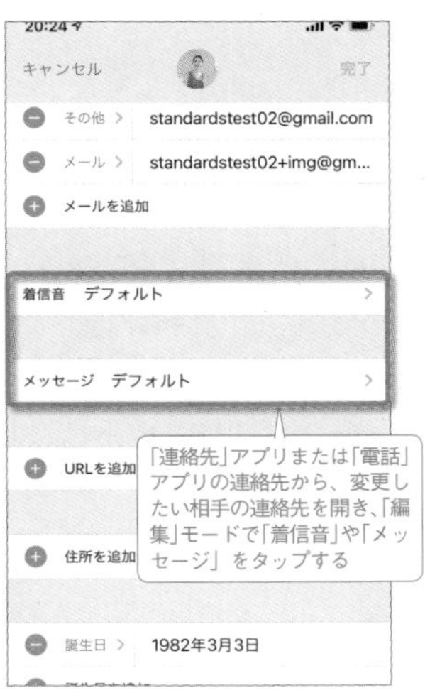
「連絡先」アプリまたは「電話」アプリの連絡先から、変更したい相手の連絡先を開き、「編集」モードで「着信音」や「メッセージ」をタップする

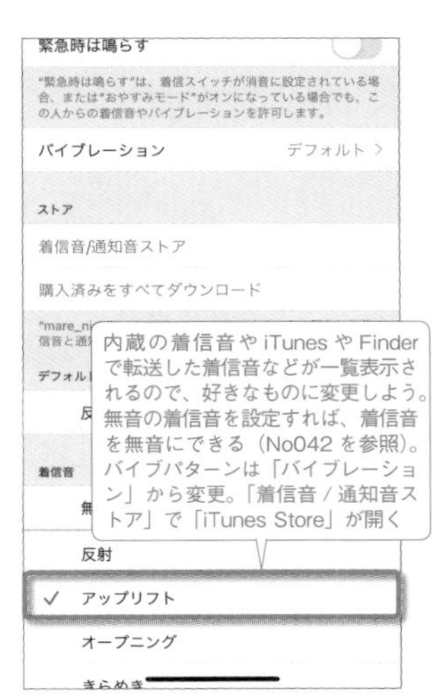
内蔵の着信音や iTunes や Finder で転送した着信音などが一覧表示されるので、好きなものに変更しよう。無音の着信音を設定すれば、着信音を無音にできる（No042 を参照）。バイブパターンは「バイブレーション」から変更。「着信音 / 通知音ストア」で「iTunes Store」が開く

042 特定の相手の着信音を無音にする

着信音

電話の着信音を鳴らしたくない場合は、左側面のサイレントスイッチをオンにしてマナーモードにすればよいが、特定の相手のみ無音にしたい場合は、着信音設定時（No041 参照）に無音ファイルを適用すればよい。無音ファイルは、iTunes Store で「無音」をキーワードに検索して購入しよう。また、ネット上で「無音　着信音」などで検索すれば、無料で入手することもできる。ダウンロードした上、パソコンの iTunes や Finder 経由で転送しよう。

iTunes Store アプリを起動し、「無音」でキーワード検索すれば、無音の着信音がヒットするので購入しよう。ネット上で配布されている無音ファイルを入手しパソコンの iTunes や Finder 経由で転送してもよい

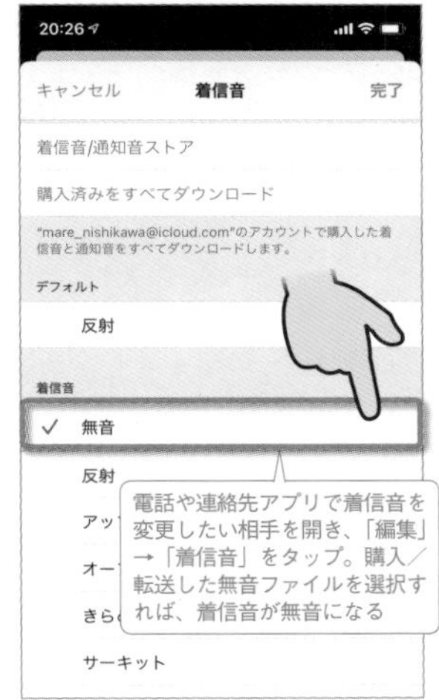
電話や連絡先アプリで着信音を変更したい相手を開き、「編集」→「着信音」をタップ。購入／転送した無音ファイルを選択すれば、着信音が無音になる

043 電話の相手をSiriに教えてもらう

電話

「音声で知らせる」機能を有効にすると、電話の着信時に Siri が相手の名前を教えてくれる。料理中や車の運転中でも、画面を見ることなく相手がわかり、応答するかどうか判断できる。ただし、Siri が読み上げるのは「連絡先」アプリに登録された名前だけだ。また、電車内や外出先で読み上げて欲しくない場合は、設定で「ヘッドフォンのみ」を選択しておこう。ヘッドフォンを接続し、マナーモードを有効にしている場合のみ Siri が名前を読み上げてくれる。

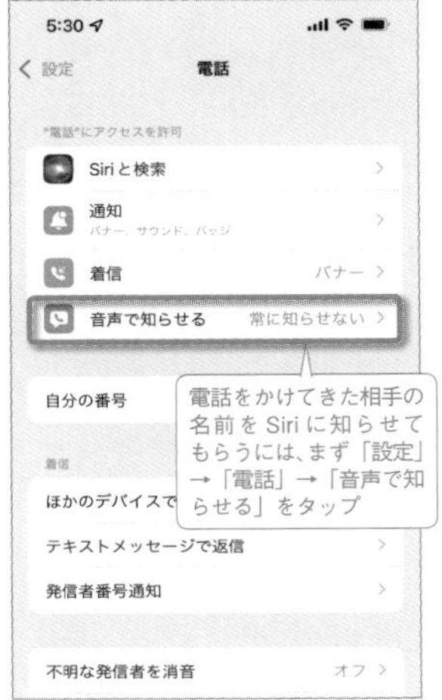
電話をかけてきた相手の名前を Siri に知らせてもらうには、まず「設定」→「電話」→「音声で知らせる」をタップ

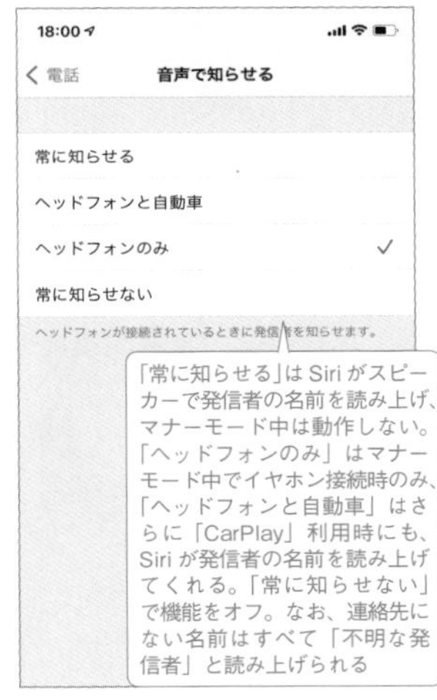
「常に知らせる」は Siri がスピーカーで発信者の名前を読み上げ、マナーモード中は動作しない。「ヘッドフォンのみ」はマナーモード中でイヤホン接続時のみ、「ヘッドフォンと自動車」はさらに「CarPlay」利用時にも、Siri が発信者の名前を読み上げてくれる。「常に知らせない」で機能をオフ。なお、連絡先にない名前はすべて「不明な発信者」と読み上げられる

044 入力したメッセージを後から絵文字に変換

メッセージ

「メッセージ」アプリで絵文字を使う場合、絵文字キーボードに切り替えて好きな絵文字を選択するか、変換候補から絵文字を選択する方法がある。さらにもうひとつ、いったん文章を最後まで入力した後、一気に絵文字変換を行えることを覚えておこう。文章を最後まで入力した後、キーボードを「絵文字」に切り替えよう。すると、絵文字変換可能な語句がオレンジ色に表示されるので、タップして変換可能な絵文字を選択すればOKだ。

文章入力後、絵文字キーボードに切り替えると、絵文字変換可能な語句がオレンジで表示される

オレンジの語句をタップし、絵文字を選択しよう。もちろん、絵文字が不要な語句はそのままにしておいてよい。再度タップして文字に戻すこともできる

マスト!

045 メッセージでよくやり取りする相手を固定する

メッセージ

メッセージでよくやり取りする特定の相手やグループは、見やすいようにリスト上部にピンで固定しておこう。会話を右にスワイプして表示されるピンマークをタップすると、最大9人（グループ）までリスト上部にアイコンで配置できる。またピン留めした相手からメッセージが届くと、アイコンの上にフキダシのように表示され、メッセージの内容がひと目で分かるようになる。ピンの解除は「編集」→「ピンを編集」で「ー」をタップする。

よくやり取りする相手は、会話を右にスワイプして表示されるピンをタップすると、リスト上部にアイコンで表示されるようになる

新着メッセージはアイコン上にフキダシで表示される。左上の「編集」→「ピンを編集」をタップし、各アイコンの「ー」ボタンをタップすると、ピン留めを解除できる

046 メッセージにエフェクトを付けて送信する

メッセージ

メッセージアプリでiMessageを送る際は、吹き出しや背景に様々な特殊効果を追加する、メッセージエフェクトを利用できる。まずメッセージを入力したら、送信（↑）ボタンをロングタップしよう。上部の「吹き出し」タブでは、最初に大きく表示される「スラム」などの吹き出しを装飾する効果を選べる。「スクリーン」タブでは、背景に花火などをアニメーション表示できる。それぞれの画面で「↑」をタップしてエフェクト付きで送信しよう。

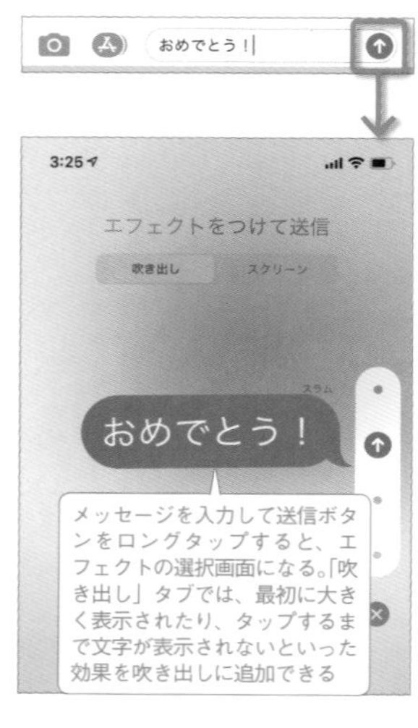

メッセージを入力して送信ボタンをロングタップすると、エフェクトの選択画面になる。「吹き出し」タブでは、最初に大きく表示されたり、タップするまで文字が表示されないといった効果を吹き出しに追加できる

上部のタブを「スクリーン」に切り替えると、背景に風船や花火をアニメーション表示させるなど、メッセージに派手なエフェクトを追加できる。スクリーンの種類は画面を左右にスワイプして切り替える

SECTION 2

047 メッセージで特定の相手の通知をオフにする

メッセージ

着信拒否にするような相手ではないが、頻繁にメッセージが送られてきて通知がわずらわしいといった場合は、メッセージ一覧画面でスレッドを左にスワイプし、「通知を非表示」ボタンをタップしておこう。これで、この相手からのメッセージは通知されなくなる。バナーなどの表示やサウンドでの通知は停止するが、メッセージアプリのアイコンへのバッジ表示は有効なままなので、新着メッセージが届いたことは確認できる。

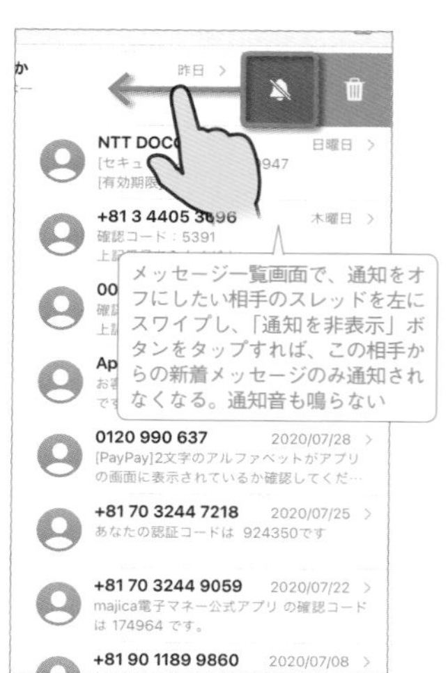

メッセージ一覧画面で、通知をオフにしたい相手のスレッドを左にスワイプし、「通知を非表示」ボタンをタップすれば、この相手からの新着メッセージのみ通知されなくなる。通知音も鳴らない

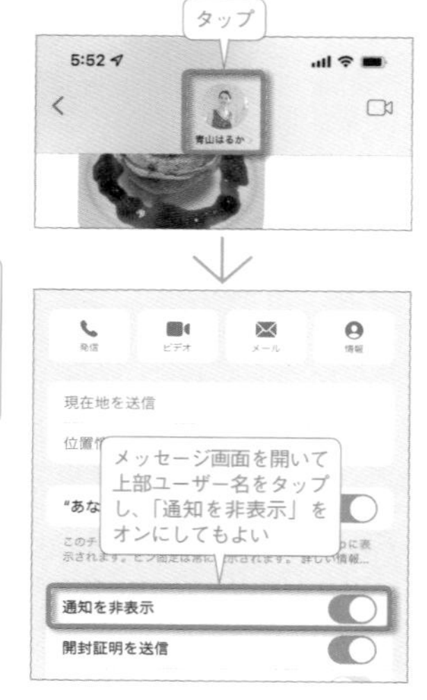
タップ

メッセージ画面を開いて上部ユーザー名をタップし、「通知を非表示」をオンにしてもよい

マスト!

048 メッセージで詳細な送受信時刻を確認

メッセージ

「メッセージ」アプリで過去にやりとりしたメッセージは、上下にスクロールすることで閲覧が可能だ。この際、各メッセージの送受信時刻を確認したい場合がある。標準状態では、日ごとのメッセージ送受信を開始した時刻は表示されるが、個々のメッセージの送受信時刻は表示されない。それぞれのメッセージの送受信時刻を確認したい時は画面を左へスワイプしてみよう。メッセージごとの送受信時刻を個別に確認することができる。

メッセージアプリの標準状態では、各メッセージの送受信時刻が表示されない

スワイプ

画面を右から左へスワイプすると、各メッセージの送受信時刻が表示される

マスト!

049 メッセージ 3人以上のグループでメッセージをやり取り

複数の宛先を入力するだけでグループを作成

「メッセージ」アプリでは、複数人でメッセージをやりとりできる「グループメッセージ」機能も用意されている。新規メッセージを作成し、「宛先」にやりとりしたい連絡先を複数入力しよう。これで自動的にグループメッセージへ移行するのだ。なお上部ユーザー名をタップすると詳細画面が開き、グループメッセージに新たなメンバーを追加したり、グループメッセージ自体に名前を付けることができる。個別のやりとりが面倒な、グループでの旅行やイベントに関する連絡に利用したい。

1 複数の連絡先を入力する

新規iMessage
キャンセル
宛先: 青山太郎 青山はるか
連絡先を複数入力

「メッセージ」アプリでグループメッセージを利用したい場合は、新規メッセージを作成し、「宛先」欄に複数の連絡先を入力すればよい。

2 グループメッセージを開始する

お寿司会グループです
土曜日の打ち合わせはこちらで
よろしくです
グループメッセージが開始される

自動的にグループメッセージが開始される。宛先の全メンバー間でメッセージや写真、動画などを投稿でき、ひとつの画面内で会話できるようになる。

3 詳細画面で連絡先を追加する

完了
青山太郎さんおよび青山はるかさん
名前と写真を変更
2人
青山太郎
青山はるか
連絡先を追加
上部ユーザー名をタップすると、グループに連絡先(新たなメンバー)を追加したり、グループに名前を付けることができる

電話・メール・LINE

マスト!

050 メッセージ メッセージの「開封済み」を表示しない

メッセージアプリでメッセージを確認すると、相手の画面に「開封済み」と表示され、メッセージを読んだことが通知される「開封証明」機能。便利な反面、LINEの既読通知同様、「読んだからにはすぐ返信しなければ」というプレッシャーに襲われがちだ。開封証明をオフにしたい場合は、「設定」→「メッセージ」→「開封証明を送信」のスイッチをオフにしよう。また、相手ごとに個別に開封証明を設定することも可能だ。

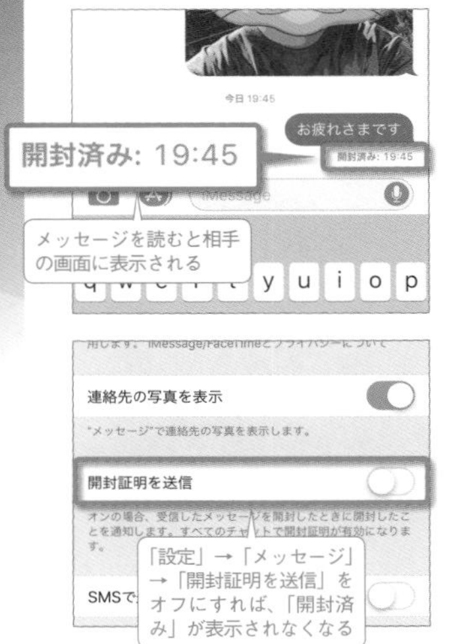

お疲れさまです
開封済み: 19:45
メッセージを読むと相手の画面に表示される
連絡先の写真を表示
開封証明を送信
「設定」→「メッセージ」→「開封証明を送信」をオフにすれば、「開封済み」が表示されなくなる

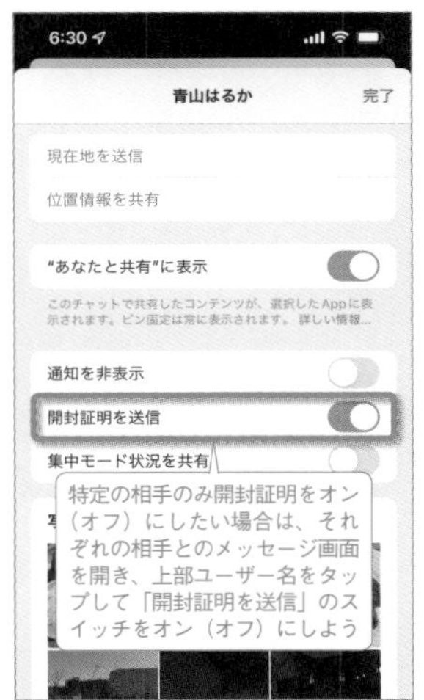

青山はるか
完了
現在地を送信
位置情報を共有
"あなたと共有"に表示
通知を非表示
開封証明を送信
集中モード状況を共有
特定の相手のみ開封証明をオン(オフ)にしたい場合は、それぞれの相手とのメッセージ画面を開き、上部ユーザー名をタップして「開封証明を送信」のスイッチをオン(オフ)にしよう

051 メッセージ グループで特定の相手やメッセージに返信する

メッセージのグループチャットで同時に会話していると、誰がどの件について話しているか分かりづらい。特定のメッセージに返信したい時は、インライン返信機能を使おう。メッセージの下に会話が続けて表示され、どの話題についての返信か分かりやすくなる。また特定の相手に話しかけるにはメンション機能を使おう。会話で相手の名前が強調表示されるほか、相手がグループの通知をオフにしていても通知できる。

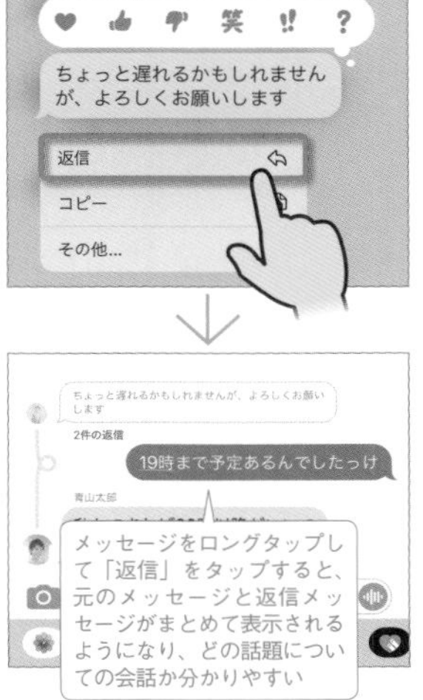

ちょっと遅れるかもしれませんが、よろしくお願いします
返信
コピー
その他...
19時まで予定あるんでしたっけ
メッセージをロングタップして「返信」をタップすると、元のメッセージと返信メッセージがまとめて表示されるようになり、どの話題についての会話か分かりやすい

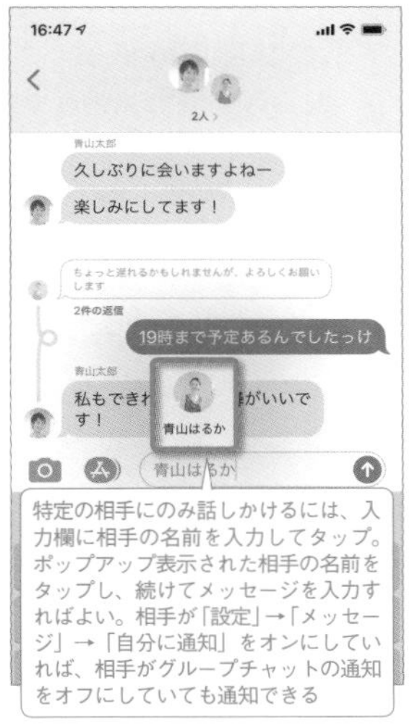

久しぶりに会いますよね一
楽しみにしてます!
19時まで予定あるんでしたっけ
青山はるか
特定の相手にのみ話しかけるには、入力欄に相手の名前を入力してタップ。ポップアップ表示された相手の名前をタップし、続けてメッセージを入力すればよい。相手が「設定」→「メッセージ」→「自分に通知」をオンにしていれば、相手がグループチャットの通知をオフにしていても通知できる

マスト!

052 パソコンで連絡先データを楽々入力

連絡先

「設定」画面の一番上のApple IDをタップし、「iCloud」→「連絡先」のスイッチをオンにしておくと、他のiOS端末やMacと同期して利用できるようになるだけではなく、iCloud.com（https://www.icloud.com/）でもデータの閲覧、編集を行えるようになる。新規に多数の連絡先を入力する際は、iPhoneよりもパソコンで作業した方が効率的だ。また、iCloud.comでは、iPhone上では行えない連絡先のグループ分けも利用できる。

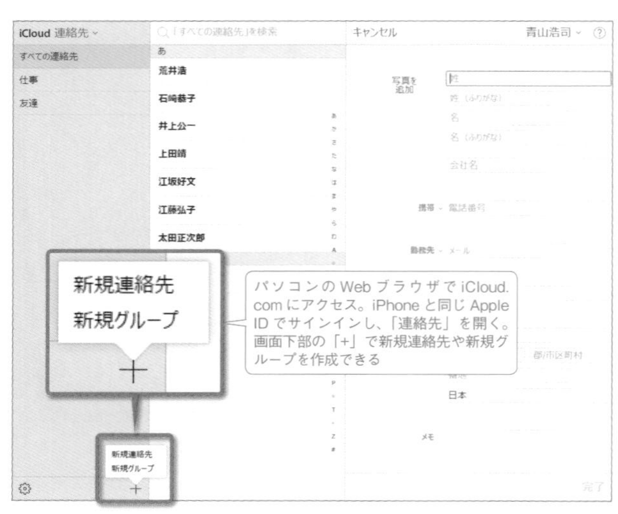
新規連絡先
新規グループ
パソコンのWebブラウザでiCloud.comにアクセス。iPhoneと同じApple IDでサインインし、「連絡先」を開く。画面下部の「+」で新規連絡先や新規グループを作成できる

マスト!

053 複数の連絡先をまとめて削除する

連絡先

連絡先アプリでデータを削除するには、削除したい連絡先をタップして情報を表示し、画面右上の「編集」ボタンをタップ。編集画面の一番下にある「連絡先を削除」をタップし、もう一度「連絡先を削除」をタップする必要がある。複数の連絡先を削除したい時、この操作を繰り返すのは非常に手間がかかる。そこで、パソコンのWebブラウザでiCloud.comにアクセスしてみよう。iCloud.com上では、連絡先を複数選択しまとめて素早く効率的に削除することができる。

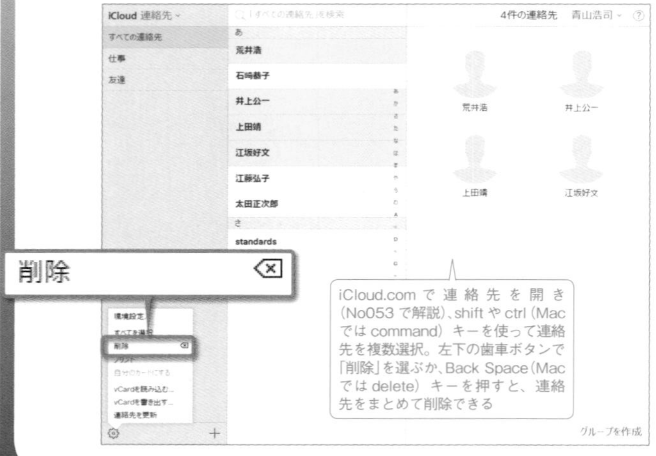
削除
iCloud.comで連絡先を開き（No053で解説）、shiftやctrl（Macではcommand）キーを使って連絡先を複数選択。左下の歯車ボタンで「削除」を選ぶか、Back Space（Macではdelete）キーを押すと、連絡先をまとめて削除できる

SECTION 2

054 誤って削除した連絡先を復元する

連絡先

連絡先やファイルはiCloud.comの設定から復元できる

「設定」の上部のApple IDをタップし、「iCloud」→「連絡先」をオンにしていれば、誤って削除した連絡先データも復元可能だ。まずパソコンのWebブラウザでiCloud.comにアクセスし、iPhoneと同じApple IDでサインインしたら、「アカウント設定」をクリックしよう。下の方にある「連絡先の復元」をクリックすると、復元可能なデータが一覧表示されるので、戻したい日時の「復元」をクリック。しばらく待てばその時点の連絡先が復元される。他にもファイルやカレンダー／リマインダーも復元が可能だ。

1 iCloud.comの設定画面を開く

まず、パソコンのWebブラウザでiCloud.comへアクセスし、iPhoneと同じApple IDでサインインする。

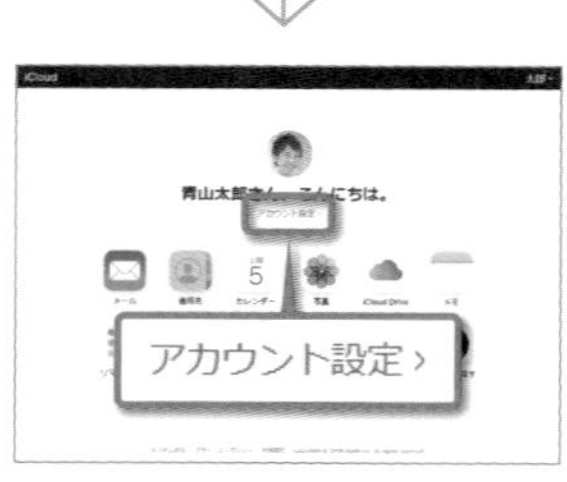
アカウント設定 ›
アイコンが並んだメニューが表示されたら、「アカウント設定」をクリックしよう。

2 「連絡先の復元」で復元データを選ぶ

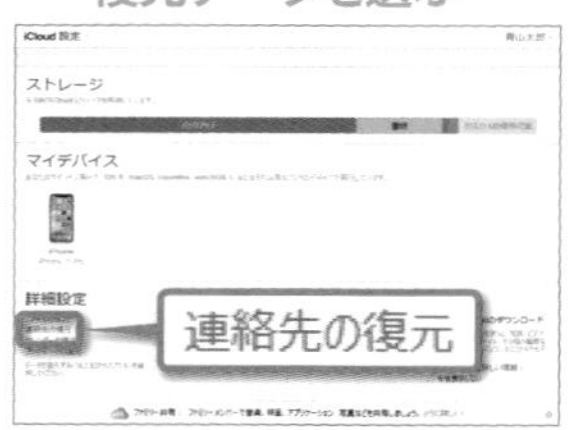
連絡先の復元
画面を下の方へスクロールし、詳細設定欄にある「連絡先の復元」をクリック。

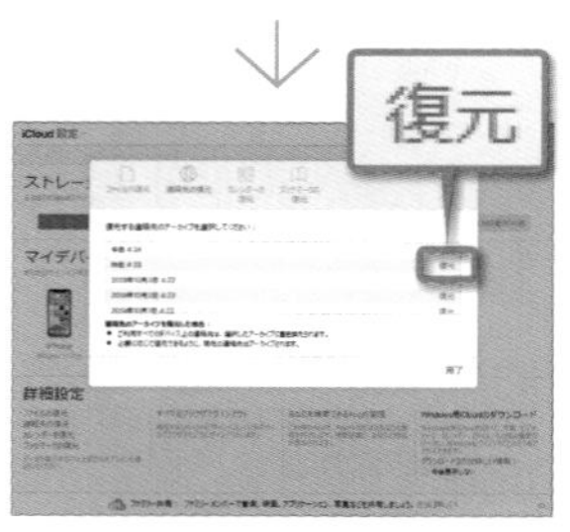
復元
連絡先のバックアップ一覧が表示されるので、復元したい日時を選んで「復元」をクリックする。

3 連絡先が以前のデータに復元された

復元
確認ダイアログで「復元」をクリックして、しばらく待つ。

「連絡先の復元が完了しました」と表示されたら、同時にiPhone上の連絡先データも復元されているはずだ。

055 重複した連絡先を統合する

連絡先

電話番号やメールアドレスを個別に登録してしまい、同じ人の連絡先が2つ以上重複表示される時は、連絡先アプリのリンク機能でまとめておこう。まず、重複した連絡先のひとつを選び、「編集」→「連絡先をリンク」をタップ。重複したもう一方の連絡先を選択し「リンク」をタップすると、2つの連絡先データがまとめて表示される。2つの連絡先に戻すには、編集画面で「リンク済み連絡先」の「ー」をタップすればよい。

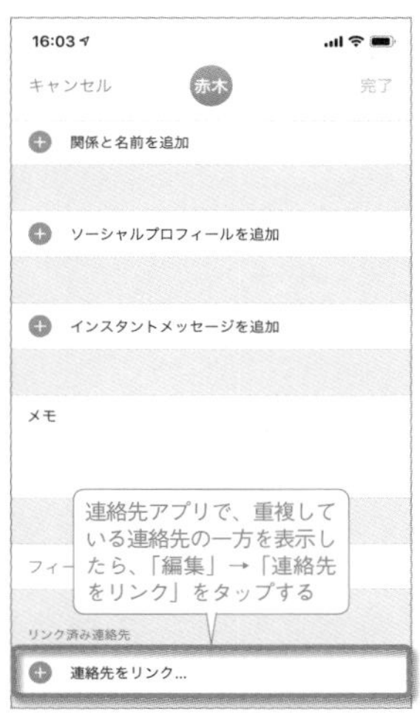

16:03
キャンセル
赤木
完了
関係と名前を追加
ソーシャルプロフィールを追加
インスタントメッセージを追加
メモ
リンク済み連絡先
連絡先をリンク...
連絡先アプリで、重複している連絡先の一方を表示したら、「編集」→「連絡先をリンク」をタップする

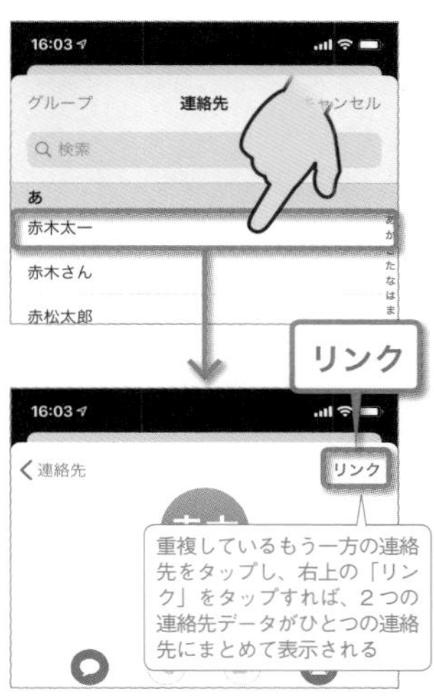

16:03
グループ
連絡先
キャンセル
検索
あ
赤木太一
赤木さん
赤松太郎
リンク
16:03
連絡先
リンク
重複しているもう一方の連絡先をタップし、右上の「リンク」をタップすれば、2つの連絡先データがひとつの連絡先にまとめて表示される

056 メールアカウントごとに通知を設定する

メール

メールアカウントを複数追加している場合は、それぞれのアカウントで通知のオン／オフを切り替えたり、通知音を変更できる。絶対に見逃せない仕事のメールは通知をオンにして通知音も目立つものに変更しておき、個人用のメールはバッジのみにするなど、重要度に応じて使い分けよう。なお、この方法は受信アドレスごとに通知方法を変える設定だ。メールの送り主ごとに通知方法を変更したい場合は、VIPの通知設定を利用しよう（No062で解説）。

3:43
メール
通知をカスタマイズ
アカウント
Gmail
バッジ
iCloud
バッジ
VIP
よく使う
「設定」→「通知」→「メール」→「通知をカスタマイズ」をタップし、アカウントを選択する

3:44
戻る
Gmail
通知
サウンド
オーロラ
バッジ
アカウントごとに、通知の有無とサウンドの指定、バッジ表示の有無を変更できる。重要な仕事用アカウントはすべてオンにしておき、個人用メールはバッジのみにしておくなどして使い分けよう

057 アカウント別ウィジェットでメールをチェック

メール

メールウィジェットはアカウントごとに配置できる

メールのウィジェット（No007で解説）は、ロングタップして「ウィジェットを編集」をタップすると、どのメールボックスを表示するか自由に変更できる。メールアカウントを複数追加している場合は、それぞれのアカウントごとの受信ボックスを表示させておくのがおすすめ。アカウントごとのウィジェットはホーム画面に並べておいてもいいが、スペース的に邪魔なので、重ね合わせてスタックしておくのがおすすめだ。ウィジェット内を上下にスワイプするだけで、表示するアカウントを切り替えでき、それぞれの新着メールを素早く確認できる。

1 ウィジェットに表示するアカウントを選択

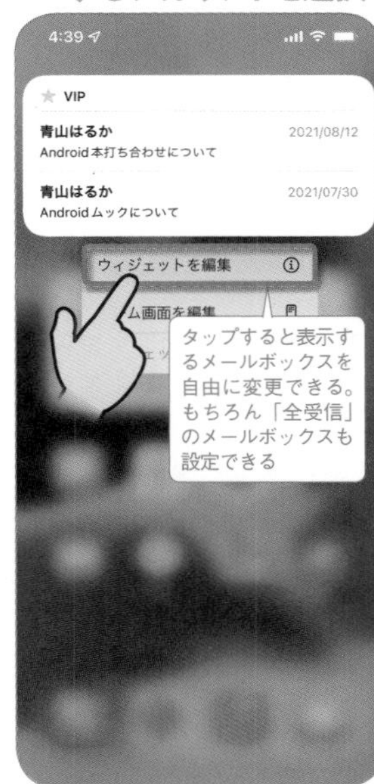

4:39
VIP
青山はるか
Android本打ち合わせについて
2021/08/12
青山はるか
Androidムックについて
2021/07/30
ウィジェットを編集
タップすると表示するメールボックスを自由に変更できる。もちろん「全受信」のメールボックスも設定できる

メールのウィジェットをロングタップし、「ウィジェットを編集」をタップすると、表示するメールボックスを変更できる。各アカウントの受信ボックスを表示させておこう。

2 複数のウィジェットを重ねてスタック

完了
受信
受信
まぐまぐ総合夕刊版
まぐまぐ！セレクション
同じサイズのメールウィジェットはドラッグして重ねられる

アカウントごとの受信ボックスを、ホーム画面に並べて配置するとスペースを取る。ウィジェットをロングタップし、他のウィジェットにドラッグしてスタックしよう。

3 表示するアカウントをスワイプで切り替え

4:41
西川希典
打ち合わせ日時です
2021/09/14
受信
まぐまぐ総合夕刊版
ウィジェット内を上下にスワイプすると、表示するアカウントを切り替えて、それぞれの新着メールを素早く確認できる

電話・メール・LINE

マスト!

058 受信トレイのメールをまとめて開封済みにする

メール

メールはいちいち個別に開いて開封済みにしなくても、メール一覧画面を開いて右上の「編集」→「すべてを選択」をタップし、下部の「マーク」→「開封済みにする」をタップすれば、すべての未読メールをまとめて既読にできる。未読メールが溜まってひとつずつ開封するのが面倒ならこの方法で解消しよう。開封したメールを未開封に戻したい場合は、個別のメールを右にスワイプするか、または「マーク」→「未開封にする」でまとめて戻せる。

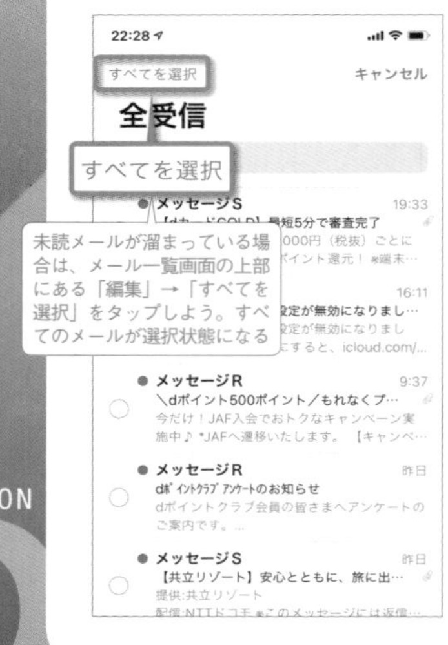

すべてを選択
キャンセル
全受信
すべてを選択
未読メールが溜まっている場合は、メール一覧画面の上部にある「編集」→「すべてを選択」をタップしよう。すべてのメールが選択状態になる

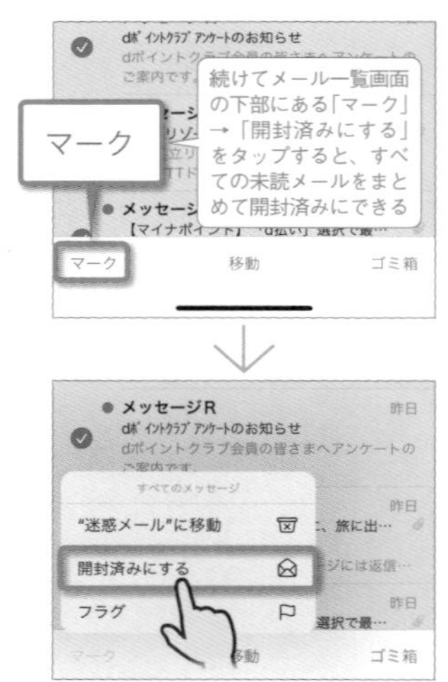

マーク
続けてメール一覧画面の下部にある「マーク」→「開封済みにする」をタップすると、すべての未読メールをまとめて開封済みにできる
マーク
移動
ゴミ箱
"迷惑メール"に移動
開封済みにする
フラグ

059 重要なメールに目印を付けて後でチェックする

メール

重要なメールには、返信ボタンをタップして表示されるメニューから「フラグ」をタップし、好きな色のフラグを付けておこう。フラグを付けたメールには、選択したカラーの旗マークが表示されるようになる。また、メールボックス一覧にある「フラグ付き」フォルダを開くと、フラグを付けた重要なメールのみをまとめて表示できる。フラグのカラー選択の上にある、「フラグを外す」をタップすると、付けたフラグを外せる。

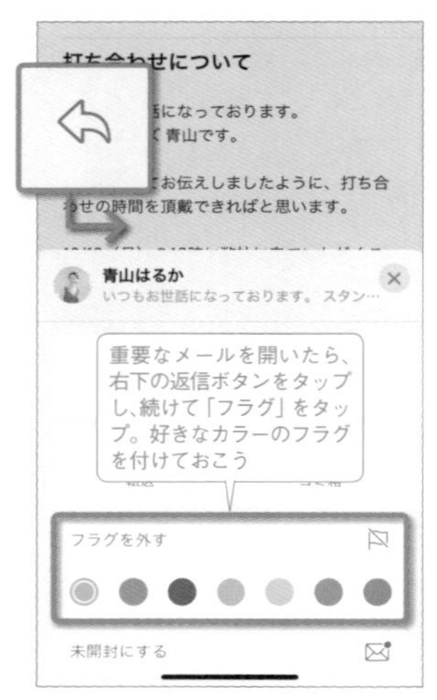

重要なメールを開いたら、右下の返信ボタンをタップし、続けて「フラグ」をタップ。好きなカラーのフラグを付けておこう
フラグを外す
未開封にする

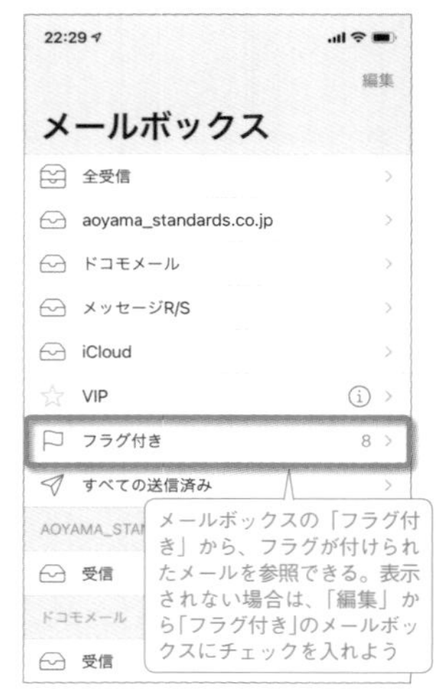

メールボックス
全受信
aoyama_standards.co.jp
ドコモメール
メッセージR/S
iCloud
VIP
フラグ付き
すべての送信済み
受信
メールボックスの「フラグ付き」から、フラグが付けられたメールを参照できる。表示されない場合は、「編集」から「フラグ付き」のメールボックスにチェックを入れよう

SECTION 2

060 メールをスワイプしてさまざまな操作を行う

メール

ゴミ箱への移動や返信、転送をすばやく行える

メールアプリでは、よく使う操作をスワイプで素早く行えるようになっている。例えば、メール一覧画面で個々のメールを右にスワイプすれば「開封」または「未開封」、左いっぱいにスワイプでゴミ箱に移動、半分ほどでスワイプを止めれば「その他」「フラグ」「ゴミ箱」から操作を選択できる。「その他」では、返信や転送のほか、選択したスレッドの通知を一定時間停止する「ミュート」の設定などが可能だ。また、メール本文を開いた状態で左右にスワイプしても同様のメニューが表示され、「その他」の代わりに返信ボタンが表示される。

1 メール一覧画面のスワイプ操作

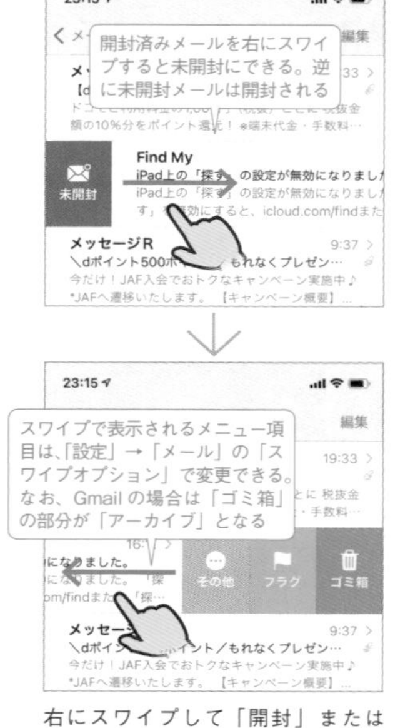

開封済みメールを右にスワイプすると未開封にできる。逆に未開封メールは開封される
未開封
スワイプで表示されるメニュー項目は、「設定」→「メール」の「スワイプオプション」で変更できる。なお、Gmail の場合は「ゴミ箱」の部分が「アーカイブ」となる
その他
フラグ
ゴミ箱

右にスワイプして「開封」または「未開封」、左にスワイプでゴミ箱、左にスワイプし途中で止めると「その他」「フラグ」「ゴミ箱」を操作できる。

2 「その他」タップで表示されるメニュー

タップ
その他
フラグ
ゴミ箱
返信
全員に返信
転送
ゴミ箱
フラグ
未開封にする
メッセージを移動...
メッセージをアーカイブ

「その他」をタップすると、返信や転送、フラグ、ミュート（このスレッドの通知を停止する）、メッセージの移動などが行える。

3 メール本文画面でのスワイプ操作

メール本文を開いた状態では、右にスワイプして「開封」または「未開封」、左にスワイプして「返信」「フラグ」「ゴミ箱」を操作できる。なお、フラグのカラーを変更したい場合は、メール本文下部の返信ボタンから操作する必要がある

061 メール フィルタ機能で目的のメールを抽出する

フィルタボタンをタップするだけで絞り込める

「メール」アプリのメール一覧画面左下にあるフィルタボタンをタップすると、条件に合ったメールだけが抽出される。標準では未開封メールが抽出されて表示されるが、このフィルタ条件を変更したい場合は、下部中央に表示される「適用中のフィルタ」をタップしよう。未開封、フラグ付き、自分宛て、CCで自分宛て、添付ファイル付きのみ、VIPからのみ、今日送信されたメールのみ、といったフィルタ条件を設定できる。複数のフィルタを組み合わせて同時に適用することも可能だ。

1 メール一覧でフィルタボタンをタップ

メールボックス
編集
全受信
Money Forward
Google Play
タップ

「メール」アプリでメール一覧を開いたら、左下に用意されている、フィルタボタンをタップしてみよう。

2 フィルタ条件でメールが抽出される

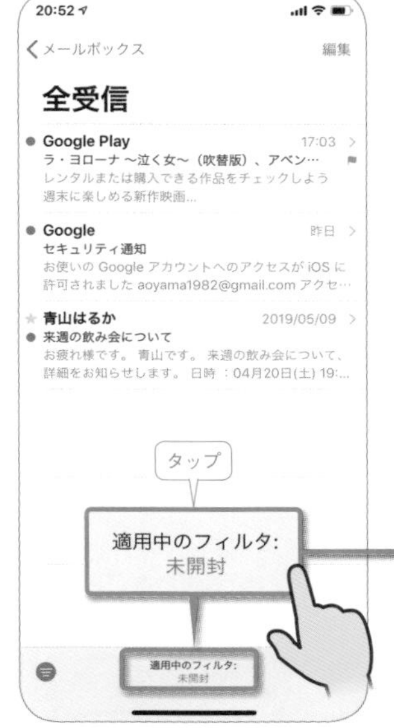

メールボックス
編集
全受信
Google Play
Google
青山はるか
タップ
適用中のフィルタ:
未開封

標準では、未開封のメールのみが抽出される。フィルタ条件を変更するには、下部中央に表示されている「適用中のフィルタ」部分をタップ。

3 フィルタ条件を変更する

フィルタ
完了
aoyama_standards.co.jp
iCloud
ドコモメール
メッセージR/S
適用する項目:
未開封
フラグ付き
宛先:
宛先: 自分
Cc: 自分
添付ファイル付きのみ
VIPからのみ
今日送信されたメールのみ

適用する項目や宛先の他、添付ファイル付きのみ、VIPからのみ、今日送信されたメールのみといったフィルタ条件を変更できる。

062 メール 重要な相手からのメールを見落とさないようにする

忙しい時はこのメールだけチェックすればOK

標準メールアプリには、「VIP」機能が用意されている。これは、あらかじめVIPリストに登録しておいた連絡先から届いたメールを、メールボックスの「VIP」に自動的に振り分けてくれる機能だ。受信時の通知もVIPに振り分けられたメールだけ独自に指定できる。VIPのメールのみ通知を有効にしたり、通常のメールとは異なる通知音を設定すれば、重要なメールにだけすぐに応対できるようになる。まずは、メールボックスの「VIP」にある「VIPを追加」をタップし、VIPを登録しよう。登録した相手からのメールが、自動でVIPメールに振り分けられる。

1 VIPリストを編集する

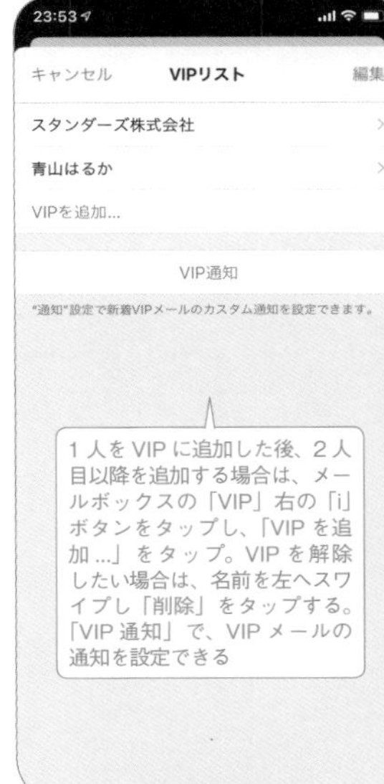

キャンセル
VIPリスト
編集
スタンダーズ株式会社
青山はるか
VIPを追加...
VIP通知
1人をVIPに追加した後、2人目以降を追加する場合は、メールボックスの「VIP」右の「i」ボタンをタップし、「VIPを追加...」をタップ。VIPを解除したい場合は、名前を左へスワイプし「削除」をタップする。「VIP通知」で、VIPメールの通知を設定できる

メールボックスの「VIP」、または「VIP」右の「i」ボタンをタップし、続けて「VIPを追加」をタップ。連絡先からVIPリストに登録したいユーザーを追加する。

2 VIPメールの通知設定

通知をカスタマイズ VIP
通知
サウンド
カリプソ
バッジ

手順1の画面で「VIP通知」をタップすると、VIPメールを受信した時の通知方法を独自に設定することができる。

3 登録ユーザーからのメールを振り分け

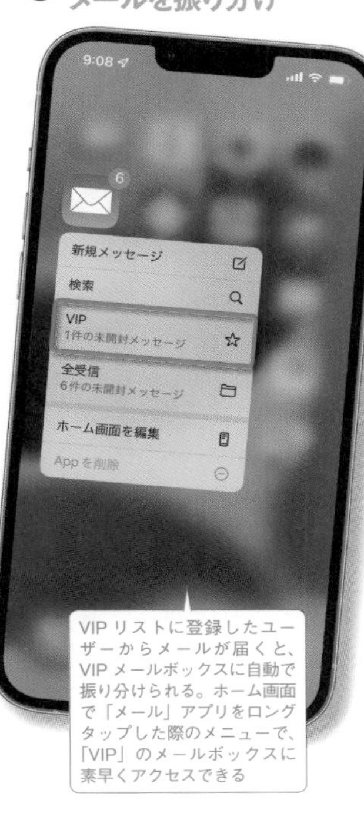

新規メッセージ
検索
VIP
1件の未開封メッセージ
全受信
6件の未開封メッセージ
ホーム画面を編集
Appを削除
VIPリストに登録したユーザーからメールが届くと、VIPメールボックスに自動で振り分けられる。ホーム画面で「メール」アプリをロングタップした際のメニューで、「VIP」のメールボックスに素早くアクセスできる

063 メール フィルタとVIPの実践的な活用法

重要度の低いメールを整理するための使い方

仕事メールの中には、あまり目を通す必要のないものもあるだろう。例えば、自分には関わりが薄いのにCcに含まれて届くプロジェクトのメールや、毎日届く社内報、頻繁に報告される進捗メールなどだ。このようなメールで受信トレイが埋まっては、本当に目を通すべき重要なメールを見つけづらくなる。そこで、フィルタ（No061で解説）とVIP（No062で解説）機能を使って、重要度の低いメールを整理しておこう。本来は必要なメールを目立たせるための機能だが、必ずしも確認しなくてよいメールを目に入らなくするような使い方もできる。

1 「宛先:自分」でCcメールを非表示

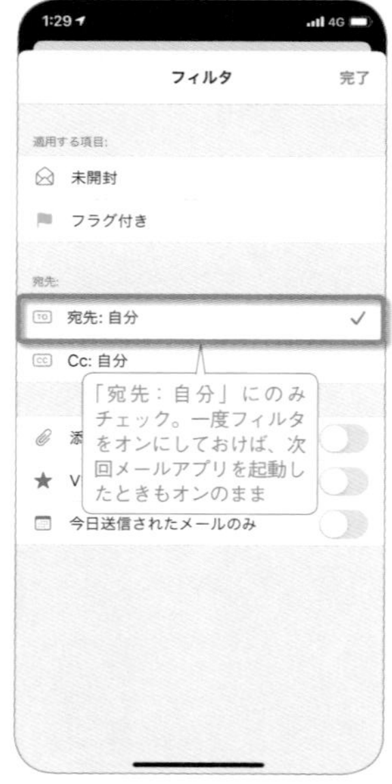

フィルタ
完了
未開封
フラグ付き
宛先: 自分
Cc: 自分
「宛先：自分」にのみチェック。一度フィルタをオンにしておけば、次回メールアプリを起動したときもオンのまま
今日送信されたメールのみ

メールのフィルタ機能で「宛先：自分」にチェックしておこう。Ccで自分が含まれるメールは表示されず、宛先が自分のメールのみ表示されるようになる。

2 定期メールはVIPに振り分ける

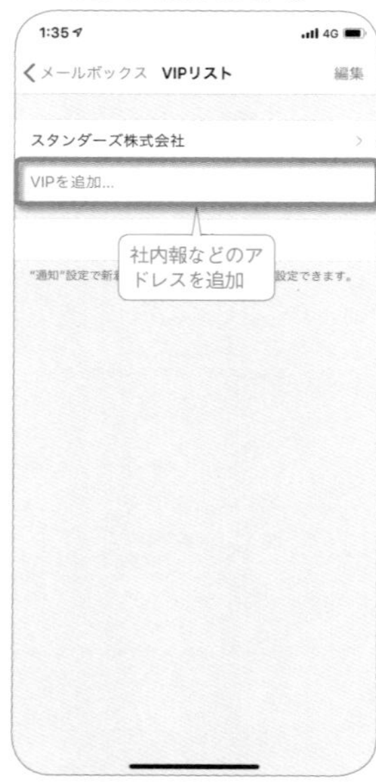

メールボックス VIPリスト
編集
スタンダーズ株式会社
VIPを追加...
社内報などのアドレスを追加

社内報や進捗報告など、頻繁に届くがあまり読む必要もない定期メールのアドレスは、VIPに追加しておこう。

3 VIPメールの通知をオフにする

通知をカスタマイズ VIP
通知
バッジ
オフにする

「VIP通知」をタップして「通知」をオフ。「バッジ」のみオンにしておけば、新着メールがあることはバッジで把握できる。

SECTION 2

064 iOS15 メール 自分のアドレスを非公開にしてメールを送受信する

iCloud+で利用できる使い捨てアドレス機能

iCloudのストレージ容量を有料で購入（月額130円から）すると、いくつかの機能が追加された「iCloud＋」にアップグレードされる。そのうちのひとつが「メールを非公開」機能だ。これはいわゆる使い捨てアドレス機能で、Webサービスやメルマガに登録する際に、ランダムなメールアドレスを作成できる。作成したアドレスに届くメールは、自動的にApple IDに関連付けられたメールアドレスに転送される。作成したアドレスの管理や、転送先アドレスの変更は、「設定」一番上のApple IDを開いて「iCloud」→「メールを非公開」で行える。

1 Safariで「メールを非公開」をタップ

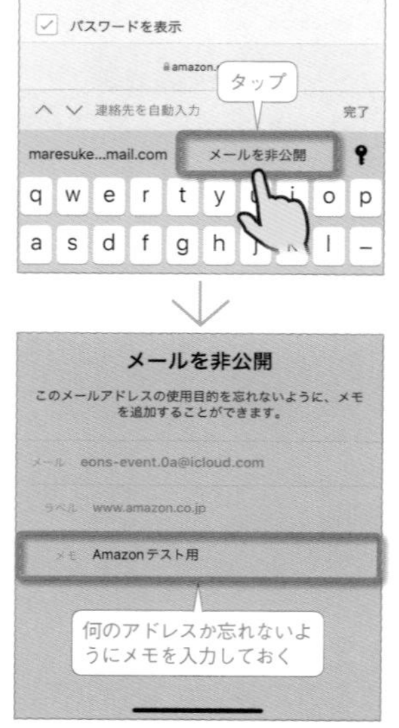

パスワードを表示
タップ
メールを非公開
メールを非公開
このメールアドレスの使用目的を忘れないように、メモを追加することができます。
eons-event.0a@icloud.com
www.amazon.co.jp
Amazonテスト用
何のアドレスか忘れないようにメモを入力しておく

Safariでメールアドレスの入力を求められたら、入力欄をタップし、キーボード上部の「メールを非公開」をタップ。ランダムなアドレスが生成されるので、「メモ」欄に使用目的などをメモしておき、「使用」をタップする。

2 本来のメールアドレスに自動で転送される

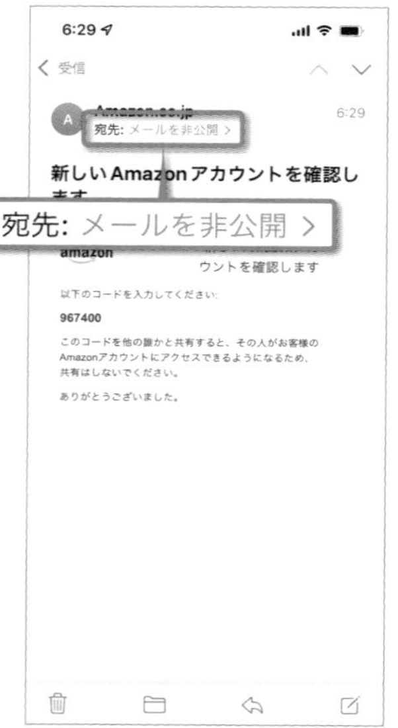

Amazon.co.jp
新しいAmazonアカウントを確認します
宛先: メールを非公開 >
967400

作成したアドレス宛に届いたメールは、自動的にApple IDに設定した本来のメールアドレスに届く。標準メールアプリで返信すると、差出人アドレスも作成したアドレスに変更される。

3 作成したアドレスを管理する

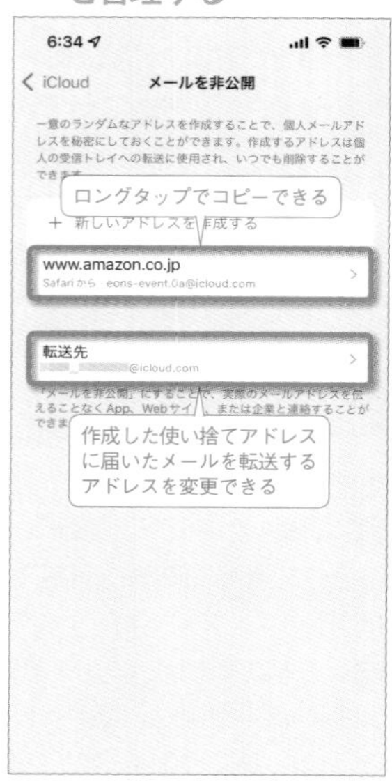

iCloud
メールを非公開
ロングタップでコピーできる
www.amazon.co.jp
転送先
作成した使い捨てアドレスに届いたメールを転送するアドレスを変更できる

作成したアドレスは、「設定」で一番上のApple IDを開き、「iCloud」→「メールを非公開」で確認できる。メールアドレスをロングタップするとコピーできるほか、アドレスの追加や削除、転送先の変更も可能だ。

マスト!

065 「iPhoneから送信」を別の内容に変更する

メール

標準の「メール」アプリで新規メールを作成すると、「iPhone から送信」という文言が本文に挿入されていることに気づくはず。この「iPhone から送信」部分は、別の内容に変更可能だ。iPhone を仕事でも使う場合は、パソコンのメールに記載している署名と同じものを使用したり、不要なら削除しておけばよい。また、メールアプリで複数のアドレスを使っている場合は、それぞれ別々の署名を設定できる。

18:32
キャンセル
新規メッセージ
宛先:
Cc/Bcc、差出人: aoyama1982a@icloud.com
件名:
iPhoneから送信
iPhoneから送信
新規メールには、はじめから「iPhone から送信」が記載されている。別の内容に変更するか、不要なら削除しよう

22:52
メール
署名
すべてのアカウント
アカウントごと
AOYAMA_STANDARDS.CO.JP
青山太郎
Standards TEL : 03-6380-6132
「設定」→「メール」→「署名」を開く。複数のアドレスを使っている場合は、「すべてのアカウント」(で同じ署名を使う)か「アカウントごと」(に別々の署名を使う)を選択。「iPhone から送信」を削除して、自分の名前や電話番号などを入力しよう

マスト!

066 複数アドレスの送信済みメールもまとめてチェック

メール

メールアプリで送信済みメールを確認したい場合は、メールボックス一覧で、各アカウントごとの「送信済み」トレイをタップして開けばよい。ただ、これだとアカウントそれぞれの送信済みメールを個別にチェックすることになる。「全受信」のように、すべてのアカウントの送信済みメールをまとめて確認したい場合は、メールボックス一覧の「編集」をタップし、「すべての送信済み」にチェックしておこう。

12:06
編集
メールボックス
全受信
iCloud
aoyama1982@gmail.com
VIP
フラグ付き
重要
すべてのメール
編集
メールアプリでメールボックス一覧を開いたら、右上の「編集」をタップする
ICLOUD
受信
下書き
送信済み

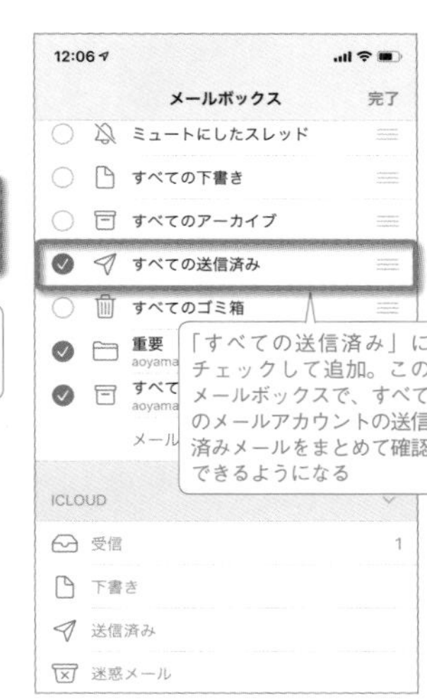

12:06
メールボックス
完了
ミュートにしたスレッド
すべての下書き
すべてのアーカイブ
すべての送信済み
すべてのゴミ箱
重要
「すべての送信済み」にチェックして追加。このメールボックスで、すべてのメールアカウントの送信済みメールをまとめて確認できるようになる
ICLOUD
受信
下書き
送信済み
迷惑メール

067 メールはシンプルに新着順に一覧表示する

メール

メールアプリでは、返信でやり取りした一連のメールが、「スレッド」としてまとめて表示されるようになっている。ただし、スレッドでまとめられてしまうと、複数回やり取りしたはずのメールが 1 つの件名でしか表示されないので、他のメールに埋もれてしまいがちだ。スレッドだとメールを見つけにくかったり使いづらいと感じるなら、シンプルに一通一通のメールが新着順に一覧表示されるように変更しておこう。

11:40
Gmail
編集
受信
検索
青山はるか
来月の飲み会
Facebook
IFTTT Alerts
Action required: Instagram is offline
受信日時横の「>」マークがスレッドの印。タップすると、過去にやり取りした一連の送受信メールをまとめて表示できる
まぐまぐ!セレクション

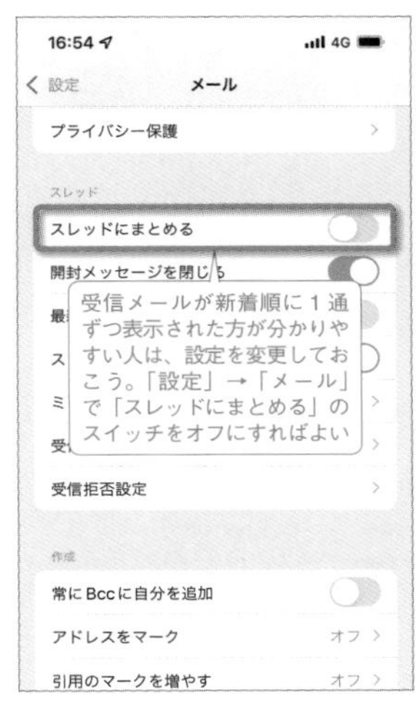

16:54
設定
メール
プライバシー保護
スレッド
スレッドにまとめる
開封メッセージを閉じる
受信メールが新着順に 1 通ずつ表示された方が分かりやすい人は、設定を変更しておこう。「設定」→「メール」で「スレッドにまとめる」のスイッチをオフにすればよい
受信拒否設定
作成
常に Bcc に自分を追加
アドレスをマーク
引用のマークを増やす

068 メールの下書きを素早く呼び出す

メール

作成中のメールをすぐに送信しない場合は、メール作成画面で左上の「キャンセル」→「下書きを保存」をタップすれば保存しておける。保存した下書きメールは、新規メール作成ボタンをロングタップすれば一覧表示され、素早く呼び出すことが可能だ。いちいちメールボックスの「下書き」から開かなくてもいいので、覚えておこう。下書きメールを破棄したい場合は、スレッドを右から左にスワイプすればよい。

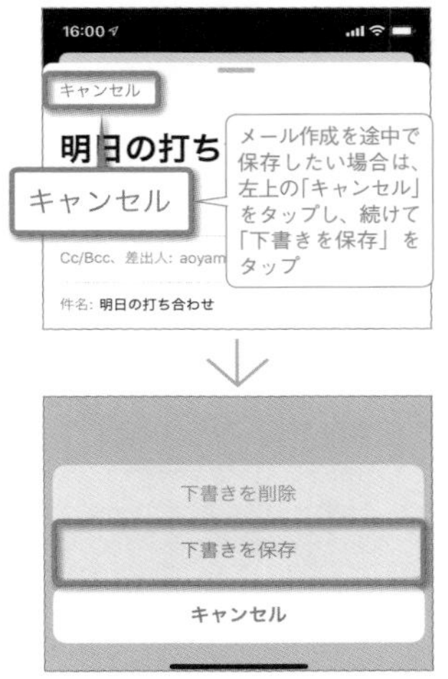

16:00
キャンセル
明日の打ち
キャンセル
メール作成を途中で保存したい場合は、左上の「キャンセル」をタップし、続けて「下書きを保存」をタップ
件名: 明日の打ち合わせ
下書きを削除
下書きを保存
キャンセル

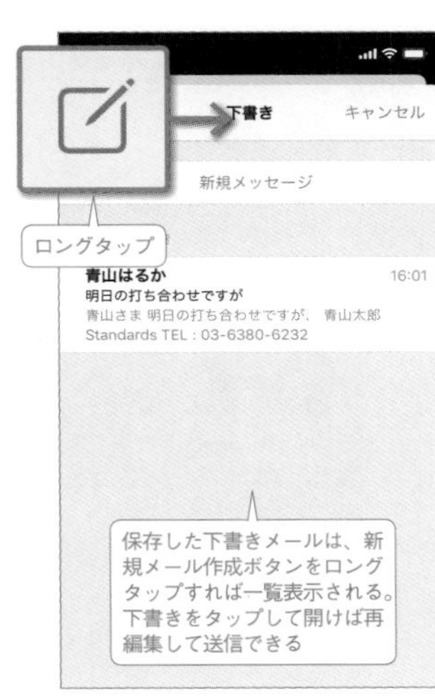

下書き
キャンセル
新規メッセージ
ロングタップ
青山はるか
明日の打ち合わせですが
Standards TEL : 03-6380-6232
保存した下書きメールは、新規メール作成ボタンをロングタップすれば一覧表示される。下書きをタップして開けば再編集して送信できる

069 Gmail Googleの高機能無料メール Gmailを利用しよう

SECTION 2

多機能なフリーメール「Gmail」をiPhoneで活用しよう

Gmailは、Googleが開発・提供しているメールサービスだ。Gmailの特徴は、受信したメールはもちろん、送信済みのメールやアカウントの設定、連絡先などの個人データを、すべてオンライン上に保存しているという点。Gmailユーザーはスマートフォンやタブレット、パソコンからGmailへアクセスし、メールの送受信やメールの整理をオンライン上で行う仕組みになっている。そのため、自宅でも、外出先でも常に同じ状態のメールボックスを利用することができる。通勤途中に、昨晩パソコンから送ったメールをスマートフォンから確認するといったことも簡単。自宅だけでメールを受信するスタイルとは、全く異なったメールの使い方ができるサービスだ。

Gmailを iPhoneで利用するには、公式アプリを利用する方法と、標準の「メール」アプリで利用する方法がある。ただし、標準メールアプリだと、Gmailの受信メールはリアルタイムでプッシュ通知されず、受信までにタイムラグが生じてしまう（「自動フェッチ」にしておけば、iPhoneが充電中でWi-Fiに接続中の場合のみ、リアルタイムで通知してくれる）。Gmailをメインで利用するなら、リアルタイムで通知される公式アプリの利用がオススメだ。

App

Gmail
作者／Google, Inc.
価格／無料

>>> 公式アプリでGmailを利用してみよう

1 アカウントを入力してGmailへログインする

「ログイン」→「Google」をタップし、Gmailアドレスとパスワードを入力してログインする

まずGoogleのアカウントを入力してログインする。マルチアカウントにも対応しており、複数のアカウントを切り替えて利用可能だ。

2 iPhoneでGmailが利用できる

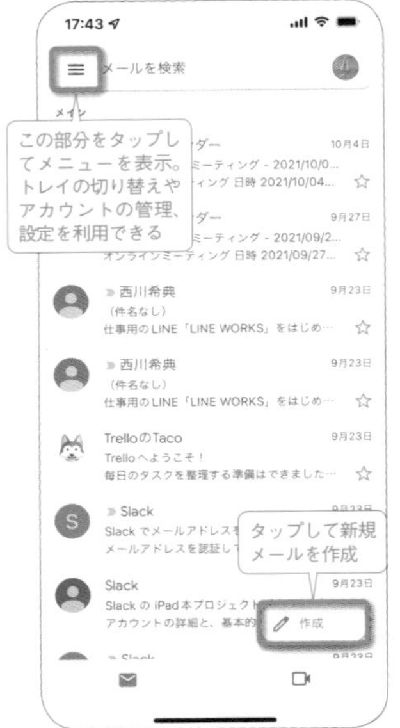
この部分をタップしてメニューを表示。トレイの切り替えやアカウントの管理、設定を利用できる
タップして新規メールを作成

Gmailの受信トレイが表示され、メールを送受信できる。新規メール作成は右下の作成ボタンから。左上のボタンでメニューが表示され、トレイやラベルを選択できる。

3 Gmailの機能をフルに利用できる

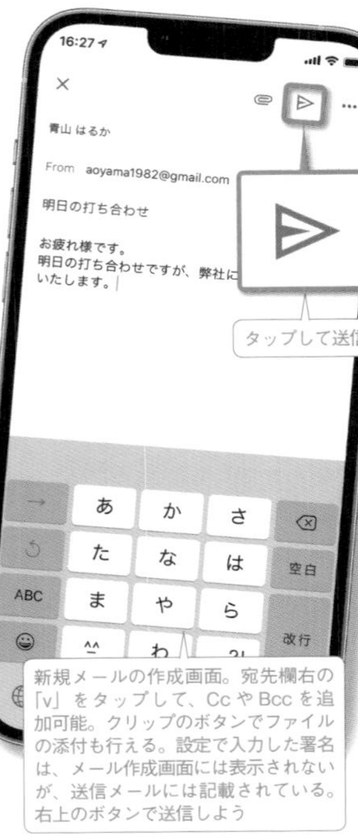
タップして送信

新規メールの作成画面。宛先欄右の「v」をタップして、CcやBccを追加可能。クリップのボタンでファイルの添付も行える。設定で入力した署名は、メール作成画面には表示されないが、送信メールには記載されている。右上のボタンで送信しよう

>>> 標準メールアプリでGmailを利用する

1 Gmailアカウントを追加する

標準メールアプリでGmailを利用するには、「設定」→「メール」→「アカウント」をタップして開き、「アカウントを追加」→「Google」をタップする。

2 「メール」のオンを確認してアカウントを保存

タップ
オンを確認

Googleアカウントでログインしてアカウントの追加を済ませたら、「メール」がオンになっていることを確認して「保存」をタップ。連絡先やカレンダー、メモの同期も可能だ。

3 「自動フェッチ」設定を確認する

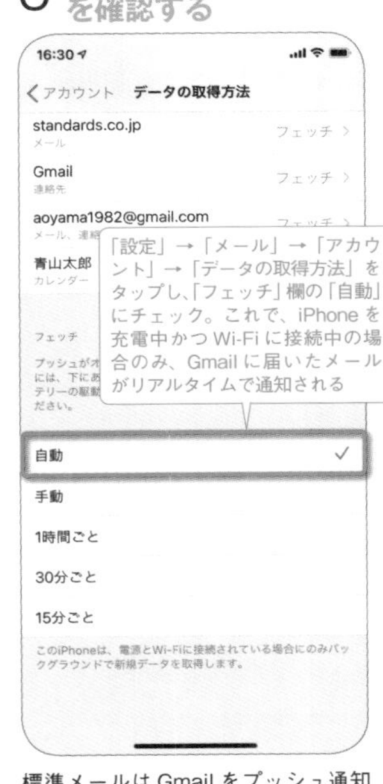
「設定」→「メール」→「アカウント」→「データの取得方法」をタップし、「フェッチ」欄の「自動」にチェック。これで、iPhoneを充電中かつWi-Fiに接続中の場合のみ、Gmailに届いたメールがリアルタイムで通知される

標準メールはGmailをプッシュ通知できないデメリットがあるが、「自動フェッチ」に設定しておけば、iPhoneを充電中でWi-Fiに接続中の場合のみ、プッシュ通知してくれる。

070 Gmail Gmailに会社や自宅のメールアドレスを集約させよう

会社や自宅のメールは「Gmailアカウント」に設定して管理しよう

No069で解説した「Gmail」公式アプリには、会社や自宅のメールアカウントを追加して送受信することもできる。ただし、iPhone上のGmailアプリに他のアカウントを追加するだけの方法では、iPhoneで送受信した自宅や会社のメールは他のデバイスと同期されず、Gmailの機能も活用できない。

そこで、自宅や会社のメールを「Gmailアプリ」に設定するのではなく、「Gmailアカウント」に設定してみよう。アカウントに設定するので、同じGoogleアカウントを使ったiPhoneやスマートフォン、パソコンで、まったく同じ状態の受信トレイ、送信トレイを同期して利用できる。また、ラベルとフィルタを組み合わせたメール自動振り分け機能や、ほとんどの迷惑メールを防止できる迷惑メールフィルター、メールの内容をある程度判断して受信トレイに振り分けるカテゴリタブ機能など、Gmailが備える強力なメール振り分け機能も、会社や自宅のメールに適用することが可能だ。Gmailのメリットを最大限活用できるので、Gmailアプリを使って会社や自宅のメールを管理するなら、こちらの方法をおすすめする。

ただし、設定するにはWeb版Gmailでの操作が必要だ。パソコンのWebブラウザ上で、https://mail.google.com/ にアクセスしよう。あとは右で解説している通り、設定の「メールアカウントを追加する」で会社や自宅のアカウントを追加すればよい。

>>> 自宅や会社のメールをGmailアカウントで管理する

1 Gmailにアクセスして設定を開く

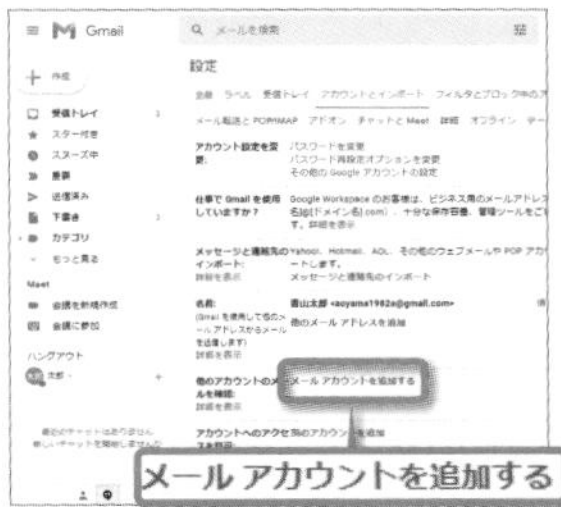
メールアカウントを追加する

ブラウザでWeb版のGmailにアクセスしたら、歯車ボタンのメニューから「すべての設定を表示」→「アカウントとインポート」タブを開き、「メールアカウントを追加する」をクリック。

2 Gmailで受信したいメールアドレスを入力

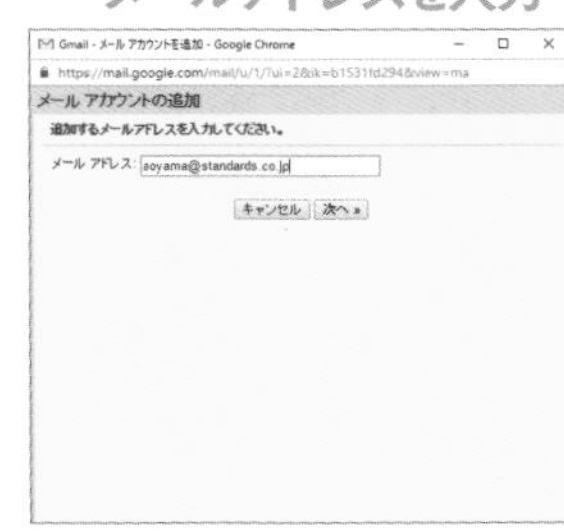

別ウィンドウでメールアカウントを追加するウィザードが開く。Gmailで受信したいメールアドレスを入力し、「次のステップ」をクリック。

3 「他のアカウントから～」にチェックして「次へ」

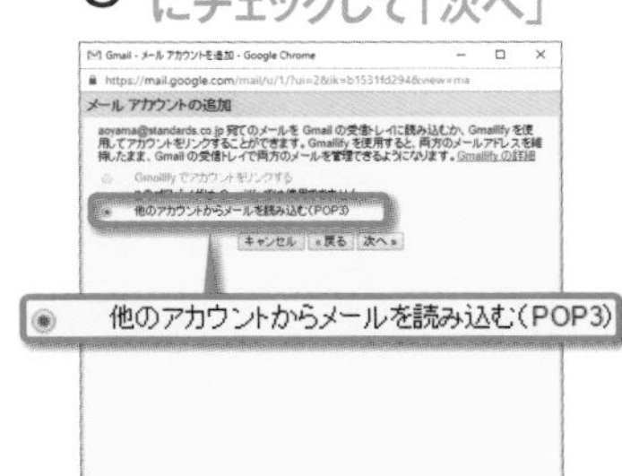
他のアカウントからメールを読み込む（POP3）

追加するアドレスがYahoo!、AOL、Outlook、HotmailなどであればGmailify機能で簡単にリンクできるが、その他のアドレスは「他のアカウントから～」にチェックして「次へ」。

4 受信用のPOP3サーバーを設定する

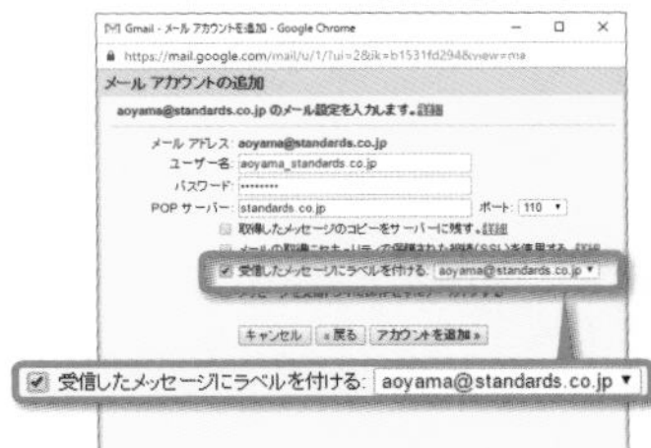
受信したメッセージにラベルを付ける: aoyama@standards.co.jp

POP3サーバー名やユーザー名／パスワードを入力して「アカウントを追加」。「～ラベルを付ける」にチェックしておくと、あとでアカウントごとのメール整理が簡単だ。

5 送信元アドレスとして追加するか選択

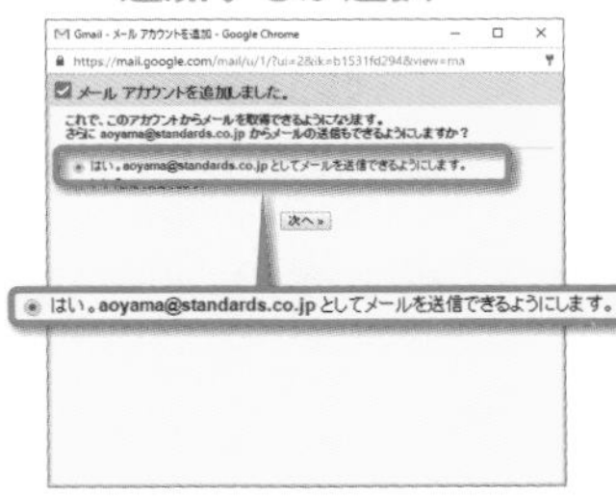
はい。aoyama@standards.co.jp としてメールを送信できるようにします。

このアカウントを送信元にも使いたい場合は、「はい」にチェックしたまま「次のステップ」を選択。この設定は後からでも「設定」→「アカウント」→「メールアドレスを追加」で変更できる。

6 送信元アドレスの表示名などを入力

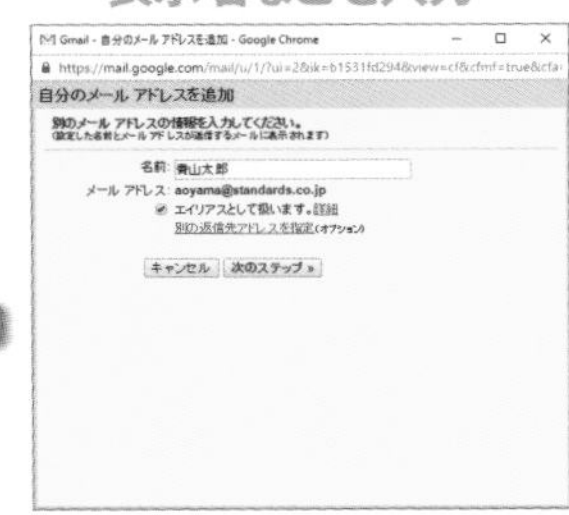

「はい」を選択した場合、送信元アドレスとして使った場合の差出人名を入力して「次のステップ」をクリック。

7 送信用のSMTPサーバーを設定する

追加した送信元アドレスでメールを送信する際に使う、SMTPサーバの設定を入力して「アカウントを追加」をクリックすると、アカウントを認証するための確認メールが送信される。

8 認証リンクをクリックすれば設定完了

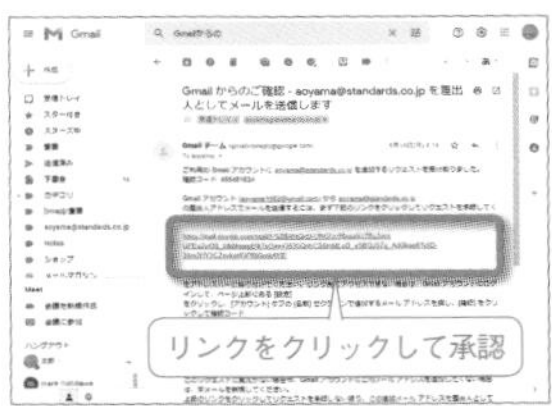
リンクをクリックして承認

ここまでの設定が問題なければ、確認メールはGmail宛てに届く。「下記のリンクをクリックして～」をクリックすれば認証が済み設定が完了する。

9 iPhoneでもGmailで受信できる

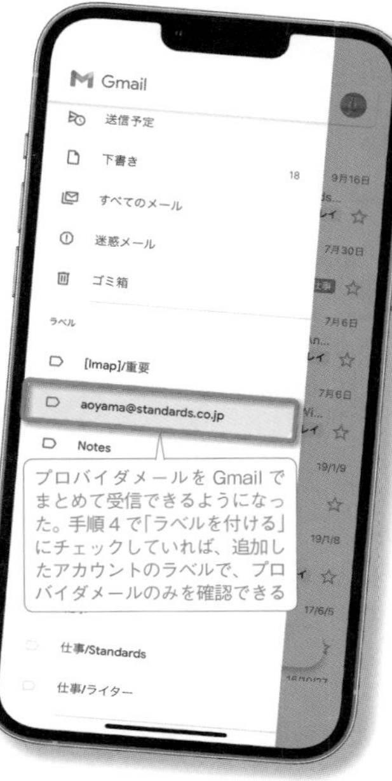
Gmail
送信予定
下書き
すべてのメール
迷惑メール
ゴミ箱
ラベル
[Imap]/重要
aoyama@standards.co.jp
Notes
仕事/Standards
仕事/ライター

プロバイダメールをGmailでまとめて受信できるようになった。手順4で「ラベルを付ける」にチェックしていれば、追加したアカウントのラベルで、プロバイダメールのみを確認できる

マスト!

071 Gmailを詳細に検索できる演算子を利用しよう

Gmail

複数の演算子でメールを効果的に絞り込む

Gmailのラベルやフィルタで細かくメールを管理していても、いざ目当てのメールを探そうとするとなかなか見つからない……という時は、ピンポイントで目的のメールを探し出すために、「演算子」と呼ばれる特殊なキーワードを使用しよう。ただ名前やアドレス、単語で検索するだけではなく、演算子を加えることで、より正確な検索が行える。複数の演算子を組み合わせて絞り込むことも可能だ。ここでは、よく使われる主な演算子をピックアップして紹介する。これだけでも覚えておけば、Gmailアプリでのメール検索が一気に効率化するはずだ。

Gmailで利用できる主な演算子

from: …… 送信者を指定

to: …… 受信者を指定

subject: …… 件名に含まれる単語を指定

OR …… A OR Bのいずれか一方に一致するメールを検索

-（ハイフン） …… 除外するキーワードの指定

" "（引用符） …… 引用符内のフレーズを含むメールを検索

after: …… 指定日以降に送受信したメール

before: …… 指定日以前に送受信したメール

label: …… 特定ラベルのメールを検索

filename: …… 添付ファイルの名前や種類を検索

has:attachment …… 添付ファイル付きのメールを検索

演算子を使用した検索の例

from:sato

送信者のメールアドレスまたは送信者名にsatoが含まれるメールを検索。大文字と小文字は区別されない。

from:青山 OR from:佐藤

送信者が青山または佐藤のメッセージを検索。「OR」は大文字で入力する必要があるので要注意。

from:佐藤 subject:会議

送信者名が佐藤で、件名に「会議」が含まれるメールを検索。送信者名は漢字やひらがなでも指定できる。

after:2015/03/05

2015年3月5日以降に送受信したメールを指定。「before:」と組み合わせれば、指定した日付間のメールを検索できる。

from:佐藤 "会議"

送信者名が佐藤で、件名や本文に「会議」を含むメールを検索。英語の場合、大文字と小文字は区別されない。

filename:pdf

PDFファイルが添付されたメールを検索。本文中にPDFファイルへのリンクが記載されているメールも対象となる。

SECTION 2

072 日時を指定してメールを送信する

Gmail

期日が近づいたイベントのリマインドメールを送ったり、深夜に作成したメールを翌朝になってから送りたい時に便利なのが、Gmailの予約送信機能だ。メールを作成したら、送信ボタン横のオプションボタン（3つのドット）をタップ。「送信日時を設定」をタップすると、「明日の朝」「明日の午後」「月曜日の朝」など送信日時の候補から選択できる。また、「日付と時間を選択」で送信日時を自由に指定することも可能だ。

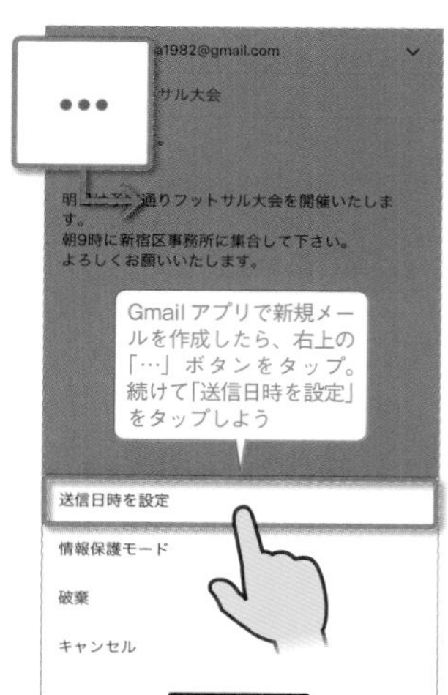

送信日時を設定
情報保護モード
破棄
キャンセル

Gmailアプリで新規メールを作成したら、右上の「…」ボタンをタップ。続けて「送信日時を設定」をタップしよう

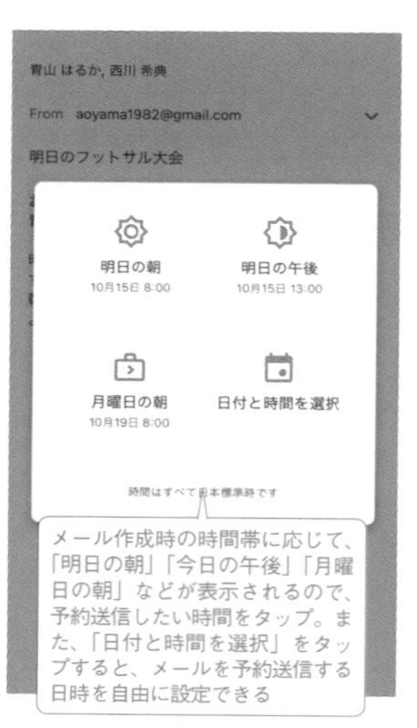

明日のフットサル大会
明日の朝
明日の午後
月曜日の朝
日付と時間を選択

メール作成時の時間帯に応じて、「明日の朝」「今日の午後」「月曜日の朝」などが表示されるので、予約送信したい時間をタップ。また、「日付と時間を選択」をタップすると、メールを予約送信する日時を自由に設定できる

マスト!

073 LINEの送信済みメッセージを取り消す

Gmail

LINEで送信したメッセージは、24時間以内なら取り消し可能だ。1対1のトークはもちろん、グループトークでもメッセージを取り消しできる。テキストだけではなく写真やスタンプ、動画なども対象だ。また、未読、既読、どちらの状態でも行える。ただし、相手のトーク画面には、「メッセージの送信を取り消しました」と表示され、取り消し操作を行ったことは必ず伝わってしまうので注意しよう。

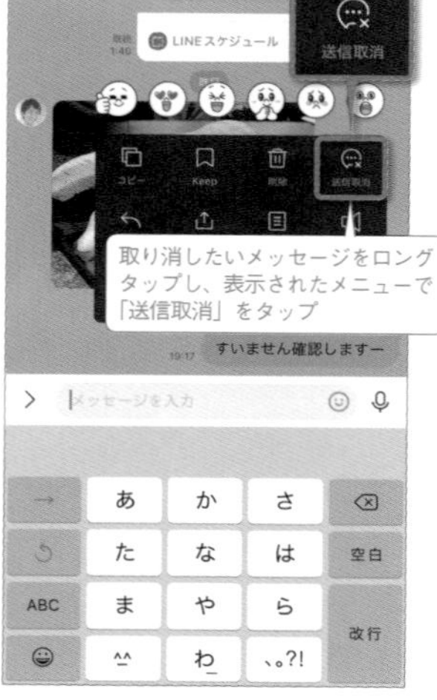

送信取消
すいません確認します一

取り消したいメッセージをロングタップし、表示されたメニューで「送信取消」をタップ

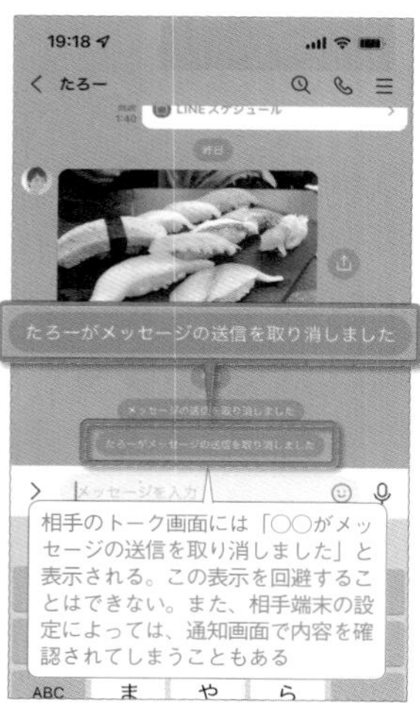

たろー
たろーがメッセージの送信を取り消しました

相手のトーク画面には「○○がメッセージの送信を取り消しました」と表示される。この表示を回避することはできない。また、相手端末の設定によっては、通知画面で内容を確認されてしまうこともある

マスト!

074 LINE 既読を付けずに LINEのメッセージを読む

気づかれずにメッセージを確認する裏技

LINEのトークの既読通知は、相手がメッセージを読んだかどうか確認できて便利な反面、受け取った側は「読んだからにはすぐに返信しなければ」というプレッシャーに襲われがちだ。そこで、既読を付けずにメッセージを読むテクニックを覚えておこう。まず、通知センターを利用すれば、着信したトークを既読回避しつつ全件プレビュー表示可能だ。さらに、各通知をロングタップすれば既読を付けずに全文を読むことができる。また、トーク一覧画面で相手をロングタップ（3D Touch搭載の旧機種はプレス）することで、既読をつけずに1画面分を読める。

1 通知センターで内容を確認する

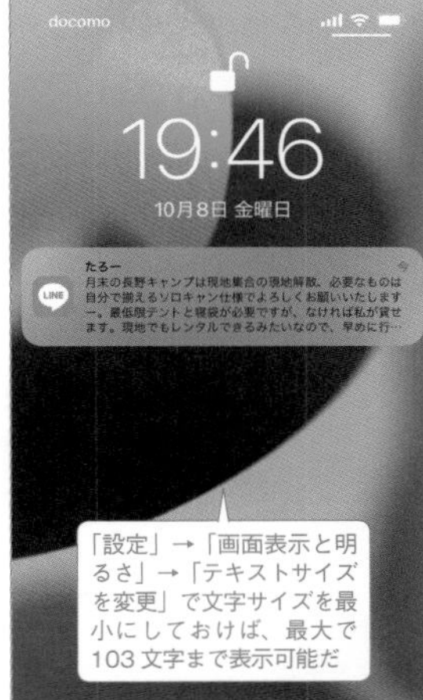

「設定」→「画面表示と明るさ」→「テキストサイズを変更」で文字サイズを最小にしておけば、最大で103文字まで表示可能だ

本体の「設定」→「通知」→「LINE」でロック画面や通知センターでの通知をオンにしておき、「プレビューを表示」を「常に」か「ロックされていない時」に。また、LINEの通知設定で、「新規メッセージ」と「メッセージ通知の内容表示」をオンにしておけば、通知センターでトーク内容の一部を確認できる。

2 通知センターのプレスで全文表示

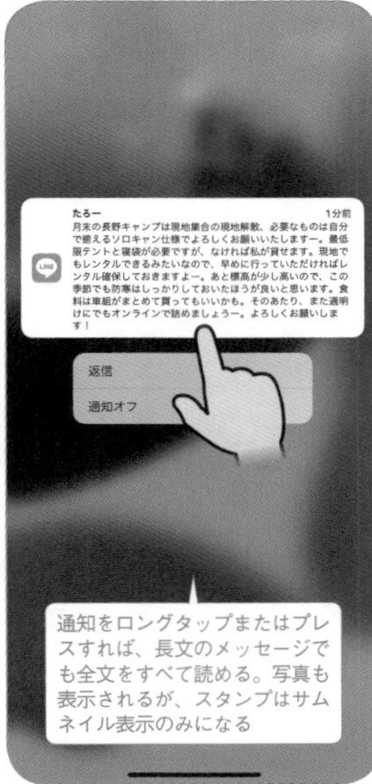

返信
通知オフ
通知をロングタップまたはプレスすれば、長文のメッセージでも全文をすべて読める。写真も表示されるが、スタンプはサムネイル表示のみになる

通知センターでトーク内容を全部読めなくても、通知をプレスすることで、全文を表示できる。この状態でも既読は付かない。

3 トーク一覧画面で相手の名前をプレス

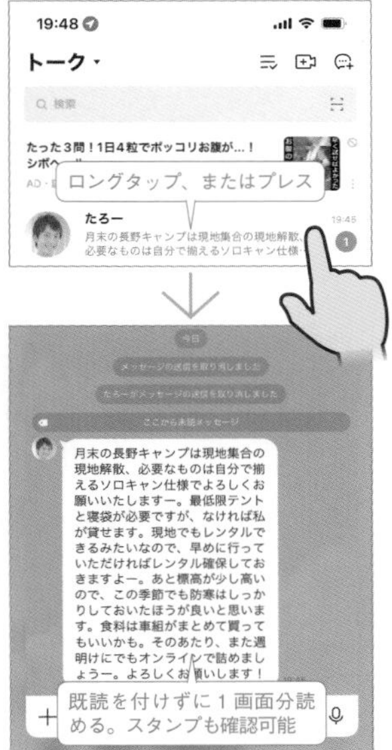

トーク
ロングタップ、またはプレス
たろー
既読を付けずに1画面分読める。スタンプも確認可能

トーク一覧画面で相手をロングタップ（3D Touch搭載の旧機種はプレス）すれば、既読を付けずに内容をプレビューできる。

マスト!

075 LINE LINEのトーク内容を検索する

LINEで以前やり取りしたトーク内容を探したい場合は、検索機能を利用しよう。「ホーム」または「トーク」画面上部の検索欄で、すべてのトークルームからキーワード検索できる。検索すると、まずキーワードを含むトークルームが一覧表示される。トークルームを選ぶと、さらにキーワードを含むメッセージが一覧表示される。これを選んでタップすれば、キーワードが黄色くハイライトされた状態で開くことができる。

旅行
キーワードを入力すると、キワードを含むトークルームが一覧表示されるので、探しているメッセージが含まれていそうなトークルームを選択
メッセージ 109

たろー
'旅行' 5件のメッセージ
そのトークルームに、キーワードを含むメッセージが複数ある場合は、該当メッセージが一覧表示される。どれか選んでタップすると、キーワードが黄色くハイライトされた状態で、そのメッセージが開く

076 LINE グループトークで特定の相手に返信する

大人数のLINEグループでみんなが好き勝手にトークしていると、自分宛てのメッセージが他のトークで流れてしまい、返信のタイミングを逃すことがある。そんな時はリプライ機能を使おう。メッセージを引用した上で返信できるので、誰のどのメッセージに宛てた返事かひと目で分かる。また、特定の誰かにメッセージを送りたい時は、メッセージ入力欄に「@」を入力すれば、メンバー一覧から指名して送信できる。

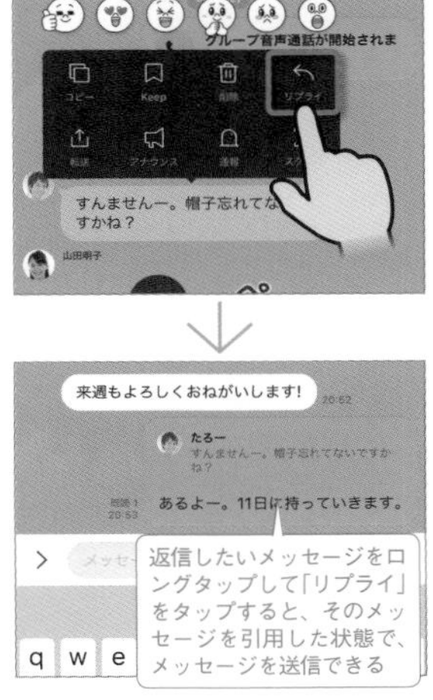

リプライ
すみませんー。帽子忘れてないですかね？
来週もよろしくおねがいします！
あるよー。11日に持っていきます。
返信したいメッセージをロングタップして「リプライ」をタップすると、そのメッセージを引用した状態で、メッセージを送信できる

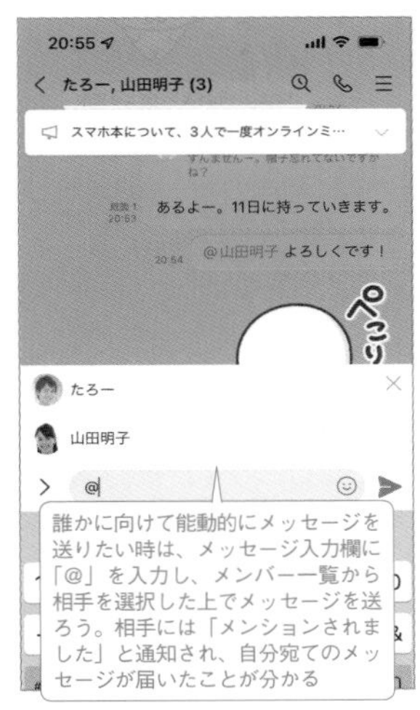

たろー, 山田明子 (3)
あるよー。11日に持っていきます。
@山田明子 よろしくです！
たろー
山田明子
誰かに向けて能動的にメッセージを送りたい時は、メッセージ入力欄に「@」を入力し、メンバー一覧から相手を選択した上でメッセージを送ろう。相手には「メンションされました」と通知され、自分宛てのメッセージが届いたことが分かる

077 LINEでブロックされているかどうか確認する

LINE

LINEで友だちにブロックされているかどうか判別するには、スタンプショップで適当な有料スタンプを選び、確認したい相手にプレゼントしてみるといい。「すでにこのアイテムを持っているためプレゼントできません。」と表示されたら、ブロックされている可能性がある。もちろん、相手が実際にそのスタンプを持っていることもあるので、相手が持っていなさそうな複数のスタンプを使ってチェックしてみよう。

マイメロディ　まだまだ好きがとまらない！
プレゼントする
購入する

スタンプショップで、相手が持っていなさそうなスタンプを選択。「プレゼントする」をタップする

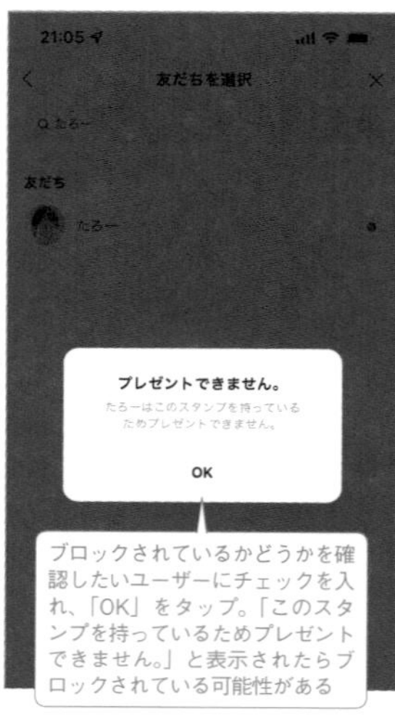

友だちを選択
プレゼントできません。
OK

ブロックされているかどうかを確認したいユーザーにチェックを入れ、「OK」をタップ。「このスタンプを持っているためプレゼントできません。」と表示されたらブロックされている可能性がある

078 LINEで通話とトークを同時に利用する

LINE

LINEで通話中に、トークで写真を送ったり他の友だちと同時にトークしたい時は、わざわざLINEの通話を切る必要はない。通話画面の左上にある縮小ボタンをタップすると、通話を継続しつつLINEのトーク画面などを操作できるのだ。耳から離しても会話できるように、スピーカーをオンにしておこう。画面上に表示された通話相手のアイコンをタップすると、元の通話画面に戻る。なお、ホーム画面に戻ったり他のアプリを起動しても、通話は継続したままだ。

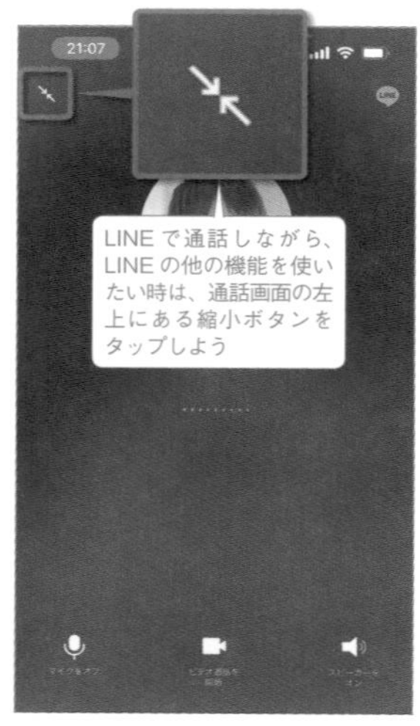

LINEで通話しながら、LINEの他の機能を使いたい時は、通話画面の左上にある縮小ボタンをタップしよう

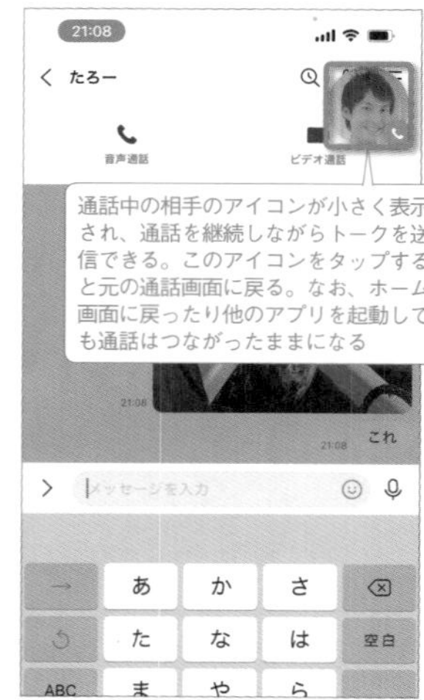

通話中の相手のアイコンが小さく表示され、通話を継続しながらトークを送信できる。このアイコンをタップすると元の通話画面に戻る。なお、ホーム画面に戻ったり他のアプリを起動しても通話はつながったままになる

マスト!

079 LINEのトークを自動バックアップする

LINE

LINEのトーク履歴は、バックアップさえ残っていれば機種変更したり初期化した際にも復元できるが、手動だとバックアップを忘れがちだ。定期的に自動でバックアップするよう設定を変更しておこう。自動バックアップの頻度は毎日、3日に1回、1週間に1回、2週間に1回、1ヶ月に1回から選べる。ただし、電源とWi-Fiに接続されていないとバックアップは行われない。またバックアップ先のiCloudの容量にも注意しよう。

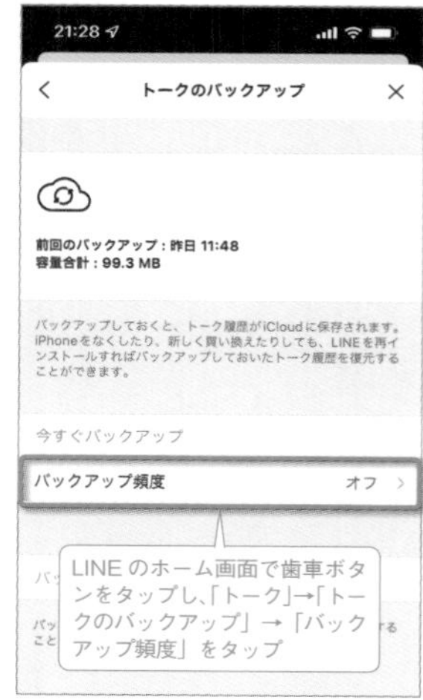

トークのバックアップ
前回のバックアップ：昨日 11:48
容量合計：99.3 MB
今すぐバックアップ
バックアップ頻度
オフ

LINEのホーム画面で歯車ボタンをタップし、「トーク」→「トークのバックアップ」→「バックアップ頻度」をタップ

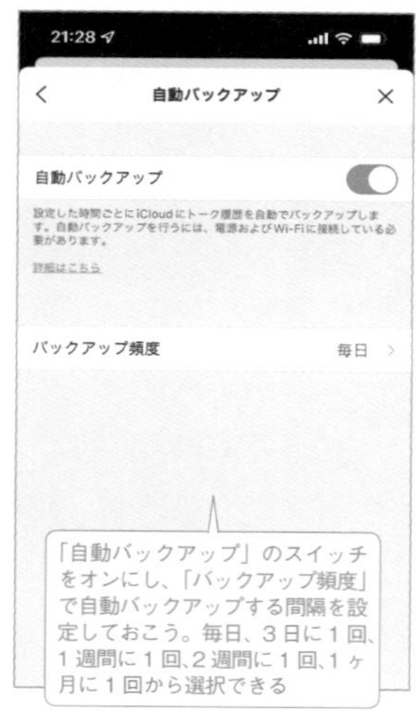

自動バックアップ
自動バックアップ
バックアップ頻度
毎日

「自動バックアップ」のスイッチをオンにし、「バックアップ頻度」で自動バックアップする間隔を設定しておこう。毎日、3日に1回、1週間に1回、2週間に1回、1ヶ月に1回から選択できる

080 LINE Labsの新しい機能を試してみる

LINE

LINEでは、正式リリース前の新機能をひと足先に試せる「LINE Labs」機能が用意されている。トーク内でWeb検索してその結果をすぐに送信できる「トークルームで検索」や、トークルームをカテゴリ別に振り分ける「トークフォルダー」、LINEのフォントを変更できる「カスタムフォント」、LINEを音声操作できる「音声検索・操作」、リンクを開く際に外部ブラウザを使う「リンクをデフォルトのブラウザで開く」などが利用可能だ。

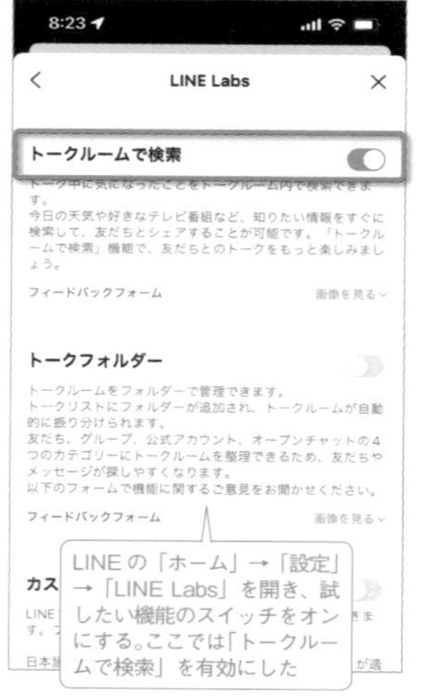

LINE Labs
トークルームで検索
トークフォルダー

LINEの「ホーム」→「設定」→「LINE Labs」を開き、試したい機能のスイッチをオンにする。ここでは「トークルームで検索」を有効にした

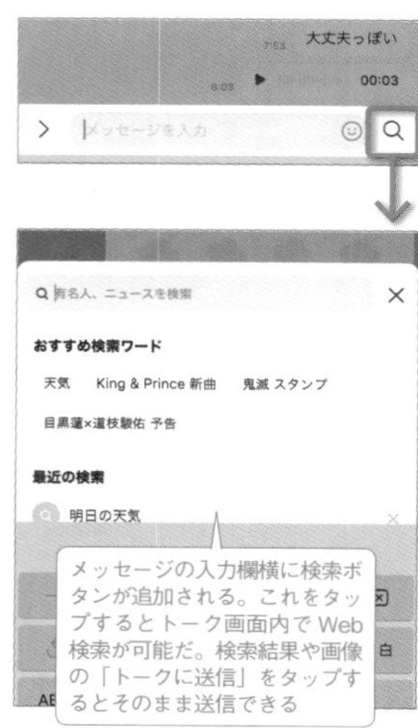

おすすめ検索ワード
最近の検索

メッセージの入力欄横に検索ボタンが追加される。これをタップするとトーク画面内でWeb検索が可能だ。検索結果や画像の「トークに送信」をタップするとそのまま送信できる

SECTION 2

SECTION

ネットの快適技

ネットでの情報収集やSNSでの
コミュニケーションを、ストレスなく円滑に行う
ために、アプリやサービスの便利技を駆使しよう。
まずはSafariに搭載された細かな
便利機能を覚えることから始めよう。

21:13
日
24
6
FaceTime
カレンダー
メール
メモ
写真
カメラ
リマインダー
時計
^N225
28,805
Nikkei 225
+96.27
DOW J
35,677
Dow Jones In...
+73.94
AAPL
148.69
Apple Inc.
-0.79
東京
246

マスト! iOS15

081 Safari Safariの新しい操作法を覚えよう

検索フィールドの位置などが大きく変わった

iOS 15では、Safariのデザインや操作方法が大きく刷新された。まず目立つのが、検索フィールド（アドレスバー）の位置が、画面上部から下部に移動された点だ。また、複数のタブを開いている場合は、検索フィールドを左右にスワイプするだけで素早くタブを切り替えでき、片手だけで操作しやすくなっている。タブ一覧の表示もサムネイルを並べた画面に変わった。他にもさまざまな機能が追加されているので、No082以降で解説していく。なお、画面下部の検索フィールドに慣れないなら、従来の上部表示に戻すことも可能だ（No088で解説）。

1 検索フィールドは画面下部に移動

検索フィールド

従来は画面上部にあった検索フィールドが下部に移動し、キーワード検索やURLの入力が片手だけで操作しやすくなっている。

2 左右スワイプでタブを切り替える

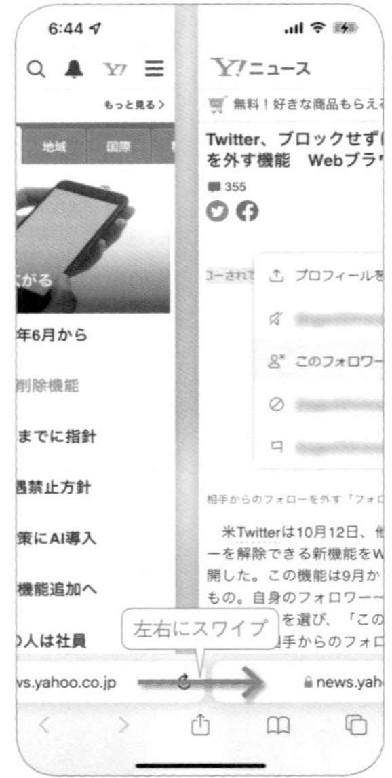

左右にスワイプ

複数のタブを開いている場合は、画面下部の検索フィールドを左右にスワイプするだけで素早く切り替えできる。

3 タブ一覧の画面と新規タブの作成

新規タブを開く

右下のタブボタンをタップすると、開いているタブがサムネイルで一覧表示され、ページ内容を確認しやすくなっている。「＋」をタップすると新規タブを開くことができる。

SECTION 3

マスト! iOS15

082 Safari Safariの新機能「タブグループ」を利用する

タブをグループごとにまとめて整理する

タブを開きすぎてよく目的のWebページを見失う人は、Safariの「タブグループ」を使いこなそう。これは、複数のタブを目的やカテゴリ別にグループ分けできる機能だ。同じカテゴリのWebページでまとめたタブ一覧画面を、複数ページ作成して切り替えできるようになる。あらかじめ仕事や趣味などのタブグループを作成しておき使い分ければ、タブが増えて煩雑になることも避けられる。オンラインで商品を探して比較する際など、特定の作業用にタブグループを作ってもよい。また作成したタブグループは、iPadやMacのSafariともiCloudで同期する。

1 タブ一覧画面の下部をタップ

タップ
3個のタブ

Safariで右下にあるタブボタンをタップすると、タブ一覧画面が開く。続けて、画面下部の「○○個のタブ」をタップしよう。

2 タブグループの作成と切り替え

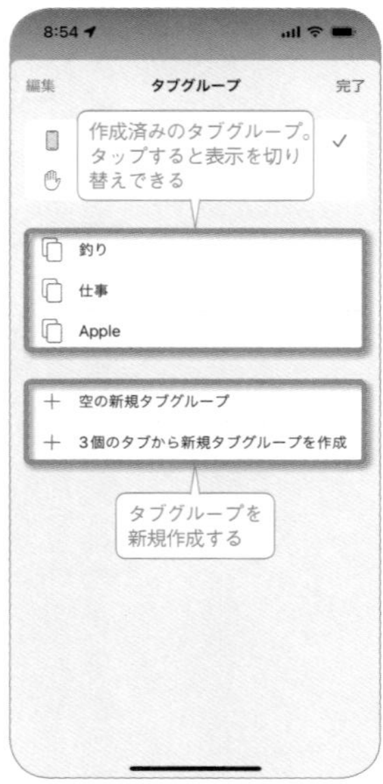

作成済みのタブグループ。タップすると表示を切り替えできる
釣り
仕事
Apple
空の新規タブグループ
3個のタブから新規タブグループを作成
タブグループを新規作成する

「空の新規タブグループ」から、「仕事」や「ニュース」などタブグループを作成しておこう。作成済みのタブグループ名をタップすると、そのグループのタブ一覧に表示が切り替わる。

3 Webページをタブグループに追加する

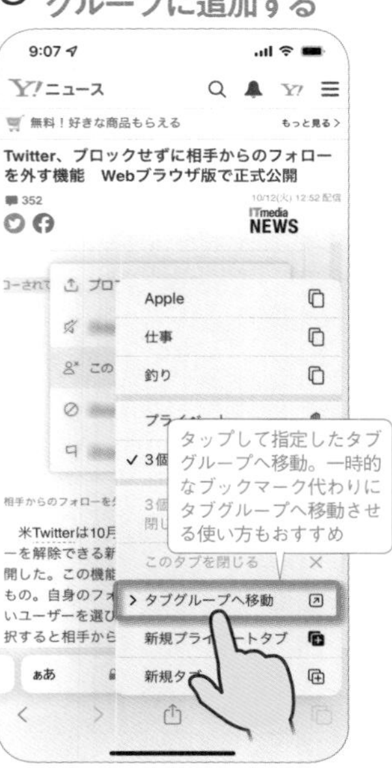

タップして指定したタブグループへ移動。一時的なブックマーク代わりにタブグループへ移動させる使い方もおすすめ
タブグループへ移動

表示中のWebページをタブグループに追加するには、画面右下のタブボタンをロングタップし、「タブグループへ移動」をタップしてタブグループを選択すればよい。

マスト!

083 Safariのタブをまとめて消去する

Safari

Safariでは、複数のWebページをタブで切り替えて表示でき、タブも無制限で開くことができる。ただし、あまりタブを開きすぎると、切り替えたいタブを探し出すのが面倒になってしまう。タブを開きすぎた場合は、一度すべてのタブを閉じてしまおう。とはいえ、1つずつタブを閉じるのは面倒だ。そこで、Safariの画面右下にあるタブボタンをロングタップしてみよう。「〇個のタブをすべてを閉じる」で、すべてのタブを閉じることができる。

右下のタブボタンをロングタップする

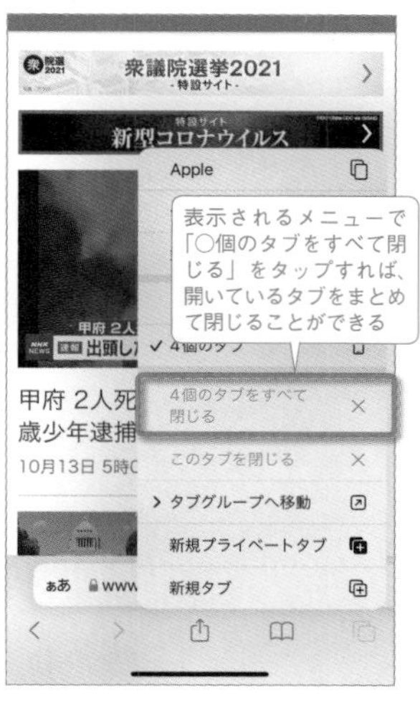
表示されるメニューで「〇個のタブをすべて閉じる」をタップすれば、開いているタブをまとめて閉じることができる

iOS15

084 スタートページを使いやすくカスタマイズする

Safari

Safariで新規タブを開いたり、検索フィールドをタップした際に表示されるスタートページは、表示する項目を自分好みに編集できる。お気に入りフォルダに追加したブックマークを表示する「お気に入り」や、メッセージなどで他の人から共有されたリンクを表示する「あなたと共有」など、表示したい項目のスイッチをオンにしよう。表示順の並べ替えも可能だ。また「背景イメージ」をオンにすると、標準で用意された画像や撮影した写真を背景に設定できる。

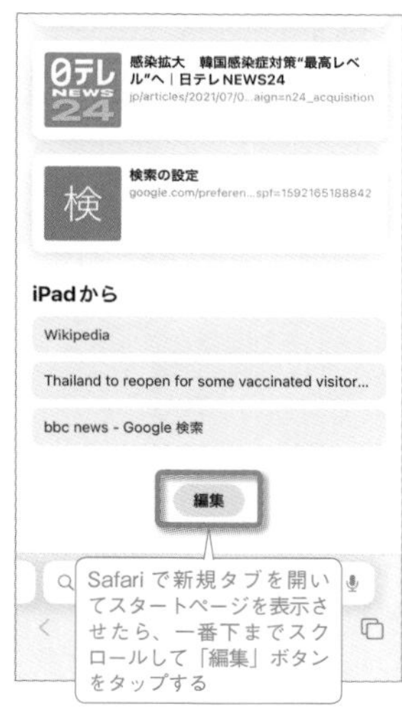
Safariで新規タブを開いてスタートページを表示させたら、一番下までスクロールして「編集」ボタンをタップする

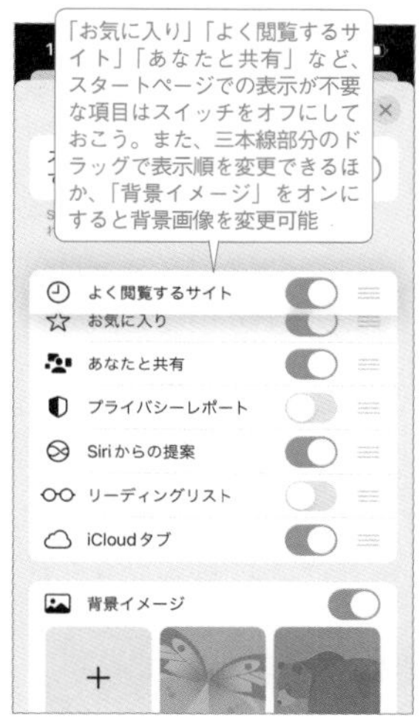
「お気に入り」「よく閲覧するサイト」「あなたと共有」など、スタートページでの表示が不要な項目はスイッチをオフにしておこう。また、三本線部分のドラッグで表示順を変更できるほか、「背景イメージ」をオンにすると背景画像を変更可能

iOS15

085 Safariの機能拡張を活用する

Safari

Safariにない機能をあとから追加できる

Safariでは、さまざまな「機能拡張」アプリをインストールすることで、標準では用意されていない機能を追加できるようになっている。パスワード管理機能や広告ブロッカーを追加できるほか、スタートページを多機能なものに差し替える機能拡張などもある。まずは「設定」→「Safari」→「機能拡張」で「機能拡張を追加」をタップし、App Storeの「Safari機能拡張」ページから好きな機能拡張を探してみよう。インストールした機能拡張は、Safariの検索フィールドにある「ああ」ボタンから機能を利用したり設定の変更を行える。

1 機能拡張を入手して有効にする

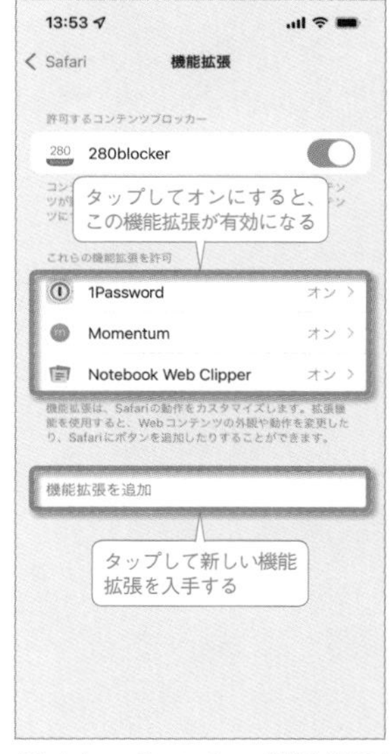
タップしてオンにすると、この機能拡張が有効になる
タップして新しい機能拡張を入手する

「設定」→「Safari」→「機能拡張」でインストール済みの機能拡張が表示されるので、スイッチをオンにして機能を有効にしよう。「機能拡張を追加」をタップすると、App Storeから機能拡張を入手できる。

2 Safariで機能拡張を利用する

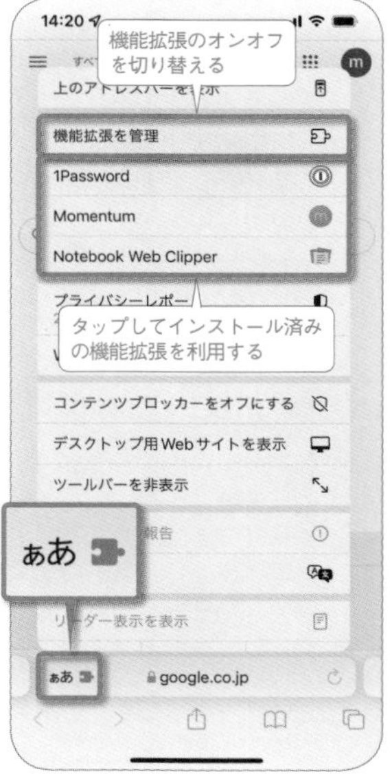
機能拡張のオンオフを切り替える
タップしてインストール済みの機能拡張を利用する

Safariの検索フィールド左側にある「ああ」ボタンをタップすると、インストールした機能拡張を利用したり、「機能拡張を管理」で機能のオンオフを切り替えできる。

3 スタートーページを変更する機能拡張

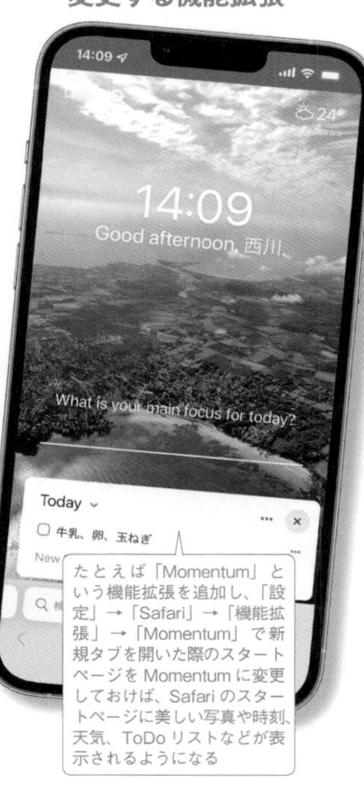
たとえば「Momentum」という機能拡張を追加し、「設定」→「Safari」→「機能拡張」→「Momentum」で新規タブを開いた際のスタートページをMomentumに変更しておけば、Safariのスタートページに美しい写真や時刻、天気、ToDoリストなどが表示されるようになる

マスト!

086 2本指でリンクをタップして新規タブで開く

Safari

Safari で Web サイト上のリンクをタップすると、リンク先のページに切り替わるが、2本の指でタップすると、リンク先が新規タブで表示される。元のページは別のタブとして残ったままとなり、あらためて見返したいときに便利だ。なお、iPhone を片手で操作している場合は2本指でのタップがしにくいので、リンクをロングタップしよう。表示されたメニューから「新規タブで開く」をタップすれば、リンク先のページを新規タブで開くことができる。

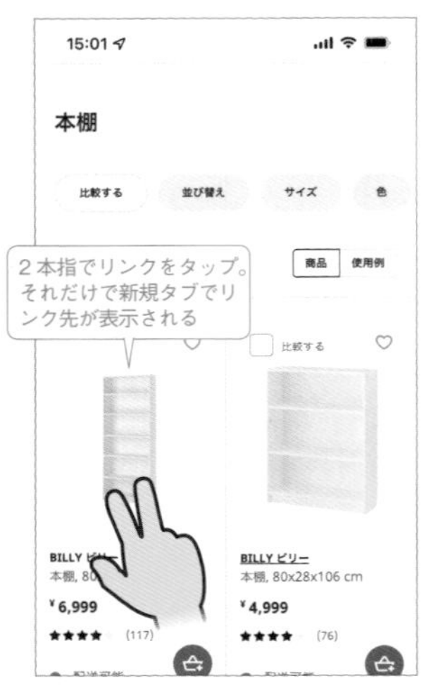
本棚
2本指でリンクをタップ。それだけで新規タブでリンク先が表示される

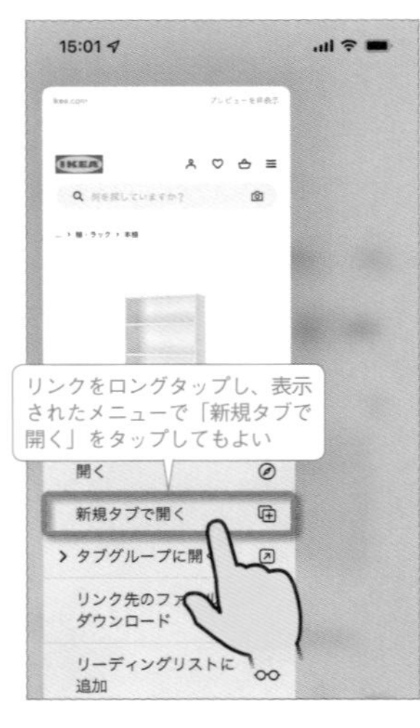
リンクをロングタップし、表示されたメニューで「新規タブで開く」をタップしてもよい
新規タブで開く
タブグループに開く
リンク先のファイルをダウンロード
リーディングリストに追加

087 一定期間見なかったタブを自動で消去

Safari

Safari で Web ブラウジングしていると、つい大量のタブを開きっぱなしにしがちな人は多いだろう。タブボタンをロングタップすれば、開いているタブをまとめて閉じることができる（No083で解説）が、毎回この操作を行うのは面倒だ。そこで、「最近見ていないタブは自動で閉じる」機能を有効にしておこう。「設定」→「Safari」→「タブを閉じる」で、最近表示していないタブを1日／1週間／1か月後に自動で閉じるように設定できる。

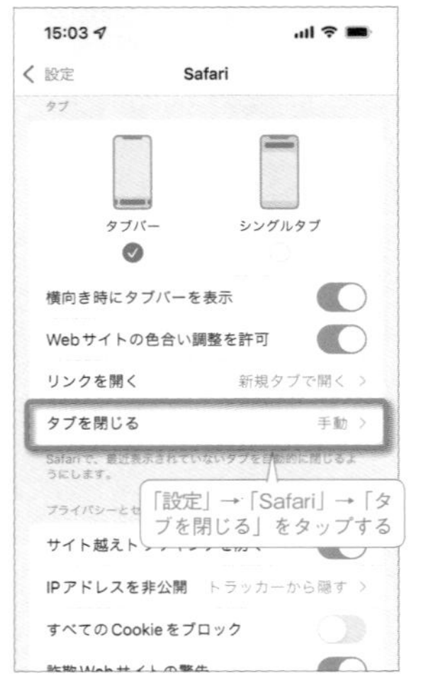
Safari
タブバー
シングルタブ
横向き時にタブバーを表示
Webサイトの色合い調整を許可
リンクを開く
タブを閉じる
「設定」→「Safari」→「タブを閉じる」をタップする
サイト越えトラッキングを防ぐ
IPアドレスを非公開
すべてのCookieをブロック

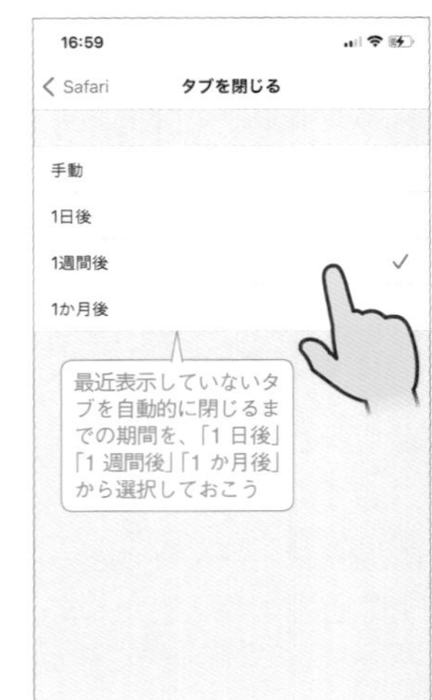
タブを閉じる
手動
1日後
1週間後
1か月後
最近表示していないタブを自動的に閉じるまでの期間を、「1日後」「1週間後」「1か月後」から選択しておこう

iOS15

088 検索フィールドを従来の画面上部に戻す

Safari

Safari は片手で操作しやすいように、検索フィールドの位置が画面上部から画面下部に変更されている（No081で解説）。この画面に馴染めない人は、「設定」→「Safari」→「シングルタブ」にチェックすることで、従来のように検索フィールドを画面上部に戻すことも可能だ。Safari 内でも、検索フィールドの「ああ」ボタンをタップして、「上のアドレスバーを表示」で変更できる。ただし、スワイプでタブを切り替える機能なども使えなくなる。

「設定」→「Safari」→「シングルタブ」にチェックするか、Safariの検索フィールド左側にある「ああ」ボタンをタップして「上のアドレスバーを表示」をタップする
シングルタブ

上のアドレスバーを表示
機能拡張を管理
1Password
Notebook Web Clipper
プライバシーレポート

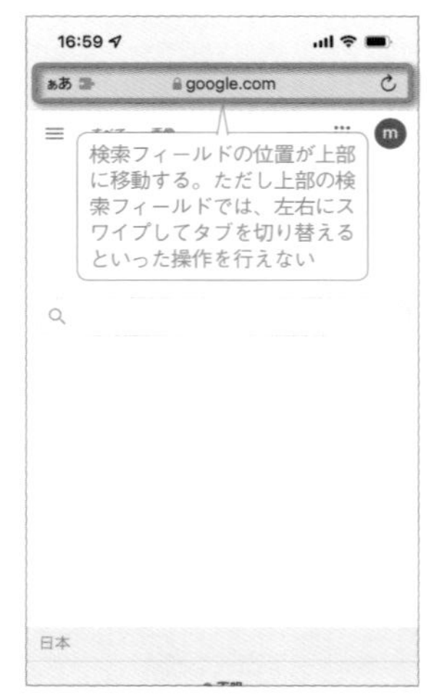
google.com
検索フィールドの位置が上部に移動する。ただし上部の検索フィールドでは、左右にスワイプしてタブを切り替えるといった操作を行えない

iOS15

089 Safariで音声を使って検索する

Safari

Safari では検索フィールドにキーワードを入力して検索を行うが、iOS 15 からは検索フィールドの右側にマイクボタンが配置され、これをタップして素早く音声検索できるようになっている。従来も Safari で音声検索することは可能だったが、一度検索フィールドをタップしてキーボードを表示させてから、右下のマイクボタンをタップする必要があった。音声で Web 検索すると、Google 検索の結果か、トップヒットの Web ページが表示される。

よく閲覧するサイト
検索フィールドの右側にあるマイクボタンをタップすると、音声入力モードになり、音声ですばやくWeb検索ができる
あなたと共有
検索/Webサイト名入力

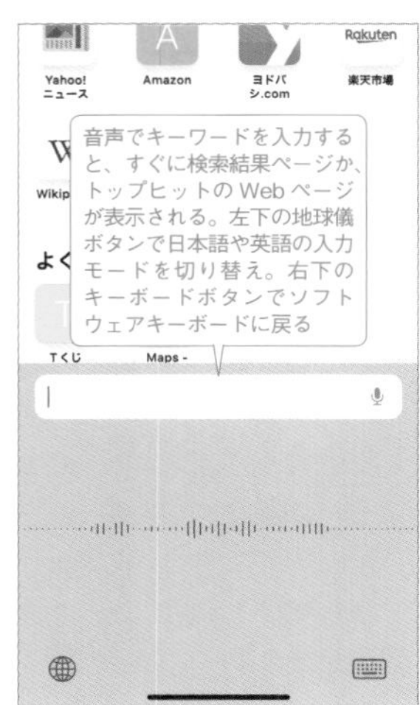
音声でキーワードを入力すると、すぐに検索結果ページか、トップヒットのWebページが表示される。左下の地球儀ボタンで日本語や英語の入力モードを切り替え。右下のキーボードボタンでソフトウェアキーボードに戻る

SECTION 3

090 Safari Webサイトのページ全体をスクショで保存する

ページ全体をPDFファイルとして丸ごと保存できる

Safariで開いたページのスクリーンショット（No027で解説）を撮ると、表示中の画面を画像として保存できるほかに、見えない部分も含めたページ全体を丸ごとPDFファイルとして保存することもできる。一部をトリミングして任意の範囲だけを切り取ったり、マークアップ機能でページ内に注釈を書き込んだりなども可能だ。作成されたPDFは端末内に保存できるほか、iCloudドライブやGoogleドライブなどを保存先として選択できる。ただし、保存形式はPDF以外を選べず、あまりに長すぎるページの場合は途中で切られてしまう。

1 スクリーンショットのプレビューをタップ

スリープ（電源）ボタンと音量の上げるボタン（もしくはホームボタン）を同時に押してスクリーンショットを撮影。左下のプレビューをタップ

SafariでWebページを表示し、通常通りスクリーンショットを撮影しよう。画面左下にプレビューが表示されるので、これをタップする。

2 フルページをタップする

タップ
スクロールしないと表示されない部分も含めてスクリーンショットを保存できる

編集画面が開いたら「フルページ」タブに切り替えよう。Webページ全体のスクリーンショットになる。注釈の書き込みやトリミングも可能だ。

3 PDFファイルとして保存する

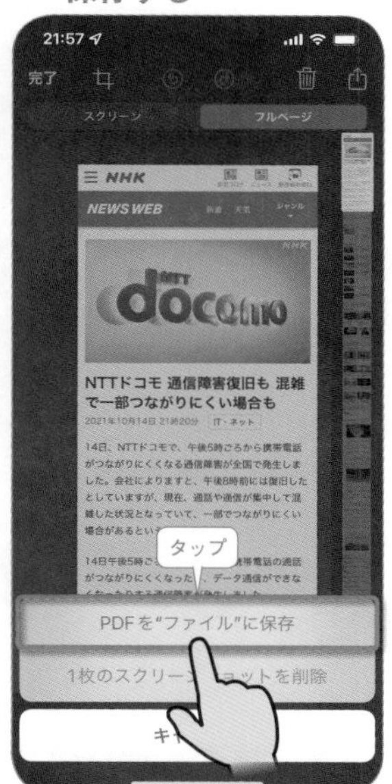
タップ
PDFを"ファイル"に保存

編集を終えたら、左上の「完了」をタップし、「PDFを"ファイル"に保存」をタップ。端末内やiCloudドライブにPDFファイルとして保存できる。

091 Safari 開いているタブをまとめてブックマークに登録する

Safariで開いている複数のタブをすべてブックマーク登録したい場合は、いちいち個別に登録しなくても、まとめて登録することが可能だ。ブックマークボタンをロングタップし、表示されたメニューから「○個のタブをブックマークに追加」をタップすればよい。ブックマークは新規フォルダにまとめられるので、フォルダ名と場所を指定しておこう。なお、開いているタブはすべて登録され、一部だけをブックマークする、といった選び方はできない。

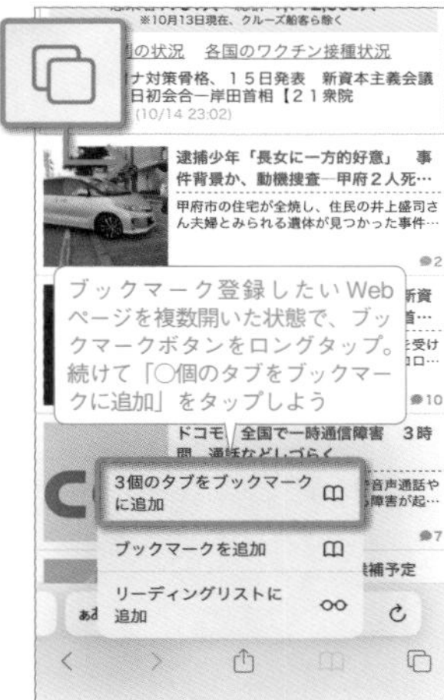
ブックマーク登録したいWebページを複数開いた状態で、ブックマークボタンをロングタップ。続けて「○個のタブをブックマークに追加」をタップしよう
3個のタブをブックマークに追加
ブックマークを追加
リーディングリストに追加

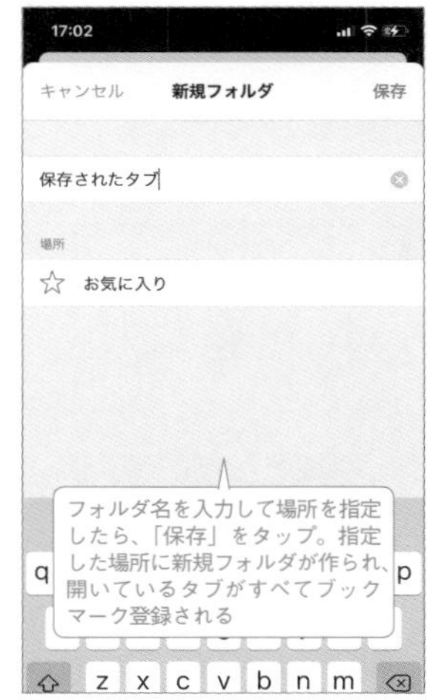
キャンセル
新規フォルダ
保存
保存されたタブ
お気に入り
フォルダ名を入力して場所を指定したら、「保存」をタップ。指定した場所に新規フォルダが作られ、開いているタブがすべてブックマーク登録される

マスト! 092 Safari 端末に履歴を残さずにWebサイトを閲覧したい

Safariで閲覧履歴や検索履歴、自動入力などの記録を残さずにブラウジングしたい場合は、プライベートブラウズ機能を利用しよう。右下のタブボタンをタップし、「○○個のタブ」（またはタブグループ名）をタップ。続けて「プライベート」をタップすると、履歴などを残さずにページを閲覧できる。プライベートブラウズモードもタブグループのひとつという扱いなので、通常モードに戻すには、「○○個のタブ」や他のタブグループに変更すればよい。

画面右下のタブボタンでタブ一覧を開いたら、下部の「○○個のタブ」（またはタブグループ名）をタップする

「プライベート」をタップ。タブを閉じた時点で閲覧履歴や検索履歴が消える、プライベートブラウズモードになる。「○○個のタブ」や他のタブグループをタップすると、通常モードに戻る。なお、通常モードに戻っても、プライベートブラウズモードのタブは自動で消去されるわけではないので注意しよう

マスト!

093 Safari iPadやMacで開いたサイトをすぐに表示する

iCloudの連携で他端末で開いているページを閲覧できる

「設定」の一番上に表示されるApple IDをタップして開き、「iCloud」の「Safari」をオンにしておくと、他のiOS端末およびMacのSafariで開いているタブをiPhone上でも開くことができる。また、その逆も可能だ。自宅のMacで見ていたサイトを外出先のiPhoneで開いたり、逆にiPhoneで見ていたサイトをMacやiPadの大画面で見直す、といった際に役立つ。なお、本機能を利用するためには、すべての端末のiCloud設定でSafariが同期されており、同一のApple IDでサインインしている必要があるので確認しておこう。

1 iCloud設定でSafariを有効に

iCloud
オンにする
Safari

「設定」の一番上のApple IDをタップして開き、「iCloud」の「Safari」を有効にする。同期する他の端末でも同じようにSafariのiCloud同期を有効にしておこう。

2 他端末で開いているタブを確認する

よく閲覧するサイト
あなたと共有
他に同期しているデバイスのタブ一覧に切り替える
MacBook Pro
✓ iPad
iPadから
Wikipedia
他のデバイスで開いているタブ一覧。タップして開くことができる

iPhoneのSafariを起動し、スタートページ（No084で解説）を開くと、一番下に他のデバイスで開いているタブが一覧表示される。「iPadから」などの部分をタップすると、他のデバイスで開いているタブの表示に切り替えできる。

3 開いているタブを他端末で確認する

西川のiPhoneから
MacBook Pro
✓ 西川のiPhone

逆に、iPhoneで開いているタブを、iPadやMacで開きたい場合も、同様にSafariを起動してスタートページを開けばよい。一番下に他のデバイスで開いているタブが一覧表示される。「iPhoneから」などの部分をタップすると、他のデバイスで開いているタブの表示に切り替えできる。

SECTION 3

094 Safari Safariの検索・閲覧履歴を消去する

過去にSafariでアクセスしたWebサイトの検索・閲覧履歴は、ブックマークの「履歴」に保存されている。他人に見られたくない履歴が残っているなら、手動で消しておこう。すべての履歴を一気に削除したいのであれば、「設定」→「Safari」→「履歴とWebサイトデータを消去」を選べばいい。また、Safari上でブックマークを表示して「履歴」から「消去」を選ぶ方法もある。履歴の内容を確認してから消去したい場合は、後者の手順で行おう。

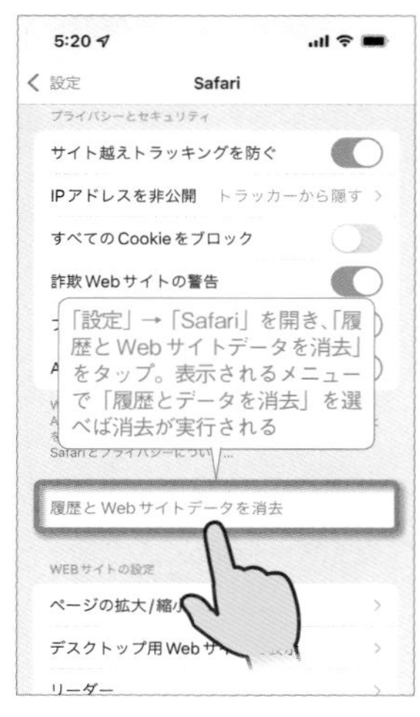

「設定」→「Safari」を開き、「履歴とWebサイトデータを消去」をタップ。表示されるメニューで「履歴とデータを消去」を選べば消去が実行される
履歴とWebサイトデータを消去

履歴
Safariのブックマークから「履歴」（時計アイコン）タブを開き、右下の「消去」をタップすると、直近1時間／今日／今日と機能／すべての履歴を一気に消去できる。また、履歴を1つ左へスワイプし「削除」をタップすれば、個別に削除可能だ
消去

マスト!

095 Safari Safariでページ内のキーワード検索を行う

Safariで表示しているページ内で特定の文字列を探したい場合は、検索フィールドにキーワードを入力しよう。「開く」をタップせず、検索画面の一番下にある「このページ（○件一致）」の「"○○"を検索」をタップすれば、一致する文字列が黄色でハイライト表示される。「∨」や「∧」キーで次／前の文字列も検索可能だ。なお、画面下部中央の共有ボタンから「ページを検索」をタップし、キーワードを入力することでもページ内検索を行える。

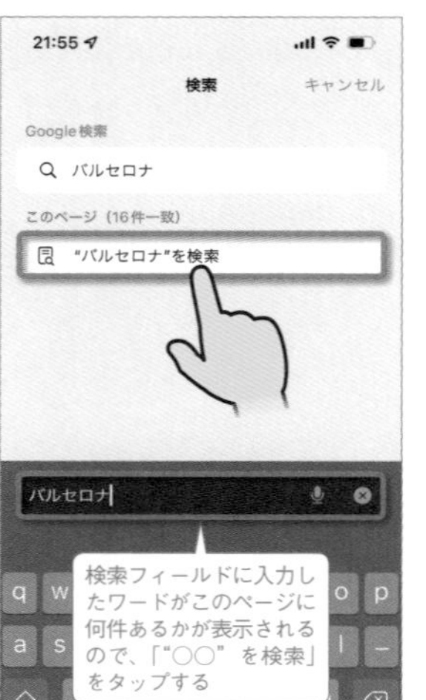

バルセロナ
"バルセロナ"を検索
検索フィールドに入力したワードがこのページに何件あるかが表示されるので、「"○○"を検索」をタップする

一致する文字列が黄色でハイライト表示される。「∨」や「∧」キーで前後の文字列に移動、「完了」でページ内の検索を終了する。また、この画面でキーワードを変更して再検索することも可能

マスト!

096 Safari スマホ用サイトからデスクトップ用サイトに表示を変更する

「ああ」ボタンのメニューで変更できる

iPhoneのSafariでWebサイトを開くと、サイトによってはパソコンで開いた場合とは異なる、モバイル向けのページが表示される。スマートフォンの画面に最適化されており操作しやすい反面、メニューや情報が省略されている場合も多い。パソコンと同じ形のページを見たいなら、検索フィールド（アドレス欄）の左端にある「ああ」ボタンをタップし、「デスクトップ用Webサイトを表示」をタップして表示を切り替えよう。なお、「設定」から、特定のWebサイトを常にデスクトップ用で表示させるように変更することもできる。

1 デスクトップ用Webサイトを表示

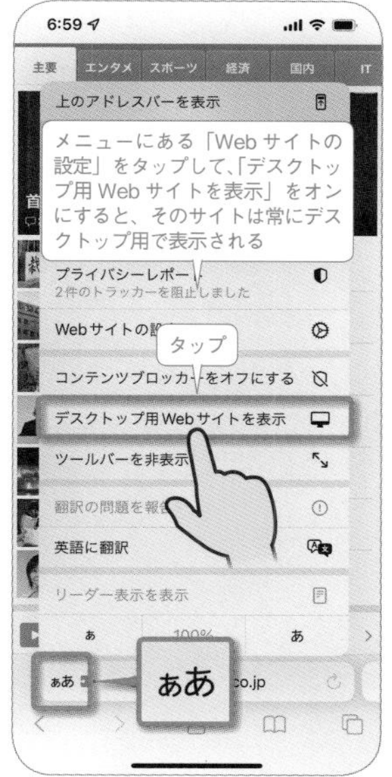

メニューにある「Webサイトの設定」をタップして、「デスクトップ用Webサイトを表示」をオンにすると、そのサイトは常にデスクトップ用で表示される
タップ
デスクトップ用Webサイトを表示
ああ

検索フィールドの左端にある「ああ」ボタンをタップし、メニューから「デスクトップ用Webサイトを表示」をタップしよう。

2 パソコンと同様の画面に切り替わる

モバイル版だと省略される一部のメニューも、この画面だと表示されて操作できる

画面がリロードされ、パソコン向けのWebページに切り替わる。元の画面に戻すには、同じメニューで「モバイル用Webサイトを表示」をタップすればよい。

3 常にデスクトップ用サイトを表示する場合

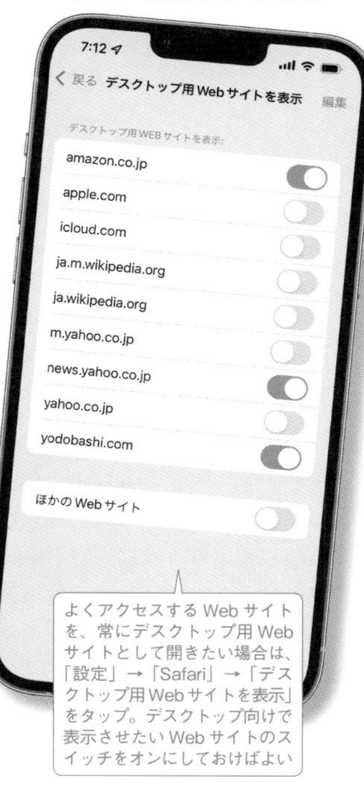

デスクトップ用Webサイトを表示
amazon.co.jp
apple.com
icloud.com
ja.m.wikipedia.org
ja.wikipedia.org
m.yahoo.co.jp
news.yahoo.co.jp
yahoo.co.jp
yodobashi.com
ほかのWebサイト

よくアクセスするWebサイトを、常にデスクトップ用Webサイトとして開きたい場合は、「設定」→「Safari」→「デスクトップ用Webサイトを表示」をタップ。デスクトップ向けで表示させたいWebサイトのスイッチをオンにしておけばよい

097 Safari 誤って閉じたタブを開き直す

Safariのタブは開きすぎてしまうと同時に、あまり意識せず削除してしまうことも多い。読みかけの記事やブックマークしておきたかったサイトを、誤って閉じてしまうこともよくあるミスだ。そんな時は、タブボタンでタブ一覧画面を開き、新規タブ作成ボタン（「＋」ボタン）をロングタップしてみよう。「最近閉じたタブ」画面がポップアップ表示され、今まで閉じたタブが一覧表示される。ここから目的のものをタップすれば、再度開き直すことが可能だ。

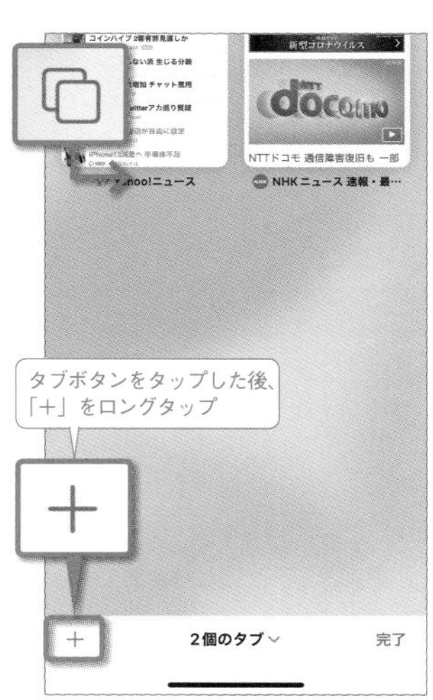

2個のタブ
完了

タブボタンをタップした後、「＋」をロングタップ

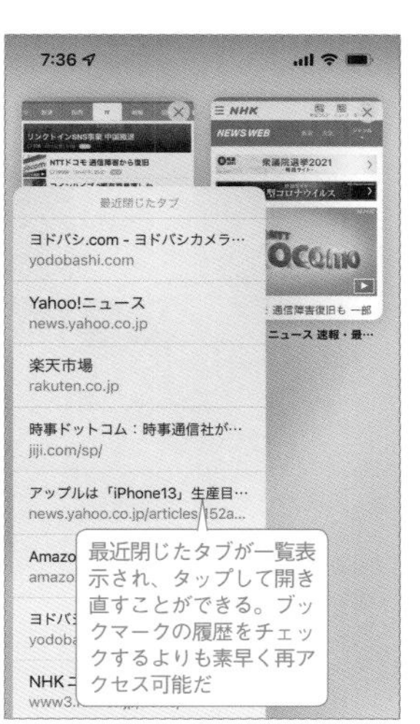

最近閉じたタブ
ヨドバシ.com - ヨドバシカメラ…
yodobashi.com
Yahoo!ニュース
news.yahoo.co.jp
楽天市場
rakuten.co.jp
時事ドットコム：時事通信社が…
jiji.com/sp/

最近閉じたタブが一覧表示され、タップして開き直すことができる。ブックマークの履歴をチェックするよりも素早く再アクセス可能だ

マスト!

098 Safari 前後に見たサイトの履歴を一覧表示する

リンクを辿ってさまざまなサイトを見ていると、少し前に開いたサイトをもう一度確認したくなることがある。しかし、戻るボタンでさかのぼって、また進むボタンで最後に開いたページに帰ってくる、といった一連の操作を行うのも面倒だ。こんな場合は、画面左下の「＜（前のページへ戻る）」「＞（次のページへ進む）」ボタンをロングタップして、前後の履歴をリスト表示しよう。リスト上で再アクセスしたいサイトのタイトルを確認しタップすれば、素早くそのページにアクセスできる。履歴はタブごとにそれぞれ保存されているので覚えておこう。なお、全てのタブの履歴をまとめて見たい場合はブックマークを開き「履歴」をタップしよう。

Yahoo!ニュース
news.yahoo.co.jp/categories/it
日テレNEWS24
news24.jp/sp/index.html

「＜」ボタンをロングタップして、このタブで過去に開いた履歴をリスト表示。タップして素早く再アクセスできる

ネットの快適技

マスト!

099 Safari フォームへの自動入力機能を利用する

連絡先やクレジットカード情報を自動で入力する

「設定」→「Safari」→「自動入力」では、Safariの自動入力機能を有効にできる。「連絡先の情報を使用」をオンにすると、「自分の情報」で選択した連絡先情報を、名前や住所の入力フォームに自動入力することが可能だ。また、「クレジットカード」をオンにすると、「保存済みのクレジットカード」に登録したカード情報を入力フォームに自動で入力できる。なお、一度ログインしたWebサービスのユーザー名とパスワードを自動入力したい場合は、「設定」→「パスワード」の「パスワードを自動入力」をオンにしておこう。

1 Safariの自動入力を有効にしておく

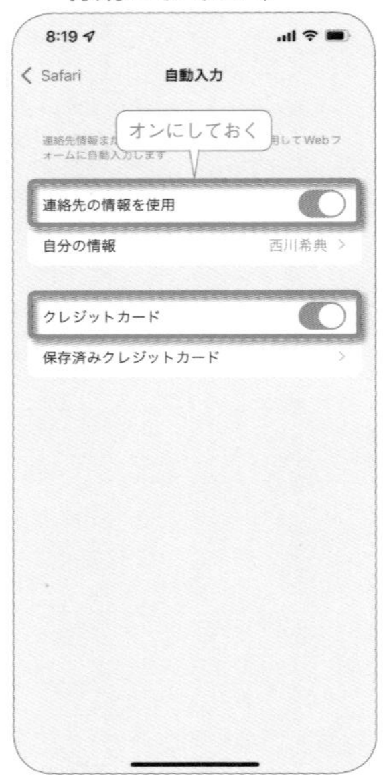

8:19
Safari
自動入力
オンにしておく
連絡先の情報を使用
自分の情報
西川希典
クレジットカード
保存済みクレジットカード

「設定」→「Safari」→「自動入力」を開き、「連絡先の情報を使用」と「クレジットカード」のスイッチをオンにしておこう。連絡先とクレジットカード情報はあらかじめ設定しておくこと。

2 連絡先の情報を自動入力する

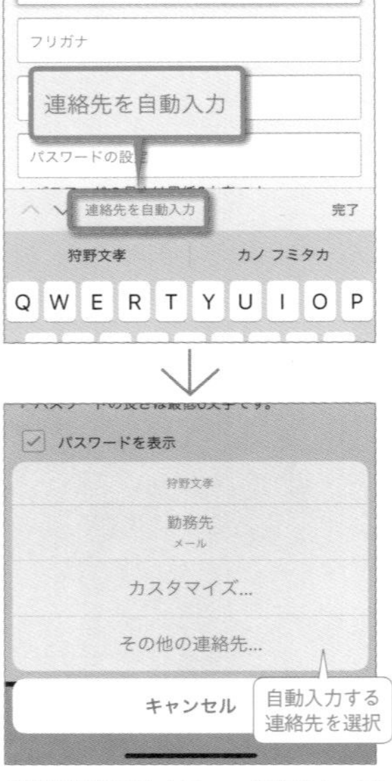

フリガナ
連絡先を自動入力
パスワードの設定
連絡先を自動入力
完了
狩野文孝
カノ フミタカ
パスワードを表示
勤務先
カスタマイズ...
その他の連絡先...
キャンセル
自動入力する連絡先を選択

名前や住所の入力フォーム内をタップすると、キーボード上部に「連絡先を自動入力」と表示されるので、これをタップ。選択した連絡先情報が自動入力される。

3 クレジットカード情報を自動入力する

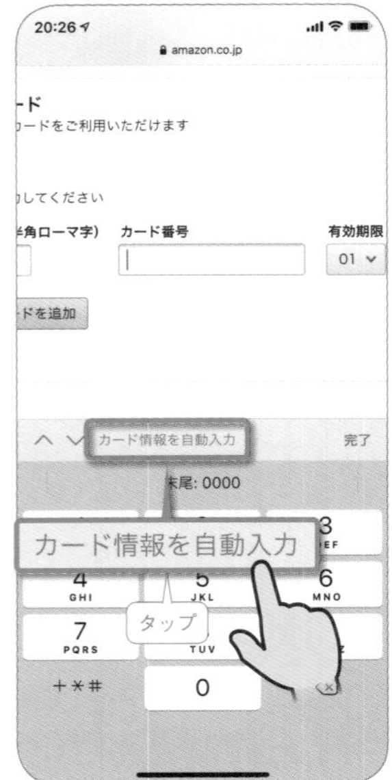

20:26
amazon.co.jp
カード番号
有効期限
カード情報を自動入力
完了
末尾: 0000
カード情報を自動入力
タップ

クレジットカード番号の入力フォーム内をタップすると、キーボード上部に「カード情報を自動入力」と表示されるので、これをタップ。複数の登録済みのカードから選択できる。

SECTION 3

100 Safari SafariのブックマークをパソコンのChromeと同期する

拡張機能「iCloudブックマーク」で手軽に同期できる

iPhoneのSafariのブックマークと、パソコンで使っているChromeのブックマークを同期したいなら、Chromeの拡張機能「iCloudブックマーク」を利用しよう。ただし拡張機能のほかに、「Windows用iCloud」の設定も必要になる。下記サイトよりインストーラをダウンロードし、あらかじめインストールを済ませておこう。

App
Windows用iCloud
作者／Apple
価格／無料
https://support.apple.com/ja-jp/HT204283

1 Chromeに拡張機能を追加する

Chrome に追加

「Chromeウェブストア」(https://chrome.google.com/webstore/)の「拡張機能」から、「iCloudブックマーク」を探して、パソコンのChromeに追加しよう。

2 Windows用iCloudをインストールする

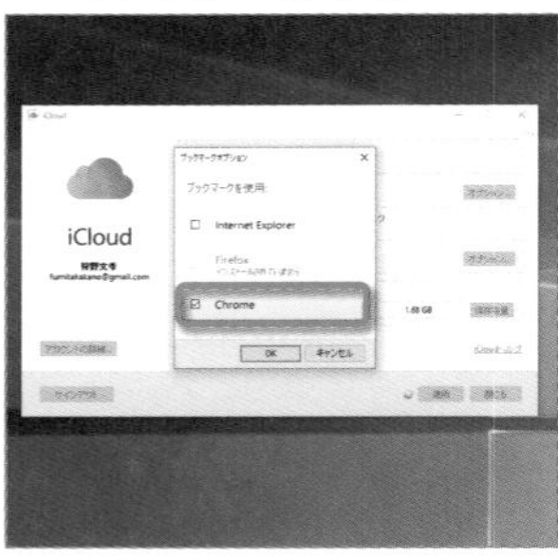

iCloud
Chrome

「Windows用iCloud」をインストールし、iPhoneと同じApple IDでサインインする。続けて「ブックマーク」にチェックし、オプション画面で「Chrome」にチェック。「適用」をクリックしよう。

3 Chromeのブックマークが同期される

Chrome ブックマークは iCloud と同期しています。
iCloud for Windows を開く

Chromeで拡張機能のボタンをクリックすると、「Chromeブックマークは iCloudと同期しています。」と表示される。あとは特に設定不要で、ChromeのブックマークがSafariに同期される。

4 iPhoneのSafariでブックマークを確認

3:42
ブックマーク
完了
ブックマークを検索
お気に入り
よく読む
Bing
Google

iPhoneでSafariを起動して、ブックマークを開いてみよう。同期されたChromeのブックマークが一覧表示されるはずだ。ブックマークの追加や削除も相互に反映される。

101 Googleでネットの通信速度を調べる

通信速度

モバイルデータ通信やWi-Fiの通信速度を計測したい場合、計測用のアプリを利用する方法もあるが、ここではGoogleのサービスを使った簡単な方法を紹介しよう。まず、Safariで「インターネット速度テスト」や「スピードテスト」と入力し検索する。検索結果のトップに「インターネット速度テスト」と表示されたら、「速度テストを実行」をタップしよう。30秒程度でテストが完了し、ダウンロードとアップロードの通信速度が表示される。

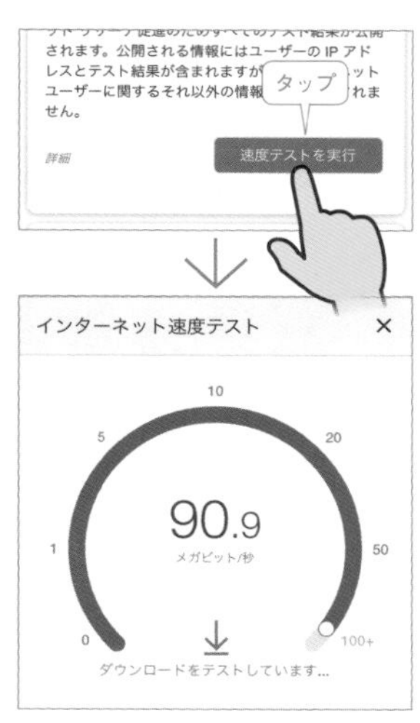

タップ
速度テストを実行
インターネット速度テスト
90.9
メガビット/秒
ダウンロードをテストしています...

インターネット速度テスト
47.6
Mbps（ダウンロード）
12.4
Mbps（アップロード）
インターネットの速度は高速です
再テスト

30秒程度で計測結果が表示される。モバイルデータ通信でテストする場合、データ通信が発生するので注意しよう

102 Twitterのフォロー状態がひと目でわかる管理アプリ

Twitter

Twitterで自分が一方的にフォローしている、または相手から一方的にフォローされている、片思いユーザーを確認できるアプリ。片思い相手のフォローを解除（アンフォロー）したり、フォロー返し（リフォロー）できる。

App

フォロー管理 for Twitter
作者／Masaki Sato
価格／無料

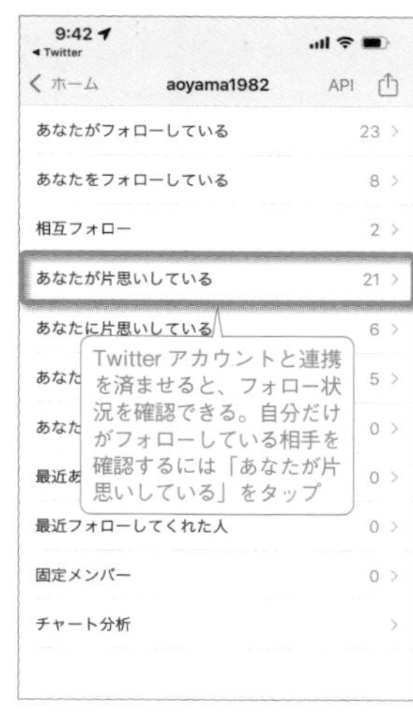

aoyama1982
あなたがフォローしている
あなたをフォローしている
相互フォロー
あなたが片思いしている
最近フォローしてくれた人
固定メンバー
チャート分析

Twitterアカウントと連携を済ませると、フォロー状況を確認できる。自分だけがフォローしている相手を確認するには「あなたが片思いしている」をタップ

完了
フォロー解除
ブロック
順番

片思いしているユーザーが一覧表示される。左下の「編集」をタップしてユーザーを選択し、「フォロー解除」をタップすればフォローを解除できる

103 Twitterで日本語のツイートだけを検索する

Twitter

Twitterで外国語や海外の人物名などでキーワード検索すると、「話題」タブでは日本語ツイートが優先されるが、「最新」タブでは世界中のユーザーのツイートが時系列で表示される。その中から日本語のツイートだけを抽出したい場合は、キーワードの後にスペースを入れ、続けて「lang:ja」と入力して検索してみよう。日本語のツイートだけが表示されるはずだ。さらに、以下のような検索オプションも併せて使えば、効率よく検索ができる。

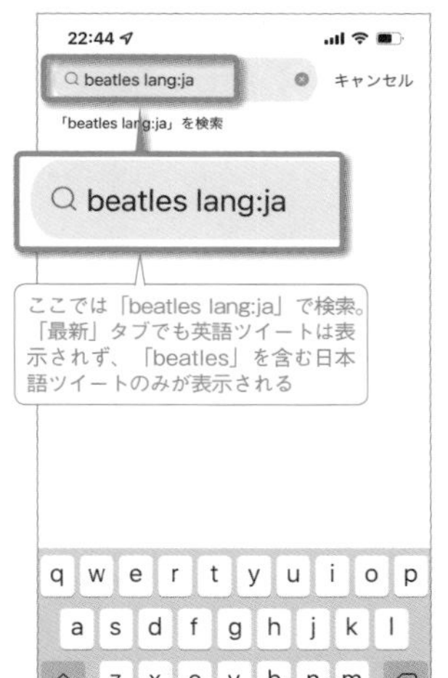

beatles lang:ja
キャンセル

ここでは「beatles lang:ja」で検索。「最新」タブでも英語ツイートは表示されず、「beatles」を含む日本語ツイートのみが表示される

Twitterの便利な検索オプション

lang:ja
日本語ツイートのみ検索

lang:en
英語ツイートのみ検索

near:"東京 新宿区" within:15km
新宿から半径15km内で送信されたツイート

since:2020-01-01
2020年01月01日以降に送信されたツイート

until:2020-01-01
2020年01月01日以前に送信されたツイート

filter:links
リンクを含むツイート

filter:images
画像を含むツイート

min_retweets:100
リツイートが100以上のツイート

min_faves:100
お気に入りが100以上のツイート

104 Twitterで知り合いに発見されないようにする

マスト!

Twitter

Twitterでは、連絡先アプリ内に登録しているメールアドレスや電話番号から、知り合いのユーザーを検索することができる。しかし、自分のTwitterアカウントを知人に知られたくない人もいるだろう。そんな時は、Twitterアプリの設定で「見つけやすさと連絡先」をタップして開き、「メールアドレスの照合と通知を許可する」と「電話番号の照合と通知を許可する」をオフにしておこう。これにより、メールアドレスや電話番号で知人に発見されなくなる。

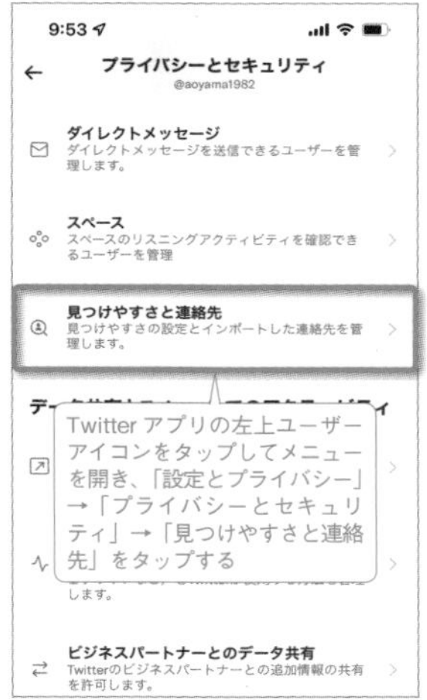

プライバシーとセキュリティ
ダイレクトメッセージ
スペース
見つけやすさと連絡先
ビジネスパートナーとのデータ共有

Twitterアプリの左上ユーザーアイコンをタップしてメニューを開き、「設定とプライバシー」→「プライバシーとセキュリティ」→「見つけやすさと連絡先」をタップする

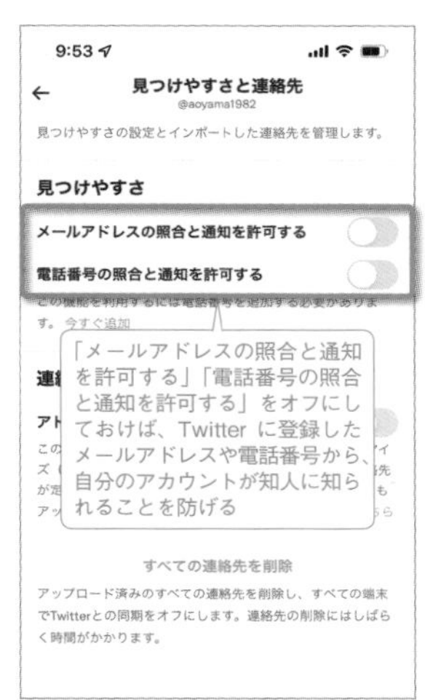

見つけやすさと連絡先
見つけやすさ
メールアドレスの照合と通知を許可する
電話番号の照合と通知を許可する
すべての連絡先を削除

「メールアドレスの照合と通知を許可する」「電話番号の照合と通知を許可する」をオフにしておけば、Twitterに登録したメールアドレスや電話番号から、自分のアカウントが知人に知られることを防げる

105 苦手な話題をタイムラインからシャットアウト

Twitter

Twitterで見たくない内容を非表示にする「ミュート」機能は、アカウント単位で登録するだけでなく、特定のキーワードを登録しておくことも可能だ。キーワードでミュートしておけば、単語やフレーズ、ハッシュタグなども含めて非表示になるので、不快な話題や知りたくない情報がタイムラインに流れないようにできる。Twitterの「設定とプライバシー」を表示して、以下で解説したように「ミュートするキーワード」からキーワードを追加しよう。

左上のユーザーアイコンでメニューを開き、「設定とプライバシー」→「プライバシーとセキュリティ」→「ミュートとブロック」→「ミュートするキーワード」をタップ。「追加する」をタップしよう
追加する

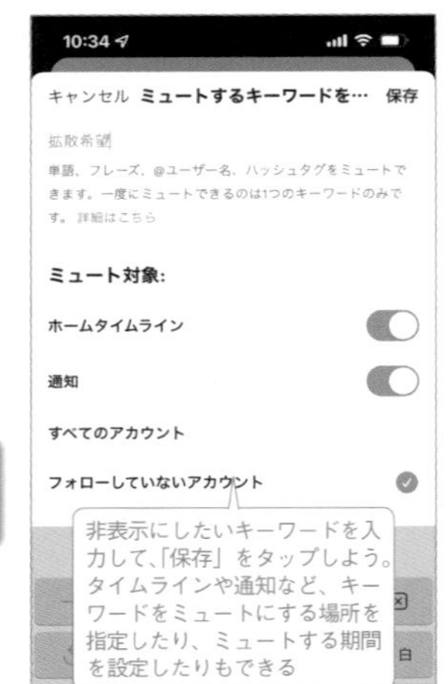
キャンセル ミュートするキーワードを… 保存
ミュート対象:
ホームタイムライン
通知
すべてのアカウント
フォローしていないアカウント
非表示にしたいキーワードを入力して、「保存」をタップしよう。タイムラインや通知など、キーワードをミュートにする場所を指定したり、ミュートする期間を設定したりもできる

106 長文をまとめてツイートする方法

Twitter

Twitterでは1つのツイートにつき140文字までの文字制限がある。投稿したい内容が140文字以上になりそうなときは、複数のツイートに分けて投稿するのが一般的だ。しかし、複数のツイートはタイムライン上でバラバラに表示される可能性が高くなってしまう。そこで使いこなしたいのが「スレッド」機能。これは、自分のツイートにリプライを付けることで、ツイートの続きを書ける仕組み。これなら一連のツイートがまとまって表示されるようになる。

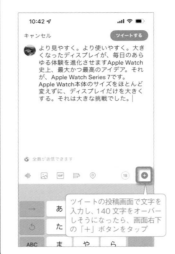

ツイートの投稿画面で文字を入力し、140文字をオーバーしそうになったら、画面右下の「＋」ボタンをタップ

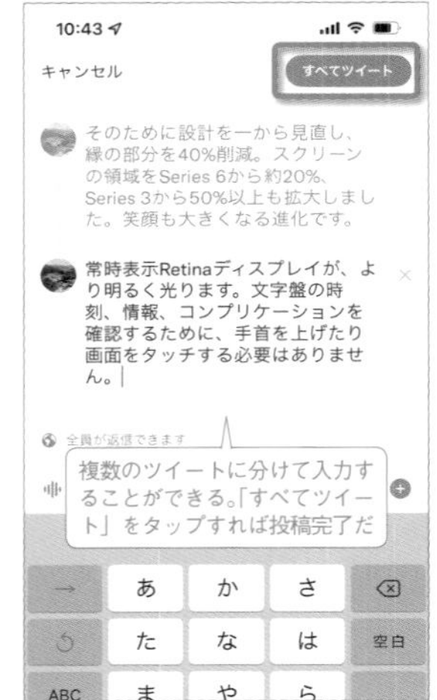
すべてツイート
複数のツイートに分けて入力することができる。「すべてツイート」をタップすれば投稿完了だ

107 特定ユーザーのツイートを見逃さないようにする

Twitter

Twitterアプリでは、特定ユーザーがツイートしたときに、プッシュ通知を受け取ることができる。好きなショップのセール情報や、めったに発言しないアーティストのツイートなどを見逃したくない人は設定しておこう。Twitterアプリのプッシュ通知については、左上のユーザーアイコンからメニューを開き、「設定とプライバシー」→「通知」→「プッシュ通知」で設定できる。ちなみに、SMSやメールでもあらかじめ設定しておけば通知が可能だ。

日テレNEWS
おすすめアカウント
Twitterアプリでプッシュ通知をオンにしたいアカウントのツイートをタップしたら、アカウント名をタップ。画像のようなページが表示されるので、ベルのマークをタップしよう

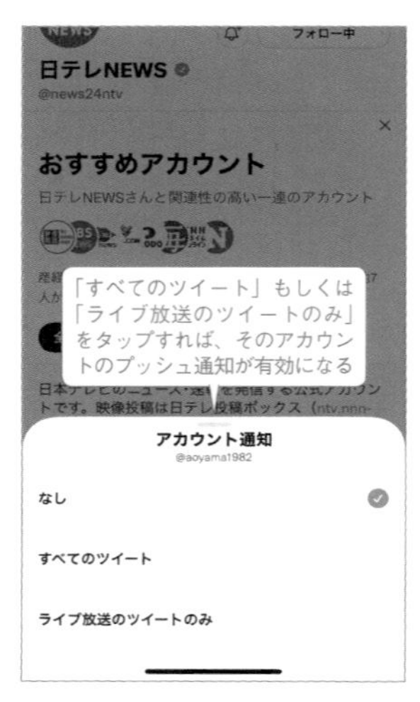
日テレNEWS
おすすめアカウント
「すべてのツイート」もしくは「ライブ放送のツイートのみ」をタップすれば、そのアカウントのプッシュ通知が有効になる
アカウント通知
なし
すべてのツイート
ライブ放送のツイートのみ

108 指定した日時に自動ツイートする

Twitter

TwitterはWeb版なら指定日時にツイートする予約投稿機能が使えるが、アプリ版だと予約投稿ができない。そこで、「Hootsuite」などの予約投稿に対応するアプリを利用しよう。指定日時に自動でツイートしてくれる。

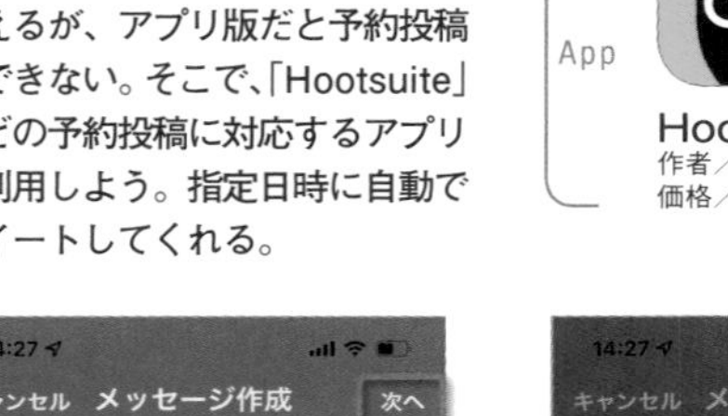
App
Hootsuite
作者／Hootsuite Media Inc.
価格／無料

キャンセル メッセージ作成 次へ
Twitterへのアクセスを許可したら、下部メニューの「メッセージ作成」からツイートを作成する。「次へ」をタップし、続けて「カスタム予約」をタップしよう
今すぐ投稿
自動予約
カスタム予約
キャンセル

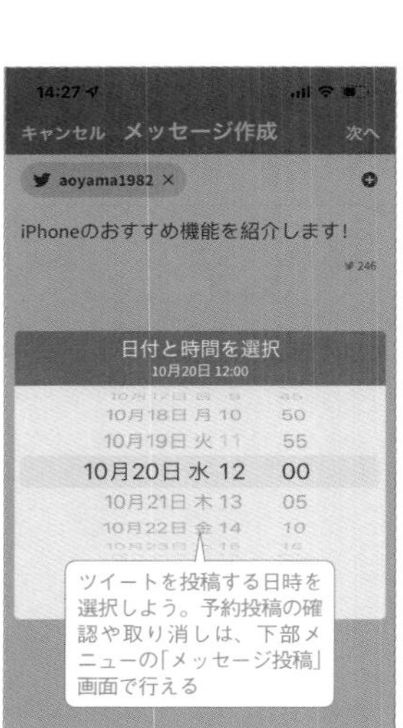
日付と時間を選択
ツイートを投稿する日時を選択しよう。予約投稿の確認や取り消しは、下部メニューの「メッセージ投稿」画面で行える

109 ニュース 最新ニュースをいち早くまとめてチェック

ニュースと世間の話題をチェックする定番中の定番

iPhoneでは、標準で用意されている「News」ウィジェットで、主要なニュースサイトの最新ニュースをチェックできるが、表示件数が少ない上、カテゴリも選べず、機能的にはかなり物足りない。日々のニュースチェックには、24時間体勢で多種多様な情報をスピーディに発信し、ニュースの共有やテーマ機能も備えた「Yahoo! ニュース」アプリがおすすめだ。

App

Yahoo!ニュース
作者／Yahoo Japan Corp.
価格／無料

1 カテゴリ別のタブでニュースをチェック

画面を下へスワイプして表示される虫眼鏡ボタンをタップすると、ニュースをキーワード検索できる

ニュースはジャンルごとに表示される。画面上部のタブを切り替えて、気になる最新ニュースを確認しよう。タブの切り替えは画面の左右スワイプでも可能だ。

2 ニュースの記事を表示する

下部の吹き出しをタップすると、すぐにユーザーコメント欄に移動する

記事タイトルをタップして、「続きを読む」をタップすると全文表示。下にスクロールすると、関連ニュースやユーザーコメントも確認できる。

3 関心のある話題をテーマで確認する

テーマは、最新の話題から選んだり、キーワードで探すことができる。「テーマ」タブで「テーマを探す」をタップし、気になるテーマの「＋」をタップして登録しよう

Yahoo! IDでログインして関心のあるテーマを登録すれば、「テーマ」タブに該当するニュースだけをリストアップすることもできる。

110 パスワード管理 Androidとも同期できるパスワード管理アプリ

登録したIDとパスワードの自動入力にも対応

iPhoneは、強力なパスワードを自動生成してiCloudキーチェーンに保存し、ワンタップでログインできる（No170で解説）。ただ、iCloudキーチェーンのパスワードは、iOSデバイスとMacでしか共有できない。AndroidやWindowsとも共有するなら、この「1Password」でパスワードを管理するのがおすすめだ。Safariの機能拡張（No085で解説）にも対応し、自動入力がより手軽になっている。

App

1Password
作者／AgileBits Inc.
価格／無料

1 登録を済ませマスターパスワードを設定

マスターパスワードはすべてのパスワードの確認に必要なので、忘れないように。なお、「サインアップ」ではなく「スタンドアロン保管庫を作成」を選択すれば無料で使えるが、他のデバイスとパスワードを共有できない

「サインアップ」をタップしてユーザー登録し、続けてマスターワースワードを入力する。14日間の無料試用期間が終わると、月額450円／年額3,900円のサブスクリプション契約が必要だ。

2 ログイン情報を登録していく

ここをタップすると、ランダムで強固なパスワードを生成できる

「カテゴリー」タブ右上の「＋」→「ログイン」でサービスを選択し、ログイン情報を登録していこう。主要なサービスはあらかじめリストアップされている。

3 Safariの拡張機能でログインする

1Passwordの機能拡張を有効にしたら（No085で解説）、検索フィールドの「あぁ」→「1Password」をタップし、マスターパスワードでロックを解除しておく
ユーザー名やパスワードの入力欄をタップすると、1Passwordに保存済みのアカウントが一覧表示され、タップすると自動入力できる

1Passwordの機能拡張を有効にしておくと、Safariでユーザー名やパスワードの入力欄をタップした際に保存済みのアカウントが一覧表示され、これをタップするだけで自動入力できる。

マスト!

111 あとで読む 気になったサイトを「あとで読む」ために保存する

保存したページは各種デバイスで確認できる

Safariの「リーディングリスト」を使えば、気になるWebページをあとから読めるように保存しておけるが、基本的にMacやiOSデバイスでしか同期できない。WindowsやAndroid端末とも同期したい場合は、この「Pocket」がおすすめだ。Twitterをはじめとした SNSアプリの投稿など、保存できる対象も幅広く、後でチェックしたい情報の一元管理に活躍する。

App

Pocket
作者／Read It Later, Inc
価格／無料

1 SafariでPocketのボタンを有効にする

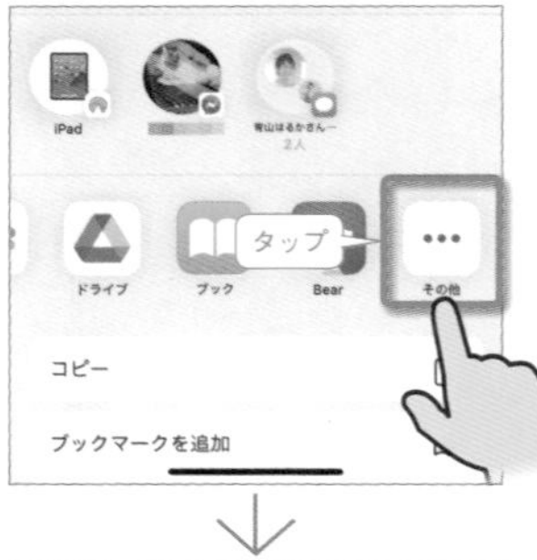

タップ
コピー
ブックマークを追加

Notebook
Facebook
Pocket
ブック
「編集」をタップし、「Pocket」の「+」をタップして、よく使う項目に追加しておく

Pocketを起動してログインを済ませたら、Safariを起動。下部中央の共有ボタンから「その他」をタップし、「Pocket」をよく使う項目に追加しておこう。

2 あとで読みたいページを保存する

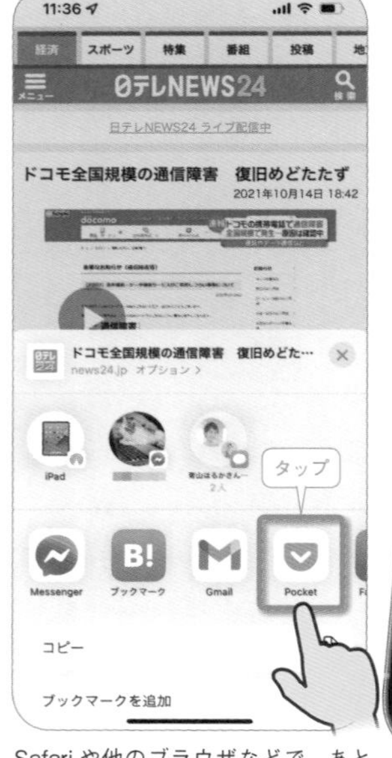

日テレNEWS24
ドコモ全国規模の通信障害 復旧めどたたず
タップ
コピー
ブックマークを追加

Safariや他のブラウザなどで、あとで読みたいWebページを開き、共有ボタンをタップ。続けて「Pocket」ボタンをタップすれば、表示中のページが保存される。

3 保存したページをPocketアプリで読む

マイリスト
アップグレード

Pocketを起動すると、保存したページが一覧表示される。読みたい記事をタップすれば、モバイル向けに最適化されたページが開き、オフラインでも読むことができる。また左上のヘッドホンボタンをタップすると、記事を音声で読み上げてくれる。作業をしつつイヤホンでニュースをチェックしたい時に便利

SECTION 3

112 遠隔操作 iPhoneからパソコンを遠隔操作する

サーバーソフトを起動するだけでリモート操作できる

パソコンの資料を出先のiPhoneで見たいが、クラウドに保存しておくには容量が足りないし、いちいちiPhoneにダウンロードするのも面倒……という時に便利なのが、リモートデスクトップアプリ「TeamViewer」だ。パソコン側で専用のサーバーソフトを起動し、表示されたIDとパスワードをiPhoneのアプリ側に入力するだけで、パソコンを遠隔操作できる。

App

TeamViewer: Remote Control
作者／TeamViewer
価格／無料

1 サーバーソフトをインストールして起動

使用中のID
205 955 731
パスワード
tpuc94

公式サイト（http://www.teamviewer.com/）からサーバーソフトを入手し、パソコンにインストールしておく。起動したら、「遠隔操作を受ける許可」欄に、IDとパスワードが表示されるので、iPhone側のアプリで入力しよう。パスワードはTeamViewerを起動するたびに変更されるが、「その他」→「オプション」→「詳細」→「詳細オプションを表示」の「このコンピュータとの詳細接続設定」欄にある、「個人的なパスワード」を設定すれば、毎回同じパスワードで接続可能だ。

2 TeamViewerアプリを起動する

TeamViewer
リモートデバイスをコントロール
タップ
リモートコントロール

iPhone側でTeamViewerアプリをインストール、起動したら、入力フォームにIDを入力し「リモートコントロール」をタップ、続けてパスワードを入力。

3 iPhoneからパソコンを操作する

「∧」をタップしてメニューを表示し、「×」で接続終了。カミナリマークのボタンをタップすると、パソコンの再起動も行える

iPhoneからパソコンを遠隔操作できるようになった。画面右下の「∧」ボタンをタップして、キーボードや設定などの各種メニューを利用可能だ。

SECTION 4

写真・音楽・動画

いつも持ち歩くiPhoneは、カメラや
ミュージックプレイヤー、動画プレイヤーとしても
大活躍。写真の加工や共有、
ビデオの編集だってお手のもの。
これを機会にApple Musicも試してみよう

21:17
Déconstruction - Single
春ねむり
ミュージック
6
日
24
FaceTime
カレンダー
メール
メモ

マスト! iOS15

113 カメラ シネマティックモードで映画のような動画を撮影する

背景をぼかして被写体を目立たせた映像を撮影できる

iPhone 13シリーズのカメラには、「シネマティック」という新しいビデオ撮影モードが追加されている。通常のビデオモードでは、手前から奥まで全体的にピントが合ったパンフォーカス気味の撮影になるが、シネマティックモードでは、背景をぼかしつつ人やものにピントを合わせて目立たせた、映画のようなビデオを撮影できる。写真のポートレートモードの、ビデオ版のような機能だ。撮影を始めると、人や動物を検出して自動でピントが合い、背景がボケた画面になる。ピントはその時に最適な被写体を追尾するようになっており、たとえばピントが合っている手前の人物が背を向けると、すぐに奥の人物にピントが移る。また画面内をタップして手動でピントを変更することもでき、たとえば人物にピントが合っている時に、手に持っているものをタップすると、人物がぼけて手に持っているものにピントが合い強調される。人が大勢いる画面で特定の人物だけ追尾したいときは、フォーカスの黄色い枠をタップすれば「AFトラッキングロック」と表示され、この被写体が動いても自動でピントを合わせ続けてくれる。このように、被写体のピントは撮影しながら自由に変更できるが、さらに撮影したあとの編集画面でも、ピントの位置を変えたり、背景のぼかし具合を自由に変更できるようになっている。ぼかし具合が気に入らなければ、背景のボケをすべて解除して、普通のビデオモードの映像に変更することも可能だ。

SECTION 4

1 シネマティックモードの撮影画面

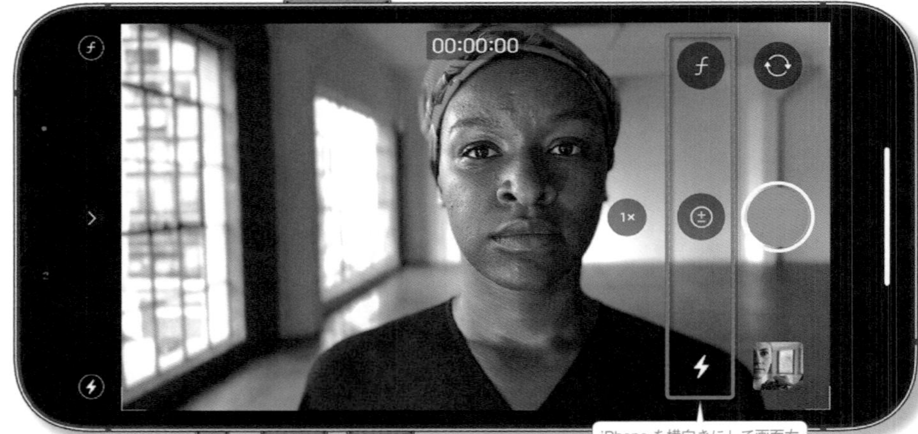
00:00:00
1x

iPhoneを横向きにして画面左の「<」をタップすると、3つのボタンが表示される。「f」は、被写界深度を変更して背景のボケ具合を調整するボタン。「±」は、露出を調整した画面を明るく／暗くするボタン。雷マークのボタンはフラッシュを自動／オン／オフに切り替えるボタンだ。また、「1x」をタップして望遠レンズへ切り替えられる。なお、シネマティックモードでは0.5xの広角レンズは使用できない

カメラアプリの撮影モードを「シネマティック」に切り替えて撮影すると、背景をぼかしつつ人やものにピントを合わせて目立たせた、映画のようなビデオになる。ピントはその時の画面に最適な被写体に合うほか、画面内をタップしてピントの位置を手動で変更することも可能だ。

00:00:00
AFトラッキングロック

自動で追尾する被写体を指定したいときは、フォーカスの黄色い枠をタップしよう。「AFトラッキングロック」と表示され、この被写体が動いても、常にこの被写体にピントが合うようになる。

2 写真アプリで編集画面を開く

f 2.8
シネマティック
541
PUTIK
白い丸はカメラが自動でピントを変更した箇所。黄色い丸は手動でピントを変更した箇所

撮影したシネマティックモードのビデオを写真アプリで表示し、右上の「編集」をタップすると編集モードになる。フレームビューア下部の白い丸や黄色い丸で、撮影中にピントが変更された箇所を確認できる。

3 被写体のピントを変更する

f 2.8
シネマティック
手前にピントが合った画面で奥の被写体をタップすると、ピントの位置が移動する
04
541

ピントを合わせる位置は、あとから自由に変更することが可能だ。たとえば手前の被写体にピントが合っている画面で、奥の被写体をタップしてみよう。奥にピントが切り替わり、手前がボケた映像になる。

4 被写界深度を調整する

シネマティック
f 2.8
タップするとシネマティックモードがオフになり、背景のボケがすべて解除される
スライダーを左右に動かして背景のぼかし具合を調整する
被写界深度
f 2.0

左上の「f」ボタンをタップすると、画面下部に被写界深度を変更するバーが表示され、背景のぼかし具合を調整できる。数値が小さいほど背景のボケが強くなり、大きくすると背景のボケが弱くなる。

マスト! iOS15

114 カメラ フォトグラフスタイルやカメラの設定を保持する

「設定を保持」で各種スイッチをオンにしよう

カメラアプリの画面上部の「∧」をタップして表示されるメニューでは、写真の比率や露出、フィルタなどさまざまな設定変更を行える。iPhone 13シリーズでは、新たに「フォトグラフスタイル」が追加され、「鮮やか」や「暖かい」などのモードを選んで質感に変化を加えられるようになった。カメラアプリでは、これらの設定を保持しておき、次回起動時にも同じ設定で撮影を開始することが可能。フォトグラフスタイルは自動で保持されるが、比率や露出、フィルタなどの設定を保持するためには、あらかじめ「設定」→「カメラ」での設定が必要だ。

1 フォトグラフスタイルの変更

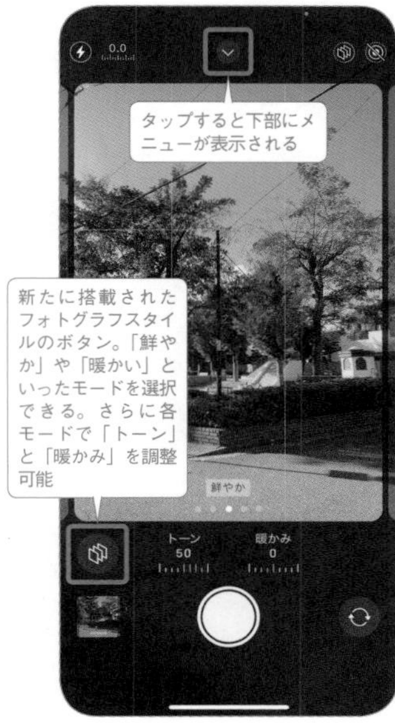
タップすると下部にメニューが表示される
新たに搭載されたフォトグラフスタイルのボタン。「鮮やか」や「暖かい」といったモードを選択できる。さらに各モードで「トーン」と「暖かみ」を調整可能
鮮やか
トーン 50
暖かみ 0

「∧」をタップすると、シャッターボタンの上にメニューが表示される。フォトグラフスタイルを「鮮やか」や「暖かい」に変更すると、次回以降も同じ設定で撮影できる。

2 その他の設定の変更

縦横比をスクエアなどに変更する
1:1
カメラの露出を手動で変更する

その他、画面をスクエアにしたり、露出を手動調整するといった設定も可能だが、これらの設定はカメラアプリを再起動したときにリセットされてしまう。

3 次回も同じ設定で撮影するには

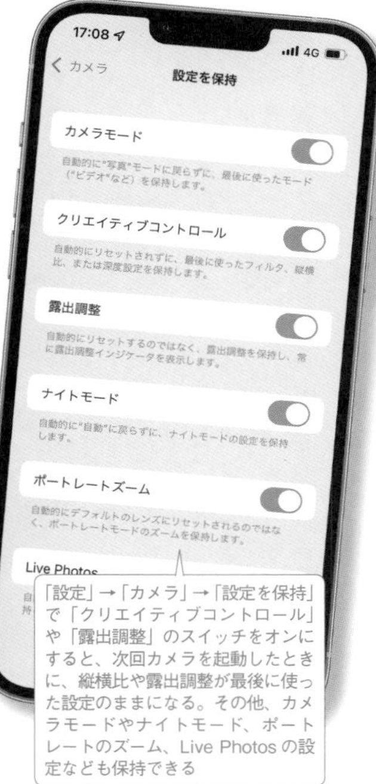
17:08
カメラ
設定を保持
カメラモード
クリエイティブコントロール
露出調整
ナイトモード
ポートレートズーム
Live Photos
「設定」→「カメラ」→「設定を保持」で「クリエイティブコントロール」や「露出調整」のスイッチをオンにすると、次回カメラを起動したときに、縦横比や露出調整が最後に使った設定のままになる。その他、カメラモードやナイトモード、ポートレートのズーム、Live Photosの設定なども保持できる

115 カメラ ナイトモードで夜景を撮影する

撮影前に露出補正機能で設定しておける

iPhone 11以降のカメラは、「ナイトモード」で夜間でも明るく撮影できる。カメラの起動時に周囲が暗いと自動でオンになり、画面左上にナイトモードのアイコンと露出秒数が表示される。この露出秒数は自動で設定されるが、iPhoneを三脚などで固定した方がより長い秒数に設定されて画面が明るくなる。露出時間を手動で長くしたり、逆に0秒にしてナイトモードをオフにすることも可能だ。iPhone 12と13シリーズは超広角レンズや前面カメラでもナイトモードが使えるほか、ProとPro Maxならポートレートモードでも利用できる。

1 ナイトモードで暗闇を明るく撮影

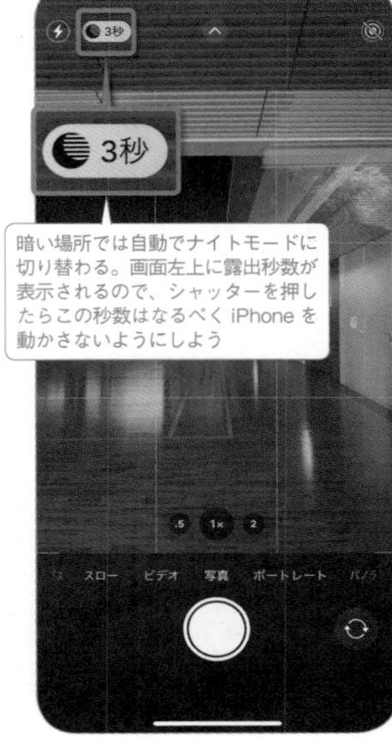
3秒
暗い場所では自動でナイトモードに切り替わる。画面左上に露出秒数が表示されるので、シャッターを押したらこの秒数はなるべくiPhoneを動かさないようにしよう
スロー ビデオ 写真 ポートレート

暗い場所では自動でナイトモードに切り替わる。画面左上に露出秒数が表示されるので、シャッターを押したらこの秒数はなるべくiPhoneを動かさないようにしよう。

2 露出時間を手動で調整する

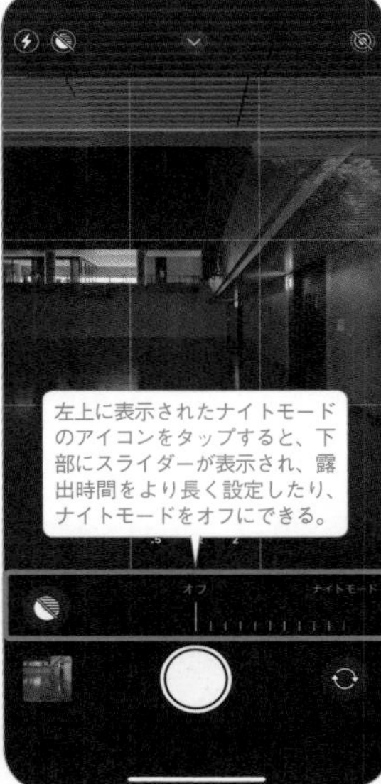
左上に表示されたナイトモードのアイコンをタップすると、下部にスライダーが表示され、露出時間をより長く設定したり、ナイトモードをオフにできる。
オフ
ナイトモード

左上に表示されたナイトモードのアイコンをタップすると、下部にスライダーが表示され、露出時間をより長く設定したり、ナイトモードをオフにできる。

3 ナイトモードで自撮りもできる

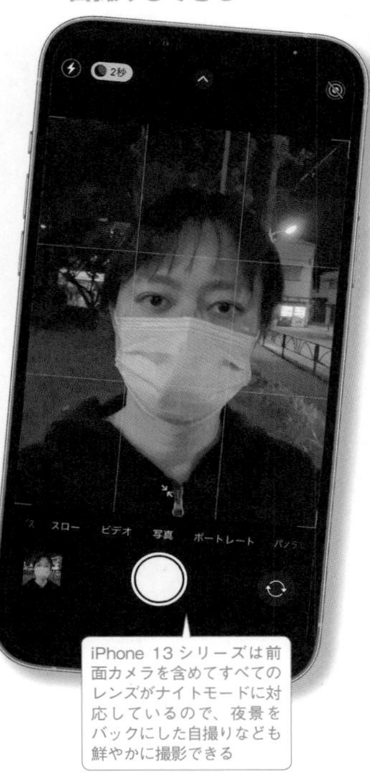
2秒
スロー ビデオ 写真 ポートレート
iPhone 13シリーズは前面カメラを含めてすべてのレンズがナイトモードに対応しているので、夜景をバックにした自撮りなども鮮やかに撮影できる

マスト!

116 写真アプリで撮影した写真を詳細に編集する

写真加工

明るさや色合いを自分好みに変更しよう

「写真」アプリでは、写真の閲覧機能だけでなく十分なレタッチ機能も搭載されている。トリミングや回転、フィルタ、色調整機能などが用意されており、撮影した写真をその場でさらに美しく仕上げることができるのだ。まずは写真アプリから編集したい写真をタップして開こう。画面右上の「編集」ボタンをタップすると編集画面になるので、各種レタッチを行っていく。作業が面倒な場合は、編集画面の下部にある「自動」ボタンをタップすれば、最適な色合いに自動補正することも可能。なお、「元に戻す」で加工処理はいつでも取り消せる。

1 写真を選択して編集ボタンをタップ

22:23
箱根町 - 元箱根
9月18日 11:12
編集
編集
タップ

写真アプリ内で編集、加工したい写真を選んでタップ。続けて画面右上の「編集」をタップしよう。写真の編集画面に切り替わる。

2 編集画面でレタッチを行う

調整
各ボタンで写真を加工していく

編集画面では、「調整」メニューで「自動」「露出」「ブリリアンス」などの各種エフェクトボタンが表示され、明るさや色合いを自由に調整できる。

3 比率の変更やトリミングも簡単

戻す
白い枠の角をドラッグしてトリミング範囲を調整

トリミングボタンをタップすると、四隅の枠をドラッグしてトリミングできるほか、傾きを修正したり、横方向や縦方向の歪みも補正できる。

SECTION 4

117 写真のぼけ具合や照明を後から変更する

写真加工

ポートレートモードで撮影した写真を編集

iPhone X以降のカメラアプリには、背景をぼかしたり照明の当て方を変えた写真を撮影できる「ポートレート」モードが用意されている。このポートレートモードで撮影した写真は、あとからでも「写真」アプリで、ぼかし具合や照明エフェクトを自由に編集可能だ。被写界深度はF1.4～F16の間で調節でき、照明エフェクトは自然光／スタジオ照明／ステージ照明などを選択できる。うまく被写体を浮かび上がらせて、一眼レフで撮影したような写真に仕上げよう。なお、ポートレートモードは、背面カメラだけでなく前面カメラでも利用できる。

1 写真アプリで編集画面を開く

アルバム
ピープル
撮影地
メディアタイプ
ビデオ
セルフィー
Live Photos
ポートレート
タップ
23:32
編集
編集
ポートレート
タップ

「写真」アプリで「アルバム」→「ポートレート」をタップし、撮影したポートレート写真を開いたら、右上の「編集」ボタンをタップする。

2 照明エフェクトを変更する

ƒ4.5
ポートレート
左右にドラッグして照明エフェクトを変更
スタジオ照明

下部の照明エフェクトをドラッグすれば、他の照明効果に変更できる。上部の「ポートレート」ボタンをタップしてオフにすると、ポートレートの効果は削除される。

3 被写界深度を変更する

ポートレート
左右にドラッグして被写界深度を変更
被写界深度
ƒ2.2

左上の「f」ボタンをタップすると、下部のスライダーで被写界深度を変更できる。数値が小さいほど、背景のぼかし具合が強調される。

118 音量ボタンでさまざまな撮影を行う

カメラ

iPhoneのカメラは、端末の側面にある音量ボタンでも撮影できる。また音量ボタンを長押しすると、QuickTake機能で素早くビデオ撮影が開始され、指を離すとビデオ撮影を終了する。特に横向きで構えている時は便利な操作なので覚えておこう。また、設定で「音量を上げるボタンをバーストに使用」をオンにすれば、音量を上げるボタンの長押しがバーストモードの連写になり、下げるボタンの長押しはQuickTakeビデオ撮影のままになる。

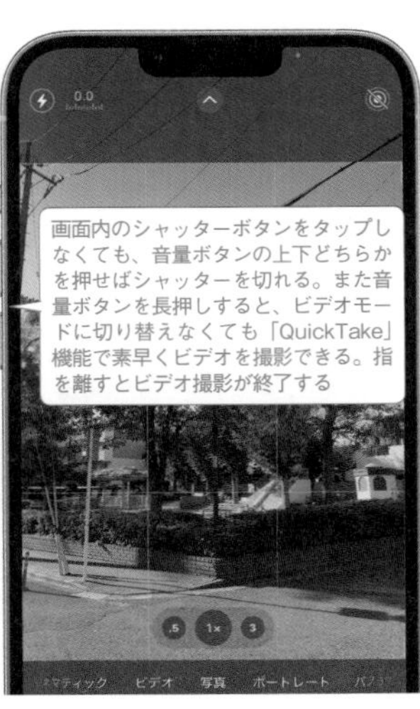

画面内のシャッターボタンをタップしなくても、音量ボタンの上下どちらかを押せばシャッターを切れる。また音量ボタンを長押しすると、ビデオモードに切り替えなくても「QuickTake」機能で素早くビデオを撮影できる。指を離すとビデオ撮影が終了する

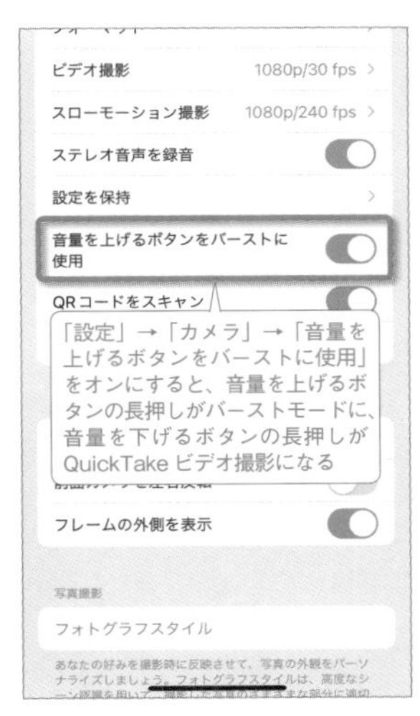
ビデオ撮影 1080p/30 fps
スローモーション撮影 1080p/240 fps
ステレオ音声を録音
設定を保持
音量を上げるボタンをバーストに使用
QRコードをスキャン
フレームの外側を表示
写真撮影
フォトグラフスタイル

「設定」→「カメラ」→「音量を上げるボタンをバーストに使用」をオンにすると、音量を上げるボタンの長押しがバーストモードに、音量を下げるボタンの長押しがQuickTakeビデオ撮影になる

119 カメラの露出を手動で調整する

マスト!

カメラ

iPhoneのカメラは、画面が明るくなりすぎたり、暗い場所の被写体をどうしても写したい場合に、手動で露出を変更できるようになっている。あらかじめ露出を固定してから撮影する方法もあるが(No114で解説)、今撮影中の場面に限って露出を調整したい時は、まず画面内をタップして被写体にフォーカスを合わせよう。そのまま画面を上下にスワイプすると、フォーカスはそのままの状態で、写真の明るさを変更することが可能だ。

撮影時に画面をタップすると、その場所にフォーカスと露出が自動で合う

写真が明るいもしくは暗い場合は、画面をタップしたあと、上下にスワイプして露出を手動調整しよう

120 被写体をきっちり真上から撮影したい時は

カメラ

「設定」→「カメラ」→「グリッド」をオンにした状態でカメラを起動すると、画面が縦横の線で9分割に表示され、被写体の水平と垂直に気を付けつつ撮影できる。またこのグリッドは水準器としての機能も備えており、カメラを下に向けると、白と黄色の十字マークが表示されるようになっている。この2個の十字マークをきっちり重ね合わせた状態で撮影すると、正確に真上から撮影することが可能だ。グリッドの線が写真に写ることはない。

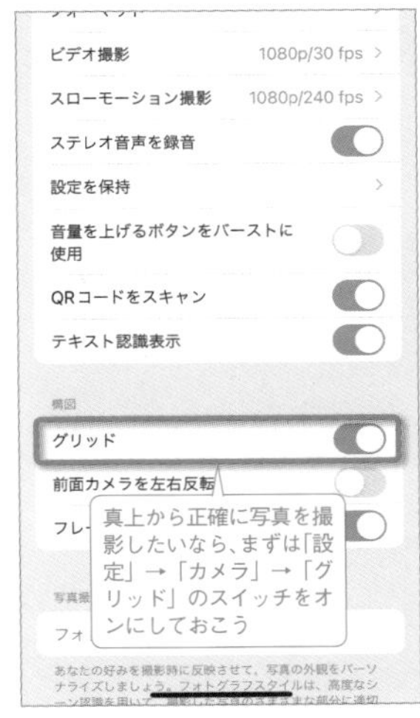
ビデオ撮影 1080p/30 fps
スローモーション撮影 1080p/240 fps
ステレオ音声を録音
設定を保持
音量を上げるボタンをバーストに使用
QRコードをスキャン
テキスト認識表示
構図
グリッド
前面カメラを左右反転

真上から正確に写真を撮影したいなら、まずは「設定」→「カメラ」→「グリッド」のスイッチをオンにしておこう

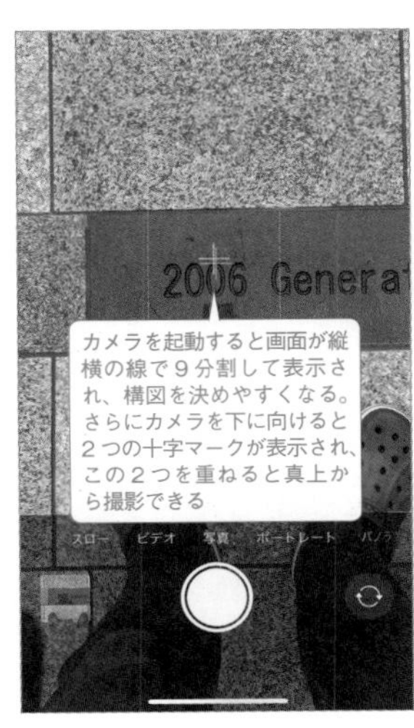

カメラを起動すると画面が縦横の線で9分割して表示され、構図を決めやすくなる。さらにカメラを下に向けると2つの十字マークが表示され、この2つを重ねると真上から撮影できる

121 写真の加工や編集を後から元に戻す

写真加工

写真アプリでさまざまな編集を加えて写真を加工すると、編集後の写真がサムネイル表示されるため上書き保存されたように見えるが、元のデータはしっかり残っているので、いつでもキャンセルして元のオリジナル写真に戻すことが可能だ。まず加工済みの写真をタップして開き、「編集」をタップしよう。すると、右下に「元に戻す」と表示されるので、これをタップして「オリジナルに戻す」をタップすればよい。

元に戻す

写真アプリで加工済みの写真を開いて「編集」をタップ。右下に「元に戻す」と表示されているので、これをタップしよう

オリジナルに戻す
キャンセル

「オリジナルに戻す」をタップすると、この写真に対して加えた編集はすべて削除され、元のオリジナル写真に戻すことができる

122 シャッター音を鳴らさず写真を撮影する

カメラ

日本版iPhoneの標準カメラは、日本国内で使う際に必ずシャッター音が鳴る仕様になっている。静かに撮影したい時は、「Microsoft Pix」などの無音撮影が可能な他のカメラアプリを利用しよう。

App

Microsoft Pix
作者／Microsoft Corporation
価格／無料

「Microsoft Pix」を使えば、右で解説する例外を除いて、特に何も設定しなくとも写真やビデオの撮影時にシャッター音が鳴らない。なお、スクリーンショット撮影時（No027で解説）のシャッター音は、本体側面のサイレントスイッチをオフにするだけで無音になるので、覚えておこう（カメラ起動時は除く）
パノラマ
ビデオ
写真
ポートレート

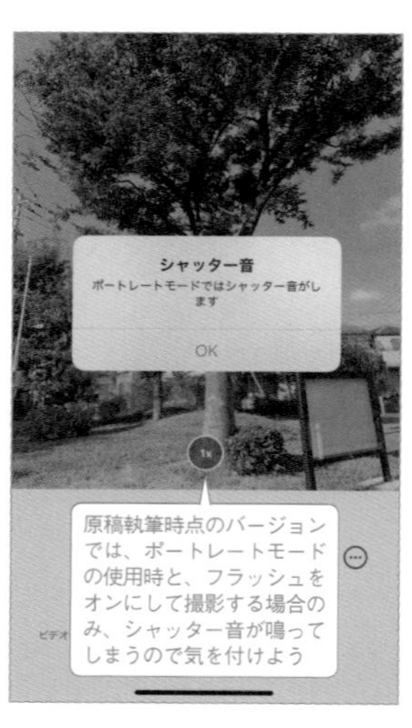

シャッター音
ポートレートモードではシャッター音がします
OK
原稿執筆時点のバージョンでは、ポートレートモードの使用時と、フラッシュをオンにして撮影する場合のみ、シャッター音が鳴ってしまうので気を付けよう

マスト!

123 写真アプリの強力な検索機能を活用

写真管理

写真アプリは検索機能も強力で、何が写っているかを解析して自動で分類してくれる。「食べ物」「花」「犬」「ラーメン」「海」など一般的なキーワードで検索でき、複数キーワードで絞り込むことも可能だ。写真の解析結果は完璧ではなく、「食事」カテゴリに風景写真が紛れているなど、キーワードだけではうまくヒットしない写真もあるが、一枚一枚確認するよりも断然早いので、検索機能を使いこなして目的の写真をピンポイントで探し出そう。

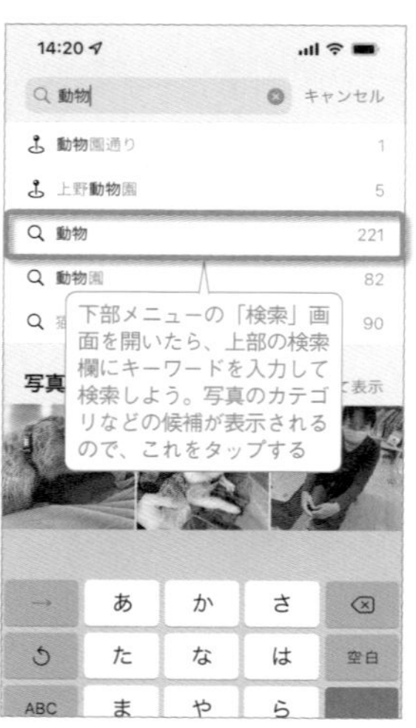

14:20
動物
キャンセル
動物園通り 1
上野動物園 5
動物 221
動物園 82
下部メニューの「検索」画面を開いたら、上部の検索欄にキーワードを入力して検索しよう。写真のカテゴリなどの候補が表示されるので、これをタップする

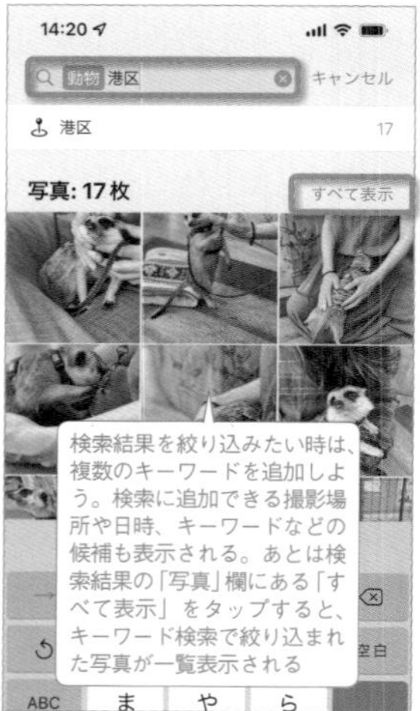

14:20
動物 港区
キャンセル
港区 17
写真: 17枚
すべて表示
検索結果を絞り込みたい時は、複数のキーワードを追加しよう。検索に追加できる撮影場所や日時、キーワードなどの候補も表示される。あとは検索結果の「写真」欄にある「すべて表示」をタップすると、キーワード検索で絞り込まれた写真が一覧表示される

SECTION 4

iOS15

124 写真に写っているテキストを認識して利用する

写真

日本語は非対応だがコピペや翻訳も可能

iPhoneは「テキスト認識表示」機能により、写真の文字を認識して利用することが可能だ。写真アプリ内の写真や、カメラを向けた画面内の文字、Safariで開いたWebページの画像、手書き文字などを認識し、コピペしたり翻訳できるほか、電話番号やメールアドレスをタップして電話をかけたりメールを作成できる。またホーム画面を下にスワイプして表示される検索欄でキーワード検索すると、写真に写った文字も検出される。ただし、今のところ英語や中国語など7カ国語のみの対応で、日本語は非対応。認識した日本語をコピペしても文字化けする。

1 写真アプリで写真の文字を認識

11:00
今日
10:56
編集
コピー
すべてを選択
調べる
翻訳
テキスト認識ボタンをタップ
機能が使えない場合は、「設定」→「一般」→「言語と地域」→「テキスト認識表示」がオンになっているか確認する

写真アプリで写真を開き、右下のテキスト認識ボタンをタップ。写真内の文字が認識され、コピーや翻訳が可能になる。ただし日本語は正しく認識せず、コピペしても文字化けする。

2 カメラの画面内の文字を認識

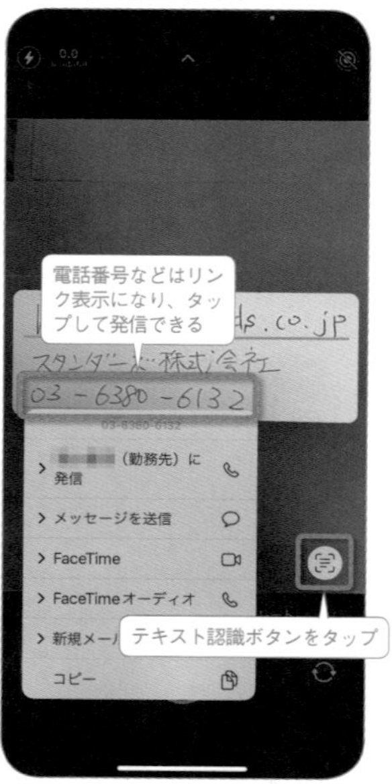

電話番号などはリンク表示になり、タップして発信できる
03-6380-6132
（勤務先）に発信
メッセージを送信
FaceTime
FaceTimeオーディオ
テキスト認識ボタンをタップ
コピー

カメラを向けた画面内の文字も認識する。手書き文字の認識も可能だ。また電話番号やURLをタップすると、電話をかけたりWebページにアクセスできる。

3 Safariで開いた画像の文字を認識

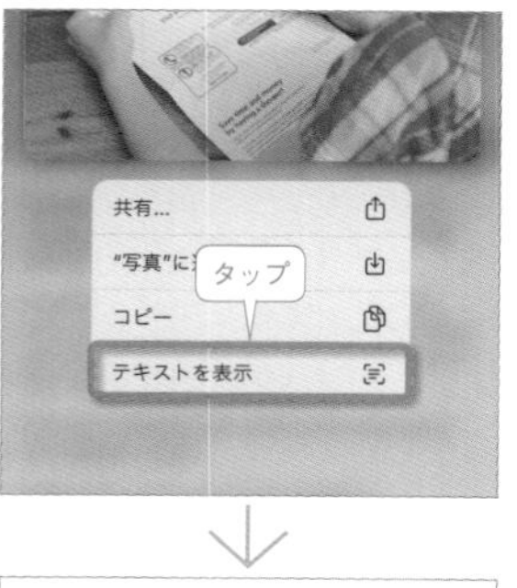

共有...
タップ
コピー
テキストを表示

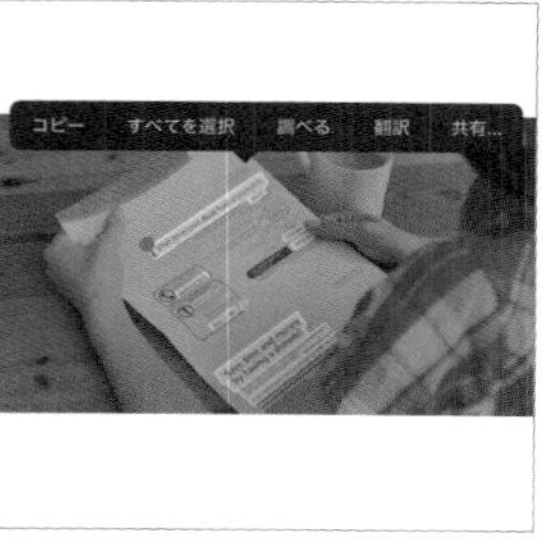

コピー
すべてを選択
調べる
翻訳

Safariで開いたWebページの画像内にある文字を認識するには、画像をロングタップして「テキストを表示」をタップすればよい。

iOS15

125 写真 一新されたメモリー機能を利用する

BGMやフィルタ、表示する人などを柔軟に設定できる

写真アプリで下部メニューの「For You」を開くと、特定のテーマで写真やビデオをまとめた「メモリー」が自動生成されており、タップするとスライドショーも楽しめる。このメモリーの再生を開始し、さらに画面をタップすると、「メモリーミックス」ボタンでBGMやフィルタを変更することが可能だ。BGMには Apple Music（No131で解説）の曲も選択できる。またメモリーの「…」→「候補への表示を減らす」をタップすると、日時や場所、特定の人の写真がメモリーに含まれるのを減らしたり、表示させないように設定できる。

1 メモリーミックスを変更する

小田原市と足柄下郡箱根町
2021年5月25日
タップ

左右にスワイプしてBGMとフィルタの組み合わせを変更する
SWEET DROPS
PUFFY

メモリーの再生を開始して画面内をタップすると、メニューボタンが表示される。左下の「メモリーミックス」ボタンをタップすると、BGMやフィルタの組み合わせを左右にスワイプして変更できる。

2 BGMにApple Musicの曲を選択する

タップ

11:47
キャンセル
完了
Music
トップの提案
すべて表示
My Shining Hour
Blutain
Modal Soul (feat. Uyama Hiroto)

メモリーミックス画面で右下の「ミュージック」ボタンをタップすると、使用するBGMを変更できる。Apple Musicに登録していれば、Apple Musicの配信曲から自由に選択可能だ。

3 メモリーに特定の人を表示させない

11:45
For You
メモリー
お気に入り
タップ
タイトルを編集
候補への表示を減らす...
メモリーを削除

12:31
キャンセル
人の選択
次へ
表示を減らしたい人にチェック
名前の付いていない人
名前の付いていない人
名前の付いていない人

メモリーの「…」→「候補への表示を減らす」をタップすると、特定の人物の表示などを減らせる。減らしたい人物にチェックし、「この人の表示を減らす」か「この人を表示しない」を選ぼう。

126 ウィジェット ホーム画面に好きな写真を配置する

選んだ写真を指定した間隔で表示できる

iPhoneはウィジェット機能でホーム画面に写真を配置できる。ただし標準の写真アプリのウィジェットだと、「For You」タブで選ばれたおすすめ写真しか表示されず、自分で好きな写真を選択できない。そこで「フォトウィジェット」を利用しよう。自分で選んだ好きな写真を表示できるだけではなく、一定時間の経過と共に表示する写真を切り替えることも可能だ。

App

フォトウィジェット
作者／Photo Widget Inc.
価格／無料

1 ウィジェット用のアルバムを作成

21:32
タップ
写真
アルバムを作成する
アルバム2
アルバム1
作成したアルバムをタップし、続けて「+」ボタンをタップ。ウィジェットに表示したい写真を選択して追加しよう

下部メニュー「Widgets」画面で上部の「写真」をタップ。続けて「+」ボタンをタップし、ウィジェットに表示したい写真をまとめたアルバムを作成しておく。

2 ウィジェットを配置する

完了
[アルバム選択]
ウィジェットを長押ししてアルバムを選択
Photowidget
編集モードのまま、配置したウィジェットをタップする

フォトウィジェット（ウィジェット管理画面では「Photowidget」と表示される）のウィジェットを配置する。編集モードのままで配置したウィジェットをタップしよう。

3 ウィジェットの設定を変更する

Photo Widget
Widget Type
写真
アルバム選択
アルバム1
写真の更新間隔
10分
写真の表示順
ランダム
編集モードでウィジェットをタップすると、このような設定画面が表示され、表示するアルバムや写真の更新間隔、表示順を変更できる。なお、編集モードを完了した後は、ウィジェットをロングタップして表示されるメニューで「ウィジェットを編集」を選んで、設定を表示する

マスト!

127 写真管理 写真をiCloudへバックアップする方法を整理して理解する

iPhoneの写真や動画を保存する機能の違い

iPhoneで撮影した大事な写真や動画をバックアップしておくなら、「iCloud写真」機能を使うのがおすすめだ。撮影した写真や動画がすべてiCloudへ自動アップロードされるので、iPadやパソコンからでも同じ写真ライブラリを見ることができるし、万が一iPhoneをなくしても思い出の写真がすべて消えてしまう心配もなくなる。ただし、iCloud側にもiPhoneのライブラリのすべてを保存できる容量が必要だ。無料だと5GBしか利用できないので、よく写真を撮る場合、すぐに容量が不足し追加購入が必要になる。また、写真ライブラリは同期されているため、iCloud上や他のデバイスで写真を削除するとiPhoneからも削除されてしまう(逆も同様)点にも注意が必要だ。

iCloudの容量が気になるなら、「マイフォトストリーム」を利用しよう。iCloudの容量を消費せずに、写真を自動アップロードできる機能だが、30日間の保存期限と最大1,000枚までの保存枚数制限がある。また、動画も保存できない。写真を一旦iCloudに保存し、パソコンなどにコピーしてバックアップする機能として利用しよう。

また、iCloudバックアップで「写真ライブラリ」をバックアップする方法もある。この方法だとバックアップデータの中身を見ることも編集することもできないので、かえって安心感はあるかもしれないが、こちらもiPhoneに保存された写真の容量分だけiCloudの容量を消費することとなる。手間とコストを考慮してバックアップ方法を検討しよう。

SECTION 4

>>> iCloud写真を利用する

1 iCloud写真をオンにする

オンにする

「設定」→「写真」→「iCloud写真」をオンにすれば、すべての写真やビデオがiCloudに保存される。ただしiCloudの空き容量が足りないと機能を有効にできない。

2 端末の容量を節約する設定

「設定」→「写真」→「iPhoneのストレージを最適化」にチェック。「オリジナルをダウンロード」を選択すると、iCloudとiPhoneの両方にオリジナルのデータが保存される

iCloud写真がオンの時、「iPhoneのストレージを最適化」にチェックしておけば、オリジナルの写真はiCloud上に保存して、iPhoneには縮小した写真を保存できる。

3 写真アプリの内容は特に変わらない

iCloud写真をオンにしても、写真アプリの内容が特に変わるわけではない。ただし、同じApple IDを使ったiPadなどでもiCloud写真を有効にした場合は、写真の削除などの変更が同期されるので注意しよう。

>>> マイフォトストリームを利用する

1 マイフォトストリームをオンにする

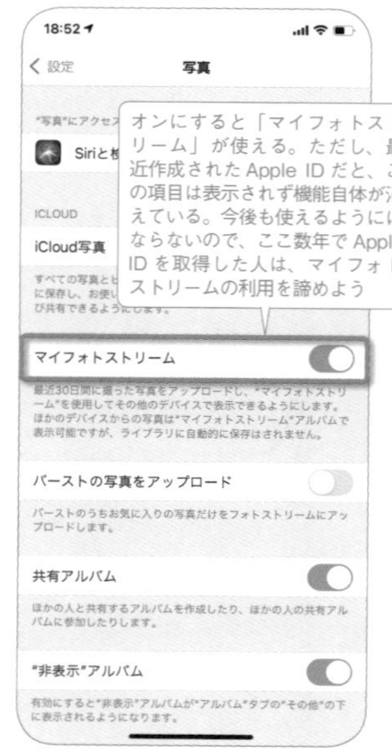

オンにすると「マイフォトストリーム」が使える。ただし、最近作成されたApple IDだと、この項目は表示されず機能自体が消えている。今後も使えるようにはならないので、ここ数年でApple IDを取得した人は、マイフォトストリームの利用を諦めよう

「設定」→「写真」→「マイフォトストリーム」をオンにすれば、iPhoneで撮影した写真がクラウド上に保存されるようになる。iCloudの容量を消費せず完全無料で使えるのがメリットだ。

2 マイフォトストリームの写真を閲覧する

タップして表示。マイフォトストリームを有効にした他のデバイスで撮影した写真も表示される

マイフォトストリームの写真は、写真アプリの「マイフォトストリーム」アルバムで確認できる。ただし保存期間は最大で30日間、保存枚数は1,000枚まで。ビデオは保存されない。

POINT 写真ライブラリでバックアップする

「設定」一番上のApple IDを開き、「iCloud」→「ストレージを管理」→「バックアップ」→「このiPhone」を選択。「写真ライブラリ」をオンにする

iCloud写真がオフの時は、「写真ライブラリ」をオンにして、現時点の端末内の写真やビデオを含めたiCloudバックアップを作成できる。ただこの機能は、どのみちiCloudの容量を消費する上に中身の写真を取り出せないので、写真のバックアップには「iCloud写真」を使ったほうが便利だ。

マスト!

128 撮影したビデオを編集、加工する

動画編集

ビデオにもフィルタなどを適用できる

写真アプリを使えば、iPhoneで撮影したビデオを編集することもできる。No116で解説した写真編集と同様に、露出やハイライトを調整したり、各種フィルタ効果を適用したり、傾きを補正することが可能だ。さらにビデオの場合は、映像の不要部分をカットして抜き出し、上書き保存したり別の動画として新規保存することもできる。編集を加えたりトリミングして上書き保存したビデオは、「編集」→「元に戻す」→「オリジナルに戻す」をタップすればいつでも編集を破棄して元のビデオに戻せるので、安心して加工しよう。

1 ビデオを選択して編集ボタンをタップ

4:21
文京区 - 春日
2020年11月30日 15:06
編集
編集
タップ

写真アプリ内で編集、加工したいビデオを選んでタップ。続けて画面右上の「編集」をタップしよう。ビデオの編集画面に切り替わる。

2 ビデオの不要な部分をカットする

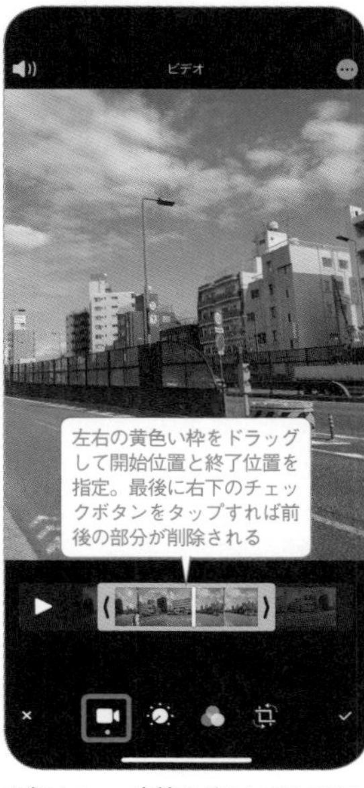
ビデオ
左右の黄色い枠をドラッグして開始位置と終了位置を指定。最後に右下のチェックボタンをタップすれば前後の部分が削除される

下部メニュー左端のボタンでトリミング編集。タイムラインの左右端をドラッグすると表示される黄色い枠で、ビデオを残す範囲を指定しよう。

3 フィルタや傾き補正を適用する

調整
自動
タップして調整やフィルタメニューに切り替える

下部の「調整」「フィルタ」「トリミング」ボタンをタップすると、それぞれのメニューで色合いを調整したり、フィルタや傾き補正を適用できる。

129 指定した写真や動画を非表示にする

写真管理

写真アプリの「ライブラリ」タブや「アルバム」タブの「最近の項目」を開いた時に表示したくない写真は、非表示にすることができる。写真を選択後、共有ボタンをタップし、続けて「非表示」をタップするだけでOK。表示されなくなるだけで、削除されるわけではない。非表示にした写真は、「アルバム」の「非表示」アルバムにまとまっているので、選択して共有メニューで「再表示」をタップすれば、元通り表示されるようになる。

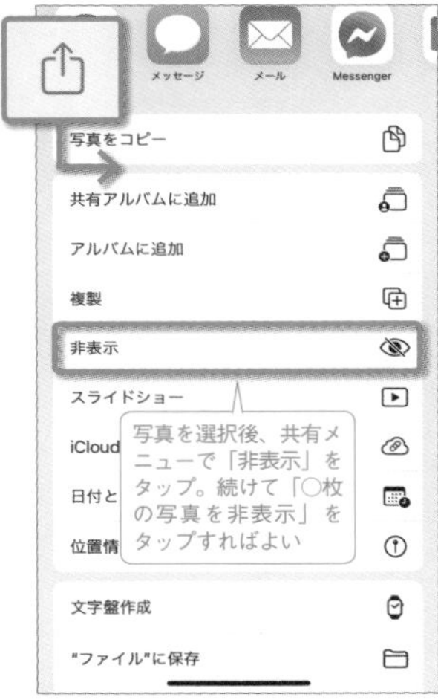
メッセージ
メール
Messenger
写真をコピー
共有アルバムに追加
アルバムに追加
複製
非表示
スライドショー
写真を選択後、共有メニューで「非表示」をタップ。続けて「○枚の写真を非表示」をタップすればよい
文字盤作成
"ファイル"に保存

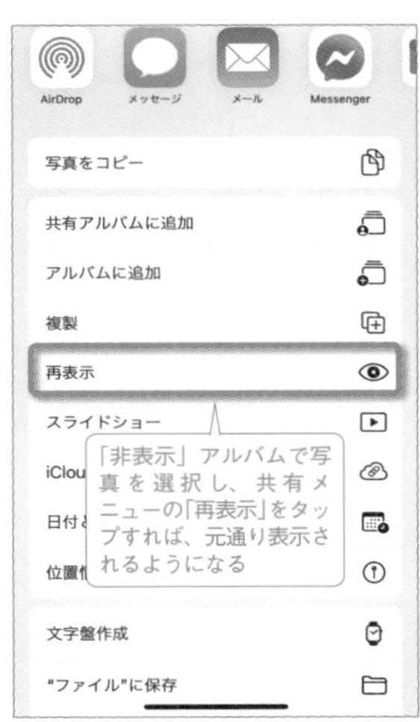
AirDrop
メッセージ
メール
Messenger
写真をコピー
共有アルバムに追加
アルバムに追加
複製
再表示
スライドショー
「非表示」アルバムで写真を選択し、共有メニューの「再表示」をタップすれば、元通り表示されるようになる
文字盤作成
"ファイル"に保存

マスト!

130 削除した写真やビデオを復元する

写真管理

写真アプリで写真やビデオを削除した場合、データはすぐに消されず、しばらくの間「最近削除した項目」アルバム内に残っている。そのため、あとで削除を取り消したいと思った時に復元が可能だ。復元の手順は、まず写真アプリを開き、画面下部で「アルバム」を選択。「最近削除した項目」をタップすると削除した写真やビデオを表示できるので、「選択」して「復元」をタップしよう。なお、削除してから30日間経過すると完全に削除されてしまうので要注意。

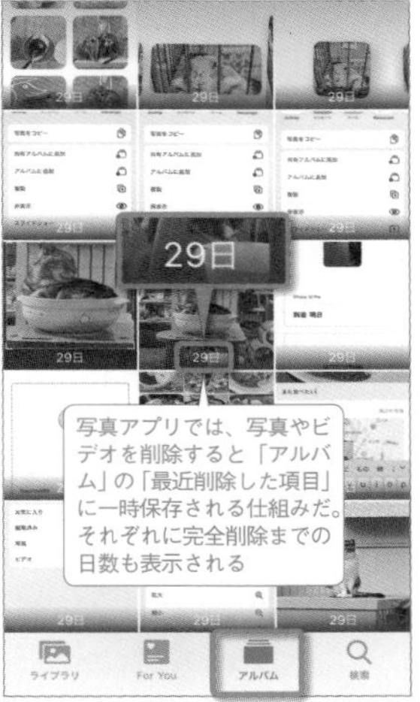
29日
写真アプリでは、写真やビデオを削除すると「アルバム」の「最近削除した項目」に一時保存される仕組みだ。それぞれに完全削除までの日数も表示される
ライブラリ
For You
アルバム
検索

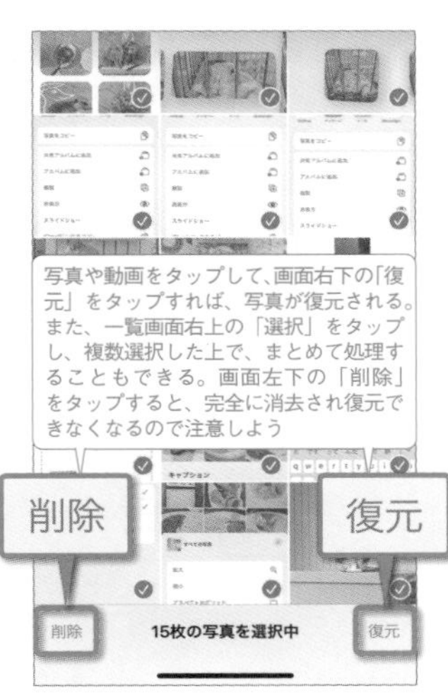
写真や動画をタップして、画面右下の「復元」をタップすれば、写真が復元される。また、一覧画面右上の「選択」をタップし、複数選択した上で、まとめて処理することもできる。画面左下の「削除」をタップすると、完全に消去され復元できなくなるので注意しよう
削除
復元
削除
15枚の写真を選択中
復元

マスト!

131 ミュージック 数百万曲聴き放題のApple Musicを利用する

月額980円で約7,500万曲が聴き放題になる

月額980円で国内外の約7,500万曲が聴き放題になる、Appleの定額音楽配信サービス「Apple Music」。簡単な利用登録を行うだけで、Apple Musicの膨大な楽曲をミュージックアプリで楽しめるようになる。毎月CDを最低1枚でも買うような音楽好きなら、必須とも言えるお得なサービスだ。Apple Musicの楽曲は、ストリーミング再生できるだけでなく、端末にダウンロード保存も可能。解約するまではCDから取り込んだ曲やiTunes Storeで購入した曲と同じように扱うことができる。ただし、曲を端末内にダウンロードするには、「設定」→「ミュージック」→「ライブラリを同期」(No132で解説)をオンにする必要があるので、あらかじめ設定しておこう。また、ストリーミングやダウンロードにモバイルデータ通信を利用するかどうかも、最初に設定しておきたい。

Apple Musicは、スタンダードな月額980円の「個人」プランに加え、ファミリー共有機能で家族メンバー6人まで利用できる月額1,480円の「ファミリー」、学割で月額480円で利用できる「学生」など、複数のプランが用意されている。なお、初回登録時のみ3ヶ月間無料で利用することが可能だ。ただし、無料期間が過ぎると自動更新で課金が開始されるので注意しておこう。右で自動更新の停止方法も解説しているので、こちらもチェックしておくこと。

>>> Apple Musicに登録してみよう

1 Apple Musicに登録する

ミュージック
モバイルデータ通信
Apple Musicを表示
Apple Musicに登録
Apple Musicに登録する場合は、「設定」→「ミュージック」画面を表示。「Apple Musicを表示」を有効にした状態で「Apple Musicに登録」をタップしよう
イコライザ
音量を自動調整
ダウンロード済み
モバイル通信経由でダウンロード

まずは「設定」→「ミュージック」画面でApple Musicに登録しておこう。初回登録時は3ヶ月無料で利用することができる。

2 契約するプランを選択する

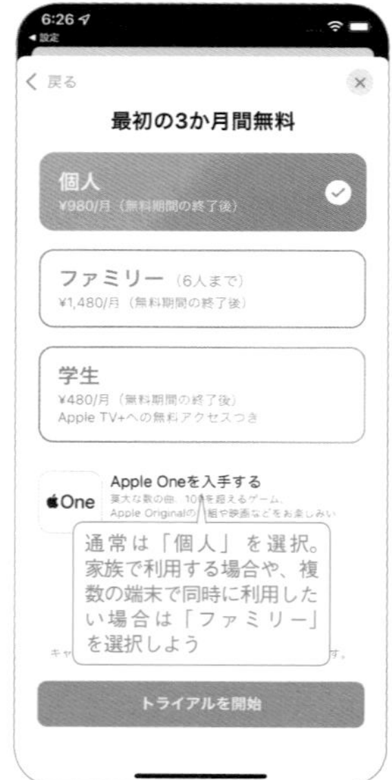
最初の3か月間無料
個人
¥980/月
ファミリー (6人まで)
¥1,480/月
学生
¥480/月
Apple Oneを入手する
通常は「個人」を選択。家族で利用する場合や、複数の端末で同時に利用したい場合は「ファミリー」を選択しよう
トライアルを開始

「すべてのプランを表示」をタップしてプランを選択。月額980円の「個人」、ファミリー共有機能で6人まで利用できる「ファミリー」、在学証明が必要な「学生」などのプランがある。

3 Apple Musicを楽しもう

女王蜂 (Apple Music)
キャンセル
Apple Music
ライブラリ
Apple Musicに登録したら、ミュージックアプリの下部メニューで「検索」画面を開き、上部の検索欄をタップ。「Apple Music」を選んで気になるアーティストでキーワード検索してみよう。曲をタップすれば再生が始まる
火炎
BL
HALF
検索
My landscape

>>> Apple Musicを使う上で知っておきたい操作

1 モバイルデータ通信でも再生する

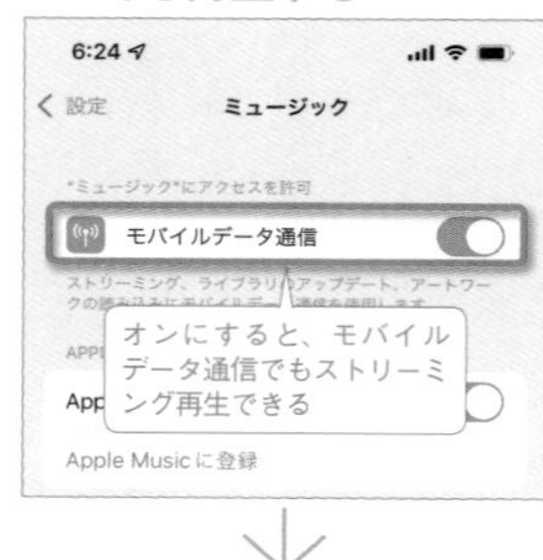
ミュージック
モバイルデータ通信
オンにすると、モバイルデータ通信でもストリーミング再生できる
Apple Musicに登録

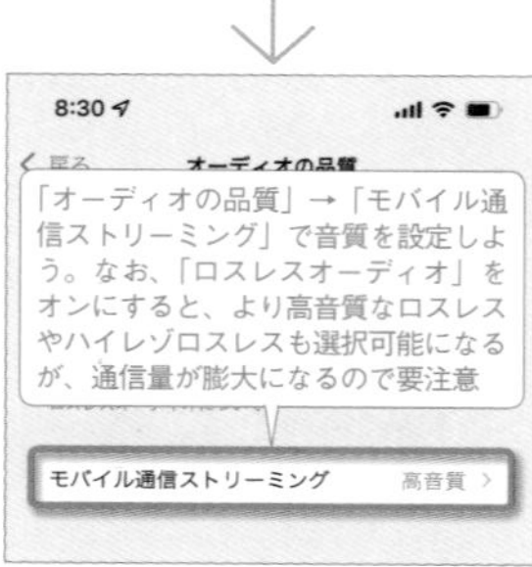
オーディオの品質
「オーディオの品質」→「モバイル通信ストリーミング」で音質を設定しよう。なお、「ロスレスオーディオ」をオンにすると、より高音質なロスレスやハイレゾロスレスも選択可能になるが、通信量が膨大になるので要注意
モバイル通信ストリーミング 高音質

モバイルデータ通信でもストリーミング再生したい場合は、「設定」→「ミュージック」→「モバイルデータ通信」をオンにしておこう。また「オーディオの品質」→「モバイル通信ストリーミング」で音質を設定できる。

2 端末内に楽曲をダウンロードする

「+」でアルバムをライブラリに追加できる(曲単位は「…」→「ライブラリに追加」をタップ)。ライブラリ追加後はダウンロードボタンに変わり、タップして端末内にダウンロードが可能。ただし、事前に「設定」→「ミュージック」→「ライブラリを同期」のスイッチをオンにする必要がある。できるだけWi-Fi接続時にダウンロードしておこう。

POINT Apple Musicの自動更新をオフにする

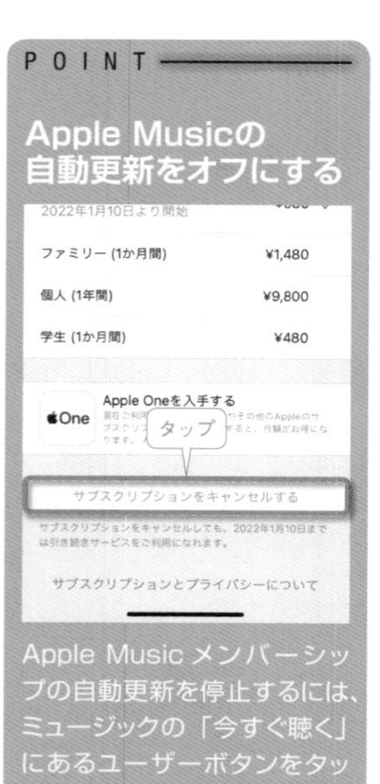
ファミリー (1か月間) ¥1,480
個人 (1年間) ¥9,800
学生 (1か月間) ¥480
Apple Oneを入手する
タップ
サブスクリプションをキャンセルする
サブスクリプションとプライバシーについて

Apple Musicメンバーシップの自動更新を停止するには、ミュージックの「今すぐ聴く」にあるユーザーボタンをタップし、「サブスクリプションの管理」→「サブスクリプションをキャンセルする」をタップ。試用期間後に自動更新で課金したくないなら、この操作でキャンセルしておこう。

SECTION 4

132 「ライブラリを同期」を利用する

マスト!

音楽管理

パソコンと接続して同期する作業が一切不要になる

「ライブラリを同期」とは、Apple Music に付随するサービスで、パソコンのミュージックライブラリにある全音楽およびプレイリストを、iCloud 経由で他端末と同期できる機能だ。簡単に言えば、従来パソコンとiPhone を接続して音楽を同期していた作業が、クラウド経由で自動同期が可能になったということ。ただし、Apple Music を解約すると iCloud 上の曲がすべて消えるので、元の曲ファイルは削除しないように注意しよう。なお、曲をアップロードしても個人の iCloud ストレージ容量は消費されない。

1 Apple Musicに登録する

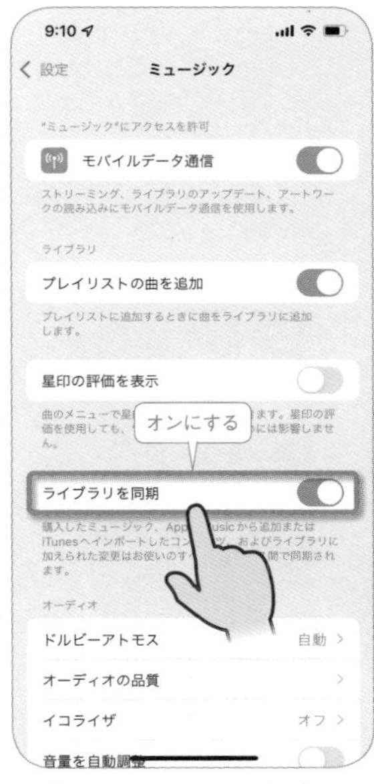

オンにする
ライブラリを同期

まずは Apple Music に登録（No131参照）しておき、「設定」→「ミュージック」→「ライブラリを同期」を有効にしよう。

2 iTunesでライブラリをアップロード

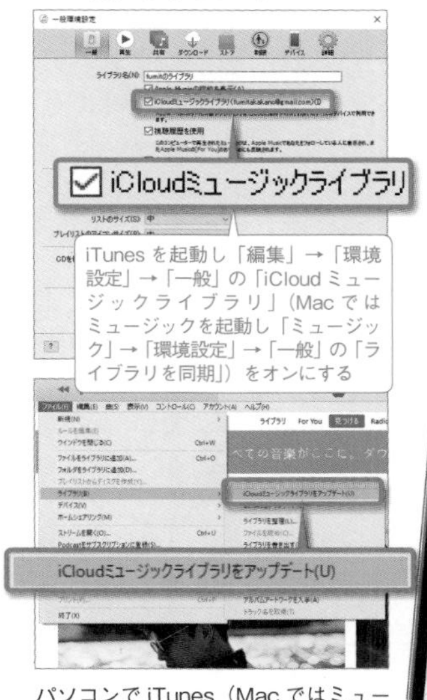

iCloudミュージックライブラリ
iTunes を起動し「編集」→「環境設定」→「一般」の「iCloud ミュージックライブラリ」（Mac ではミュージックを起動し「ミュージック」→「環境設定」→「一般」の「ライブラリを同期」）をオンにする
iCloudミュージックライブラリをアップデート(U)

パソコンで iTunes（Mac ではミュージック）を起動し、iCloud ミュージックライブラリをオンする。あとは「ファイル」→「ライブラリ」→「iCloud ミュージックライブラリをアップデート」を実行すれば、現在のライブラリがすべてアップロードされる。

3 「ミュージック」で再生できるように

プレイリスト
最近再生した項目
最近追加した項目
トップ 25
トップレート
ミュージックビデオ
同期された曲やプレイリストはすべてストリーミング再生が可能だ。曲やアルバムごとクラウドボタンをタップすれば、端末内にダウンロード保存することもできる

133 Apple Musicを使わずライブラリを同期する

ミュージック

No132 で解説したように、Apple Music の「ライブラリを同期」機能を利用すれば、CD から取り込んだ曲などパソコンの音楽ライブラリを、すべてクラウド上にアップして iPhone で再生できる。ただこれは、Apple Music に付随するサービス。定額聴き放題は特に必要ない人は、「iTunes Match」という別のサービスを使おう。「ライブラリを同期」で手持ちの曲をクラウド上にアップロードする機能のみを、年額3,980 円で利用できる。

パソコンで iTunes を起動して「ストア」（Mac はミュージックアプリを起動して、サイドバーの「iTunes Store」）を開き、一番下の「特集」メニューにある「iTunes Match」をクリックして登録を済ませる。続けて「このコンピュータを追加」をクリックすれば、ライブラリがアップロードされる
iTunes Match

ライブラリを同期
iTunes Match でアップロードした曲を iPhone で同期して再生するには、Apple Music の場合と同様に、「設定」→「ミュージック」→「ライブラリを同期」をオンにすればよい

134 ミュージックの「最近追加した項目」をもっと表示する

マスト!

ミュージック

ミュージックアプリで、最近追加したアルバムやプレイリストを探したい時に便利なのが、「ライブラリ」画面にある「最近追加した項目」リストだ。ただこのリストでは、最大で 60 項目までしか履歴が残らない。もっと前に追加したアルバムを探したい場合は、「ライブラリ」→「アルバム」を開いて、右上の「並べ替え」をタップし、「最近追加した項目順」にチェックしよう。すべてのアルバムが新しく追加した順に表示されるようになる。

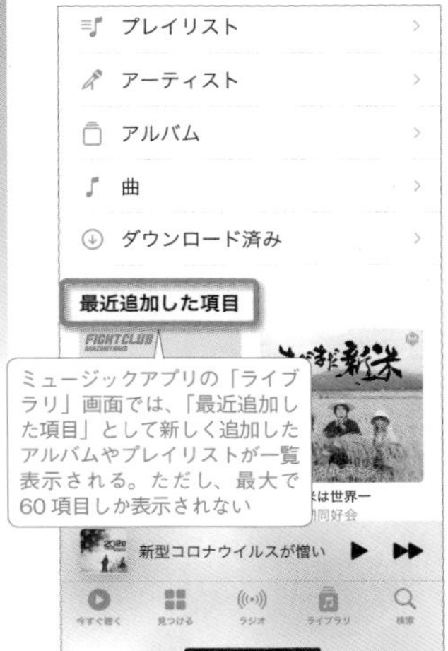

プレイリスト
アーティスト
アルバム
曲
ダウンロード済み
最近追加した項目
ミュージックアプリの「ライブラリ」画面では、「最近追加した項目」として新しく追加したアルバムやプレイリストが一覧表示される。ただし、最大で 60 項目しか表示されない

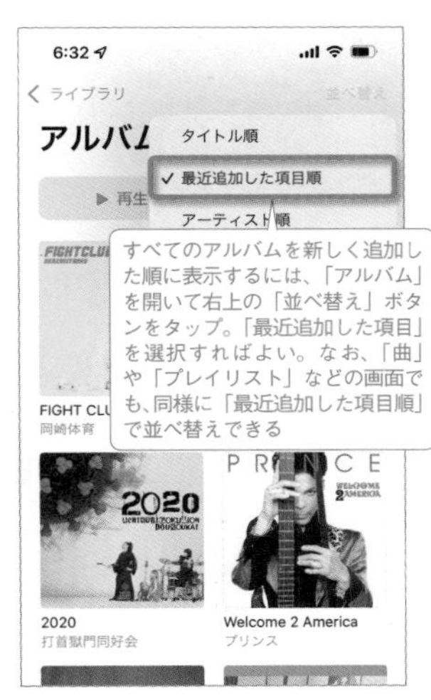

アルバム
タイトル順
✓ 最近追加した項目順
アーティスト順
すべてのアルバムを新しく追加した順に表示するには、「アルバム」を開いて右上の「並べ替え」ボタンをタップ。「最近追加した項目」を選択すればよい。なお、「曲」や「プレイリスト」などの画面でも、同様に「最近追加した項目順」で並べ替えできる

135 iPhone内のすべての曲をシャッフル再生

ミュージック

ミュージックアプリのライブラリ画面で「アルバム」や「曲」をタップし、上部に表示された「シャッフル」ボタンをタップすると、ライブラリに追加されているすべての曲を対象にシャッフル再生を利用できる。現在再生中のアルバムやプレイリストをシャッフル再生したいなら、画面下のプレイヤー部をタップして再生画面を開き、右下にある三本線ボタンをタップしよう。プレイリスト画面に切り替わり、シャッフルボタンとリピートボタンが表示される。

ライブラリの「アルバム」や「曲」をタップし、上部に表示された「シャッフル」ボタンをタップすれば、ライブラリ内のすべて曲を対象にシャッフル再生できる

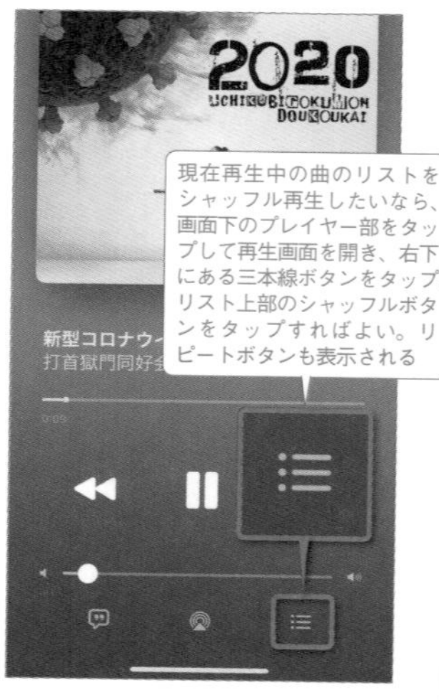

現在再生中の曲のリストをシャッフル再生したいなら、画面下のプレイヤー部をタップして再生画面を開き、右下にある三本線ボタンをタップ。リスト上部のシャッフルボタンをタップすればよい。リピートボタンも表示される

136 タイマー終了時に音楽や動画を停止する

タイマー

標準アプリの「時計」を使うと、ミュージックアプリなどの再生をタイマーでオフにすることができる。まずは時計を起動し、「タイマー」画面の「タイマー終了時」をタップしよう。画面の一番下に「再生停止」という項目があるので、チェックを付けて「設定」をタップ。あとは寝る前にタイマーを開始して音楽を流しながら眠れば、セットした時間後に再生が自動停止するようになる。音楽や動画を再生するほとんどのアプリを対象に利用できる機能だ。

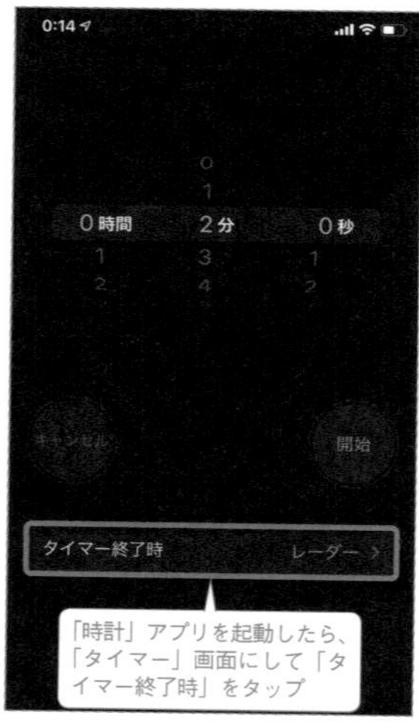

「時計」アプリを起動したら、「タイマー」画面にして「タイマー終了時」をタップ

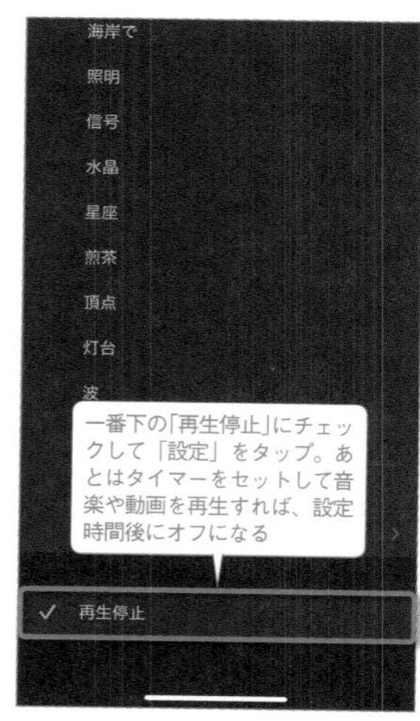

一番下の「再生停止」にチェックして「設定」をタップ。あとはタイマーをセットして音楽や動画を再生すれば、設定時間後にオフになる

SECTION 4

137 歌詞をタップして聴きたい箇所へジャンプ

ミュージック

ミュージックアプリでは、歌詞が設定された曲を再生すると、再生に合わせて歌詞をハイライト表示できる。また、歌詞をスクロールして、聴きたい箇所をタップすると、その位置にジャンプして再生することが可能だ。歌詞を表示するには、下部のプレイヤー部をタップして再生画面を開き、左下の吹き出しボタンをタップすればよい。なお、歌詞の全文を表示したい時は、再生画面の「…」→「歌詞をすべて表示」をタップする。

プレイヤー部をタップして再生画面を開こう。歌詞表示に対応した曲は、左下の吹き出しボタンが有効になっているので、これをタップ

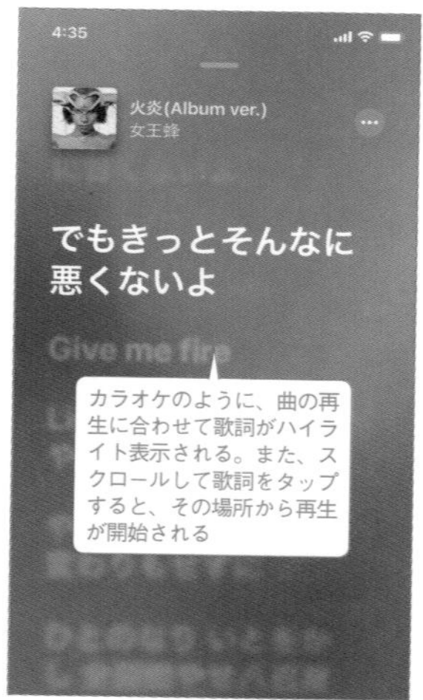

カラオケのように、曲の再生に合わせて歌詞がハイライト表示される。また、スクロールして歌詞をタップすると、その場所から再生が開始される

138 気に入った歌詞の一節を共有する

ミュージック

Apple Musicに登録していれば、曲の歌詞を簡単に共有できる。Apple Musicで曲を検索して「…」→「歌詞を共有」をタップするか、再生中の曲の歌詞をロングタップしよう。共有画面が表示されたら、共有したい歌詞のフレーズをタップして選択し、共有に使うアプリや相手を選択する。歌詞はメッセージアプリで共有できるほか、InstagramやFacebookのストーリーズで投稿することも可能だ。共有できる歌詞は最大150文字までとなっている。

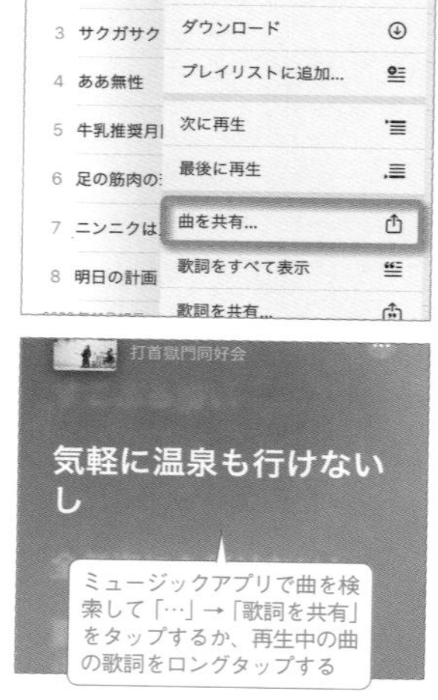

ミュージックアプリで曲を検索して「…」→「歌詞を共有」をタップするか、再生中の曲の歌詞をロングタップする

共有したい歌詞のフレーズをタップして選択し、メッセージで送るか、InstagramやFacebookのストーリーズで投稿する

139 歌詞の一節から曲を探し出す

ミュージック

ミュージックアプリでApple Musicの曲を検索する際は、アーティスト名や曲名だけでなく、歌詞の一部を入力してもよい。曲の歌い出しやサビなど、歌詞の一部さえ覚えていれば、目的の曲を探し出せる。カバー曲や、オマージュで歌詞の一部が使われている曲の、元ネタを探したい時などにも便利。ただし、Apple Musicのすべての曲を検索できるわけではなく、歌詞が登録されている曲のみが検索対象となる。

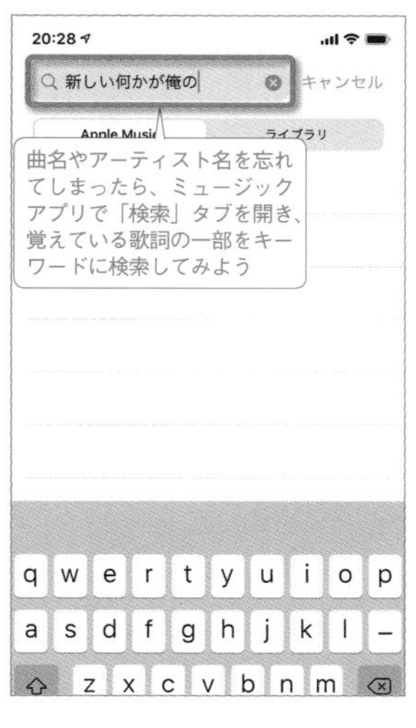

新しい何かが俺の
キャンセル
曲名やアーティスト名を忘れてしまったら、ミュージックアプリで「検索」タブを開き、覚えている歌詞の一部をキーワードに検索してみよう

新しい何かが俺の
キャンセル
上位の検索結果
アルバム
曲
プレイリスト
スパーク
歌詞: "新しい何かが俺の中で目…
SPARK (Remastered)
そのフレーズを歌詞に含む曲が表示される。「歌詞：○○○○」と表示されているものが、歌詞でヒットした楽曲になる
SPARK
曲・THE YELLOW MONKEY
SPARK from THE YELLOW MO...

140 発売前の新作もライブラリに登録しておこう

マスト!

ミュージック

Apple Musicには、今後リリースされる新作もあらかじめ登録されていることが多い。好きなアーティストが新作の情報を解禁したら、まずはApple Musicで検索してみよう。作品がヒットしたら、「＋」ボタンをタップしてライブラリに先行追加しておきたい。リリース日になったら、通知されライブラリのトップに表示される。また、先行配信曲が追加された際も、ライブラリのトップに現れるので、いち早くチェックしたいなら必ず先行追加しておこう。

アーティストインタビュー
すべて見る
まもなくリリース
すべて見る
「見つける」タブにある、「まもなくリリース」欄で、近日配信予定の注目作品をチェックすることもできる。「まもなくリリース」の「すべて見る」をタップして一覧表示しよう

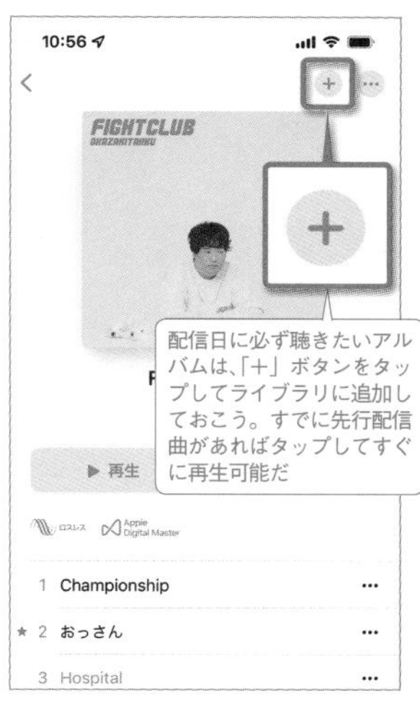

配信日に必ず聴きたいアルバムは、「＋」ボタンをタップしてライブラリに追加しておこう。すでに先行配信曲があればタップしてすぐに再生可能だ
Championship
おっさん
Hospital

141 聴き逃した番組も後から聴けるラジオアプリ

ラジオ

「radiko」は国内で放送されているラジオ番組をネット経由で聴取できるアプリだ。放送中の番組のリアルタイム聴取はもちろん、過去1週間に放送された番組の再生も可能なため、深夜ラジオを通勤中に楽しむこともできる。

App

radiko
作者／radiko Co.,Ltd.
価格／無料

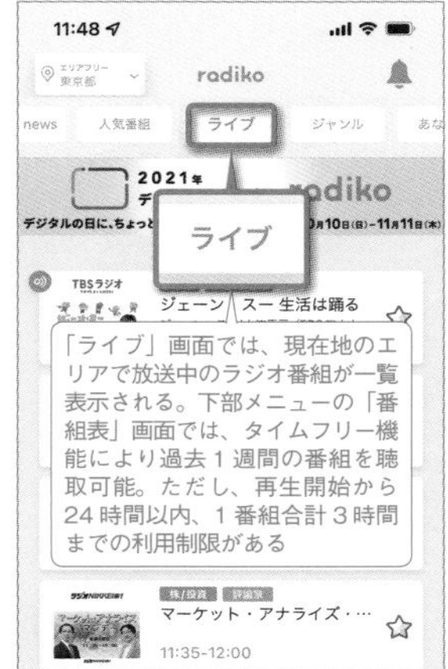

radiko
ライブ
「ライブ」画面では、現在地のエリアで放送中のラジオ番組が一覧表示される。下部メニューの「番組表」画面では、タイムフリー機能により過去1週間の番組を聴取可能。ただし、再生開始から24時間以内、1番組合計3時間までの利用制限がある
マーケット・アナライズ・…

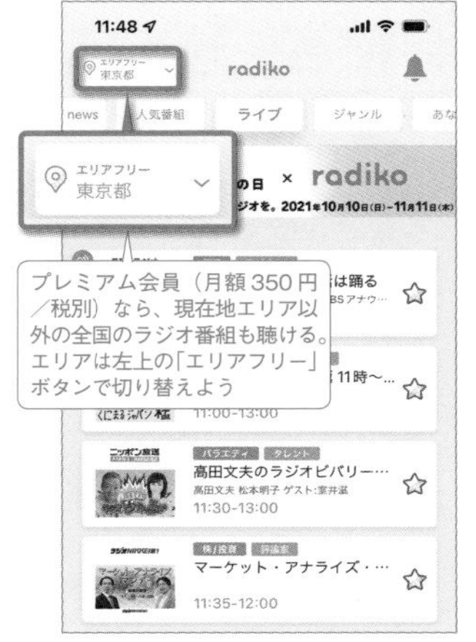

radiko
エリアフリー 東京都
プレミアム会員（月額350円／税別）なら、現在地エリア以外の全国のラジオ番組も聴ける。エリアは左上の「エリアフリー」ボタンで切り替えよう
高田文夫のラジオビバリー…
マーケット・アナライズ・…

142 無料で聴き放題の音楽配信サービス

音楽配信

7,000万曲以上の音楽が聴き放題となる音楽配信サービス「Spotify」。無料でもすべての楽曲にアクセスできるのが魅力だ。ただし、無料会員の場合は、必ずアーティスト単位かアルバム単位でのシャッフル再生となり、音声CMも挿入される。

App

Spotify
作者／Spotify Ltd.
価格／無料

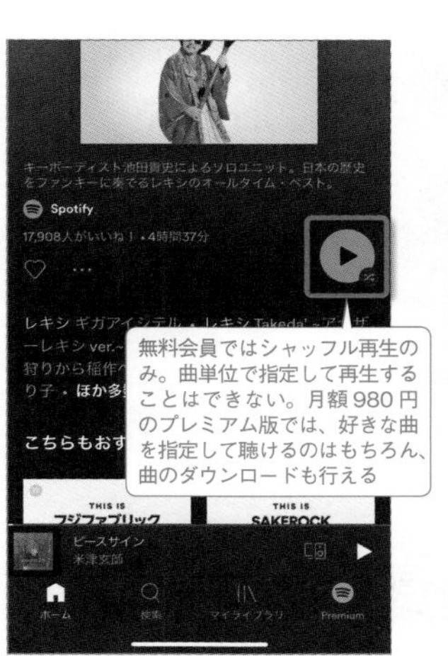

無料会員ではシャッフル再生のみ。曲単位で指定して再生することはできない。月額980円のプレミアム版では、好きな曲を指定して聴けるのはもちろん、曲のダウンロードも行える

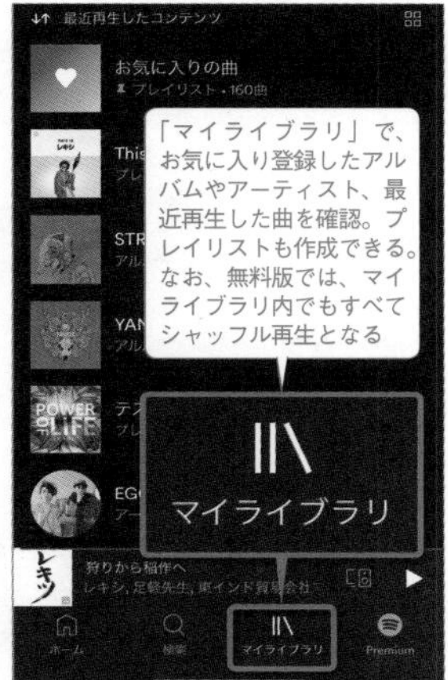

最近再生したコンテンツ
お気に入りの曲
「マイライブラリ」で、お気に入り登録したアルバムやアーティスト、最近再生した曲を確認。プレイリストも作成できる。なお、無料版では、マイライブラリ内でもすべてシャッフル再生となる
マイライブラリ

写真・音楽・動画

マスト!

143 YouTubeでシークやスキップを利用する

動画共有

YouTubeで動画を楽しむ際、目的のシーンを選んだり少し飛ばして再生したいことは多い。YouTube公式アプリなら、動画のシークやスキップも画面のスライドやダブルタップでスムーズに操作できる。

App

YouTube
作者／Google, Inc.
価格／無料

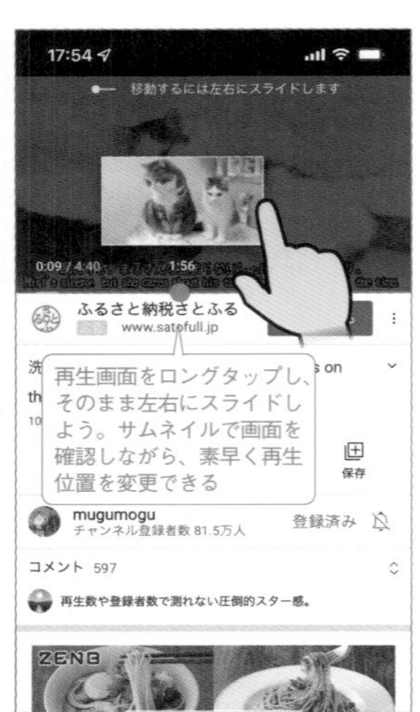

再生画面をロングタップし、そのまま左右にスライドしよう。サムネイルで画面を確認しながら、素早く再生位置を変更できる

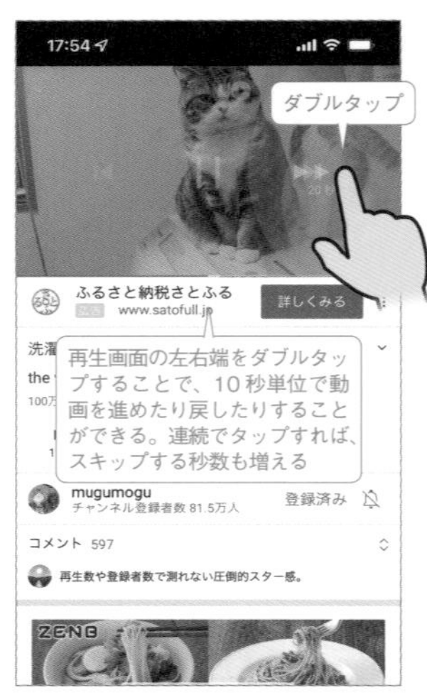

ダブルタップ
再生画面の左右端をダブルタップすることで、10秒単位で動画を進めたり戻したりすることができる。連続でタップすれば、スキップする秒数も増える

144 YouTubeの再生オプションを設定する

YouTube

YouTubeアプリで視聴中の動画を繰り返し再生したい場合は、画面を一度タップしてメニューを表示させ、右上のオプション（3つのドット）ボタンをタップ。表示されたメニューから「動画のループ再生」をタップしてオンにすればよい。またメニューから「再生速度」をタップすると、動画の再生速度を0.25倍速〜2倍速から選択できる。語学学習ビデオを繰り返し見たり、レッスンビデオをスローでじっくり再生したいときなどに利用しよう。

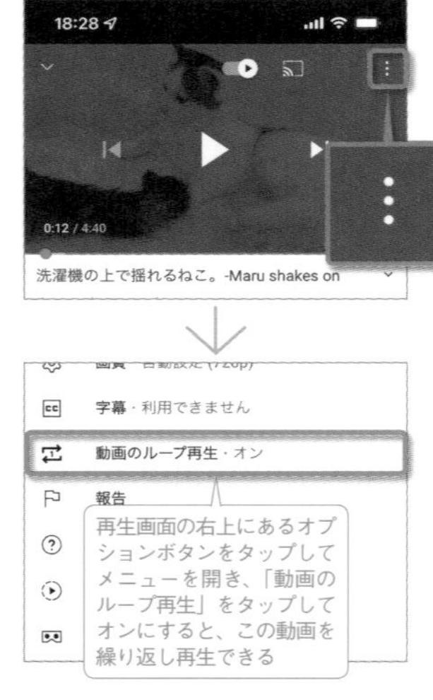

字幕・利用できません
動画のループ再生・オン
報告
再生画面の右上にあるオプションボタンをタップしてメニューを開き、「動画のループ再生」をタップしてオンにすると、この動画を繰り返し再生できる

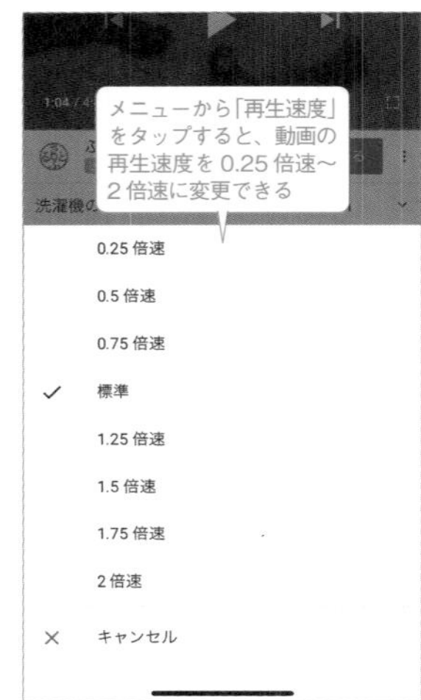

メニューから「再生速度」をタップすると、動画の再生速度を0.25倍速〜2倍速に変更できる
0.25倍速
0.5倍速
0.75倍速
標準
1.25倍速
1.5倍速
1.75倍速
2倍速
キャンセル

SECTION 4

145 YouTubeで見せたいシーンを共有する

YouTube

クリップ機能で動画の一部を抜き出す

YouTubeの動画を友人に紹介したい時は、見せたいシーンだけ再生されるクリップ機能を使おう。原稿執筆時点では一部クリエイターの動画でしか使えないが、5〜60秒のシーンを抜き出して、ループ再生する動画を作成し共有できる。ただし共有したリンクから動画を再生すると、クリップを作成した自分のアカウント名も表示されてしまう。アカウントを知られたくないなら、動画のURLの末尾に「?t=（秒数）」を追加すれば、その秒数から再生されるリンクになるので、これをメールなどで送ればよい。

1 クリップボタンをタップする

タップ
クリップ

一部のクリエイターの動画は、一部のシーンを抜き出して共有できるクリップ機能に対応する。メニューから「クリップ」ボタンをタップしよう。

2 クリップする範囲を選択して共有

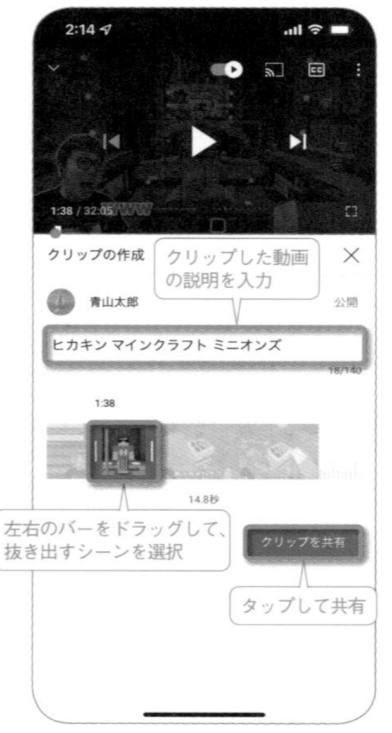

クリップの作成
クリップした動画の説明を入力
ヒカキン マインクラフト ミニオンズ
左右のバーをドラッグして、抜き出すシーンを選択
クリップを共有
タップして共有

青いバーで囲まれた範囲が、抜き出してループ再生する箇所になる。ドラッグして範囲を選択したら、説明を入力して、「クリップを共有」をタップ。メールやLINEなどで相手に送ればよい。

POINT

再生を開始する時間を指定する

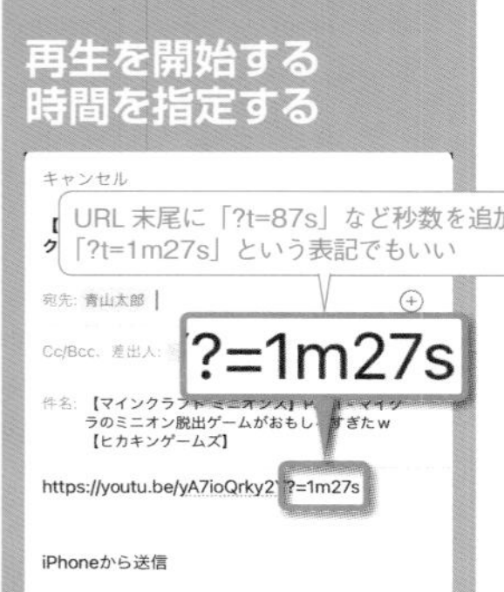

URL末尾に「?t=87s」など秒数を追加。「?t=1m27s」という表記でもいい
?=1m27s
https://youtu.be/yA7ioQrky2?t=1m27s
iPhoneから送信

自分のアカウントを知られずに、見せたいシーンを知らせるには、指定した秒数から再生が開始されるリンクを作成しよう。各動画の「共有」→「Email」などをタップすると、動画URLが入力された状態でメール作成画面が開くので、URLの末尾に「?t=（秒数）」を追記して送ればいい。相手はリンクをタップすると指定時間から再生できる。

SECTION

5

仕事効率化

iPhoneをビジネスツールの主力に組み込んでいるユーザーも数多い。ここではベストなカレンダーやクラウド、オフィスアプリを利用した仕事効率化テクニックを紹介。仕事もiPhoneでスマートにこなしていこう。

SoftBank
21:11
10月24日 日曜日

マスト!

146 カレンダー スケジュールはGoogleカレンダーをベースに管理しよう

Googleカレンダーとの同期設定を行っておこう

iPhoneでスケジュールを管理したい場合、Googleカレンダーをベースにして管理するのがおすすめ。多くのカレンダーアプリはGoogleカレンダーとの同期に標準対応しているため、スケジュール管理のベースはGoogleカレンダーで行い、予定のチェックや入力などのインターフェイスは自分の使いやすいカレンダーアプリを採用する、といった運用方法がベスト。パソコンとの同期がスムーズな点もメリットだ。まずは「設定」→「カレンダー」→「アカウント」でGoogleアカウントとの同期設定を行おう。これで標準のカレンダーアプリがGoogleカレンダーと同期される。

1 標準カレンダーやGoogleと同期する

アカウントを追加
iCloud
Microsoft Exchange
タップ
Google
yahoo!
Aol.
Outlook.com
その他

Googleカレンダーと同期するには、「設定」→「カレンダー」→「アカウント」→「アカウントを追加」をタップ。「Google」からGoogleアカウントを追加しておこう。

2 カレンダーを同期する

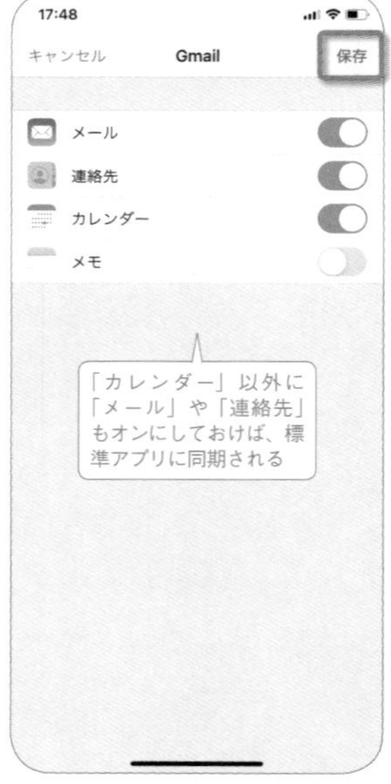

キャンセル
Gmail
保存
メール
連絡先
カレンダー
メモ
「カレンダー」以外に「メール」や「連絡先」もオンにしておけば、標準アプリに同期される

Googleアカウントの認証を済ませると上の画面が表示される。同期したいサービスをオンにして「保存」をタップしよう。これでGoogleカレンダーとの同期設定は完了だ。

3 カレンダーの表示を切り替える

カレンダー
完了
Contacts
softwarename@gmail.com
ファミリー
プライベート
プロジェクト1
プロジェクト2
日本の祝日

標準カレンダーアプリを起動して、画面下の「カレンダー」をタップ。同期されているGoogleカレンダーが表示されるので、表示したいカレンダーにチェックを入れておこう。スケジュールのデータ自体はGoogleカレンダーに保存されているので、カレンダーアプリはいつでも好きなものに変更できる

SECTION 5

マスト!

147 カレンダー 仕事とプライベートなど複数のカレンダーを作成する

Googleカレンダーでは、目的別に複数のカレンダーを作っておくことができる。たとえば、仕事の予定のみを書き込んだ「仕事」カレンダーと、プライベートな予定のみを書き込んだ「個人」カレンダーを作成し、それぞれの予定を色分けで見やすくする、といった使い方が可能だ。ただし、カレンダーの新規作成や削除などの作業は、カレンダーアプリからは行えない。パソコンのWebブラウザでGoogleカレンダーにアクセスして設定しよう。

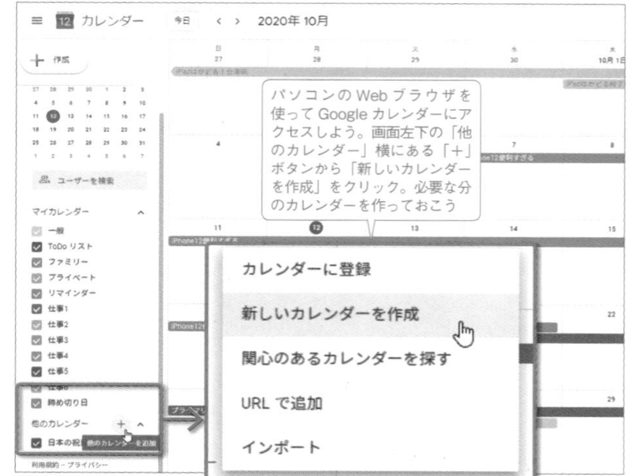

カレンダー
2020年 10月
マイカレンダー
他のカレンダー
カレンダーに登録
新しいカレンダーを作成
関心のあるカレンダーを探す
URLで追加
インポート

パソコンのWebブラウザを使ってGoogleカレンダーにアクセスしよう。画面左下の「他のカレンダー」横にある「+」ボタンから「新しいカレンダーを作成」をクリック。必要な分のカレンダーを作っておこう

148 カレンダー カレンダーを家族や友人、仕事仲間と共有する

Googleカレンダーは、ほかのユーザーと共有することが可能だ。まずはパソコンのブラウザでGoogleカレンダーにアクセスして、画面右上の歯車ボタンをクリック。「設定」から設定画面を開こう。画面左端の一覧から共有したいカレンダーを選択し、右画面で「特定のユーザーとの共有」の項目を表示。「ユーザーを追加」ボタンで、共有したいユーザーのメールアドレスと権限を設定して招待すれば、カレンダーがそのユーザーと共有される。

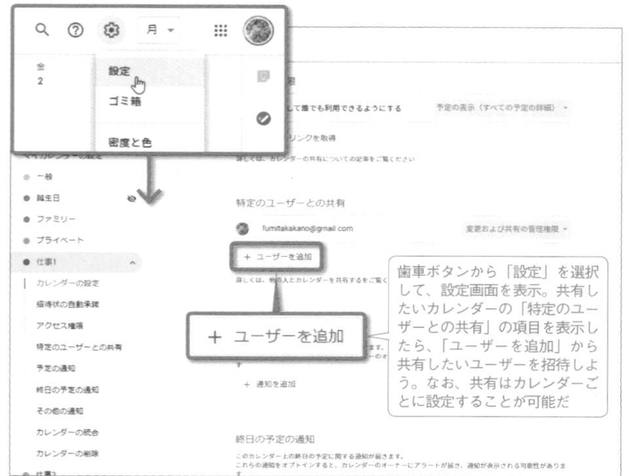

設定
ゴミ箱
密度と色
特定のユーザーとの共有
+ ユーザーを追加

歯車ボタンから「設定」を選択して、設定画面を表示。共有したいカレンダーの「特定のユーザーとの共有」の項目を表示したら、「ユーザーを追加」から共有したいユーザーを招待しよう。なお、共有はカレンダーごとに設定することが可能だ

マスト!

149 カレンダー 月表示でもイベントが表示されるおすすめカレンダー

標準カレンダーでは物足りないというユーザーにおすすめ

iOSの標準カレンダーアプリはシンプルで使いやすいが、デメリットもある。たとえば、月表示モードでは、いちいち日付をタップしないとその日のイベントが確認できない。そのため、1ヶ月の予定をひと目でチェックしたい人という人には不向きだ。そこでおすすめしたいのがカレンダーアプリ「Staccal 2」。月表示モードでも予定の件名が表示され、ロングタップすると時間や場所もポップアップで確認できるので、ひと月のスケジュールが一目瞭然だ。また、予定を追加する際は、「10/15 13:00 打ち合わせ」といったようにテキストベースで入力できるのも特徴。慣れるとスピーディに日時とイベント内容を入力できる。その他、「2週おきに月と火は13時から会議」といった繰り返しも柔軟に設定できるほか、日程が不規則な予定は件名と時間だけテンプレートに登録しておくと、素早く呼び出して入力できるようになっている。標準カレンダーとシームレスに同期するので、移行作業もスムーズ。あらかじめiOSの「設定」にある「カレンダー」→「アカウント」で、同期したいカレンダーサービスを設定しておけば（No146参照）、Googleカレンダーなどの外部カレンダーサービスとも同期できる。

App

Staccal 2
作者／gnddesign.com
価格／490円

>>> Staccal 2の基本的な使い方と便利な機能

1 月表示モードでも詳細な予定が分かる

2021 OCT
予定をロングタップすると時間や場所を確認できる
打ち合わせ
16:00 - 18:00
カレンダーの表示モードを変更する

アプリを起動したら、アクセス許可などを済ませて標準カレンダーと同期しよう。月表示モードでは予定名が分かるほか、ロングタップすると時間や場所も表示されて情報量が多い。下部メニューで表示モードを変更できる。

2 テキスト入力で予定を作成できる

タップ
2021 OCT
イベント
リマインダー
仕事
10/20 15:00-16:00 打ち合わせ
詳細を編集
イベントの日時や時間はテキストで記入する。テキスト入力が苦手な場合は、「詳細を編集」をタップした編集画面で入力しよう

イベントを追加したい場合は、画面右上の「＋」をタップ。イベントを登録するカレンダーを選択し、日時や内容をテキストで記入しよう。イベントを登録したい日のマスをダブルタップしてもよい。

3 予定の繰り返しを柔軟に設定する

戻る
繰り返し
なし
毎日
毎週
毎月
毎年
繰り返し期限
なし
次の間隔で繰り返す
2週おき
曜日
月,火,水,木,金

「詳細を編集」→「繰り返し」をタップすると、予定の繰り返しを設定できる。「2週おきに月から金まで」「毎月最初の月曜日」など、繰り返し日程を柔軟に設定することが可能だ。

4 テンプレートや履歴から入力する

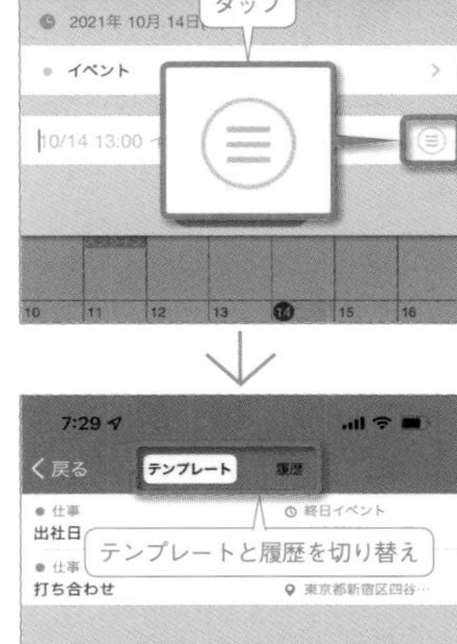

イベント
タップ
10/14 13:00
テンプレート
履歴
出社日
打ち合わせ
テンプレートと履歴を切り替え

予定の件名入力欄右にある三本線ボタンをタップすると、テンプレートや履歴から予定を素早く入力できる。テンプレートは画面右下の設定ボタンから「テンプレート」→「編集」で追加しておける。

5 通知バッジに日付を表示する

アプリケーションバッジ・通知
バッジタイプ
今日の日付
アラーム音
ベル1
Staccal 2の通知がオフだと表示されないので、「設定」→「通知」からオンにしておこう
Staccal

画面右下の設定ボタンをタップして「アプリケーションバッジ・通知」を選択。バッジタイプを「今日の日付」にすると、アプリアイコンの右上に日付がバッジ表示されるようになる。

POINT

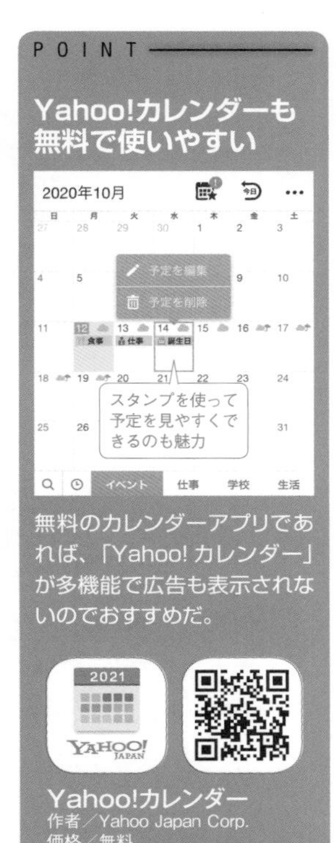

Yahoo!カレンダーも無料で使いやすい
2020年10月
予定を編集
予定を削除
スタンプを使って予定を見やすくできるのも魅力
イベント
仕事
学校
生活

無料のカレンダーアプリであれば、「Yahoo! カレンダー」が多機能で広告も表示されないのでおすすめだ。

Yahoo!カレンダー
作者／Yahoo Japan Corp.
価格／無料

150 メモ 独自のウィジェット用にカレンダーアプリを導入する

ウィジェットが便利なカレンダーも入れておこう

iPhoneでは、普段のスケジュール管理に使うカレンダーアプリとは別に、便利なウィジェットを使うためだけに他のカレンダーアプリをインストールしておく使い方もおすすめだ。たとえば「シンプルカレンダー」なら、2ヶ月カレンダーのウィジェットが用意されている。ホーム画面に2ヶ月分のカレンダーが大きく表示されるので、翌月の予定も立てやすい。

App

シンプルカレンダー
作者／Komorebi Inc.
価格／無料

1 「Sカレンダー」をタップ

ウィジェットを検索
タップ
Spotify
Sカレンダー
TV
カレンダー
カレンダー
ショートカット
スクリーンタイム
ドライブ
ニュース

ホーム画面の空いたスペースをロングタップし、左上の「+」をタップ。ウィジェットの追加画面になるので、アプリ一覧から「Sカレンダー」を探してタップしよう。

2 2ヶ月カレンダーを選択する

Sカレンダー
カレンダー
カレンダーを表示します。
タップ
ウィジェットを追加

いくつかのウィジェットから選択できるが、中サイズで2ヶ月分のカレンダーを表示してくれるウィジェットが見やすくて便利だ。選択したら「ウィジェットを追加」をタップする。

3 2ヶ月カレンダーが配置された

ホーム画面を開けば、2ヶ月分のカレンダーをいつでも確認できるようになった

SECTION 5

151 ZOOM iPhoneでビデオ会議に参加する

マスト!

ZOOMを使ってオンライン会議を行ってみよう

テレワークが普及してきた昨今、「ZOOM Cloud Meetings(以下、ZOOM)」を使ったビデオ会議が一般化してきた。ここでは、ZOOMでミーティングを開始する方法やミーティングに参加する方法など、基本的な操作を紹介。なお、無料ライセンスで3人以上のグループミーティングをホストする場合、40分までの制限時間がある(1対1の場合は無制限)。

App

ZOOM Cloud Meetings
作者／Zoom
価格／無料

1 ミーティングをホストとして開始する

ホーム
新規ミーティング
参加
スケジュール
画面の共有
タップ
キャンセル ミーティングの開始
ビデオ オン
個人ミーティング ID (PMI) の使用
ミーティングの開始
タップ

ZOOMで今すぐミーティングを主催したい場合は、「新規ミーティング」→「ミーティングの開始」をタップしよう。すると、自分がホスト役となってミーティングが開始される。

2 ホスト側で他のメンバーを招待する

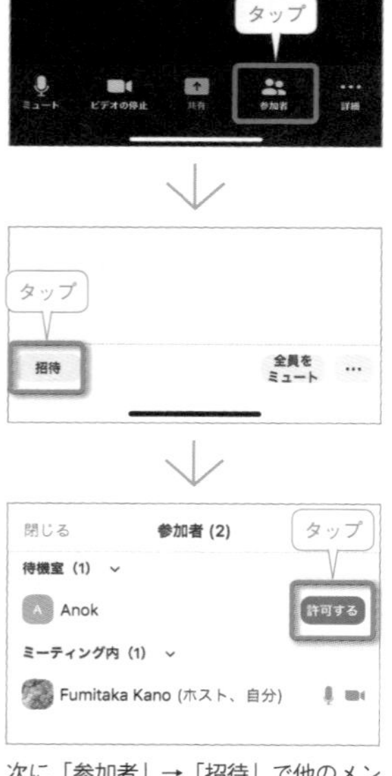
タップ
参加者
タップ
招待
全員をミュート
閉じる
参加者 (2)
タップ
待機室 (1)
許可する
ミーティング内 (1)

次に「参加者」→「招待」で他のメンバーに招待用URLを送信して招待しよう。他のメンバーが招待用URLから参加した場合、ホストが許可することで参加できる。

3 ミーティングに参加する側の操作

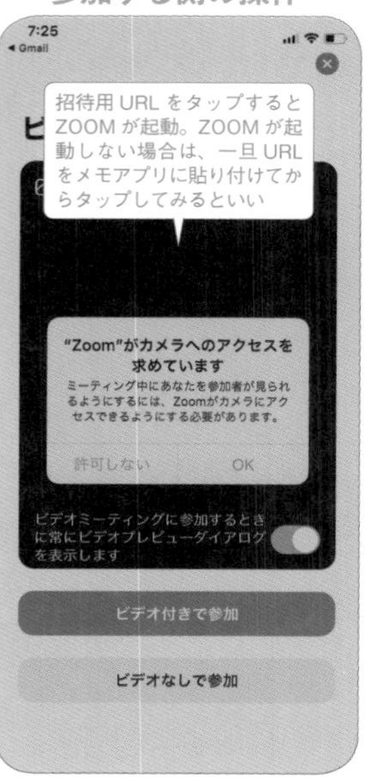
招待用URLをタップするとZOOMが起動。ZOOMが起動しない場合は、一旦URLをメモアプリに貼り付けてからタップしてみるといい
"Zoom"がカメラへのアクセスを求めています
許可しない
OK
ビデオ付きで参加
ビデオなしで参加

ミーティングに参加する側は、ホストから送られた招待用URLをタップ。ZOOMが起動したら「ビデオ付きで参加」や「ビデオなしで参加」をタップして参加しよう。

152 入力済みの文章を再変換する

文字入力

iOSでは、メモアプリなどで入力済みのテキストを範囲選択した場合、キーボード上部に再変換候補が表示される。この機能を利用すれば、たとえば「記者」と変換するつもりが「汽車」と間違えて変換してしまったテキストを手軽に修正することが可能だ。いちいち文字を入力し直すよりも再変換したほうがスピーディなので覚えておこう。なお、「ニコニコ」や「がっかり」などと入力されたテキストを、対応する絵文字に再変換することもできる。

再変換したい単語をタップして、範囲選択する
変換候補が表示されるので、変換し直したいものを選択しよう
「ニコニコ」や「おにぎり」、「ライオン」といったテキストから絵文字への再変換も行える

マスト!

153 文章をドラッグ&ドロップで移動させる

文字入力

メモやメールアプリでテキストを入力していると、文章の一部を別の場所に移動させたくなる場合がある。通常の操作方法であれば、テキストをロングタップしてメニューで「選択」を選び、範囲選択して「カット」後、移動したい場所をロングタップして「ペースト」を行う、という面倒な手順が必要だ。しかし、実はもっと簡単な方法がある。テキストを範囲選択したあと、そのまま移動したい場所にドラッグ&ドロップするだけだ。以下を参考に試してみよう。

まずは移動したいテキスト部分を範囲選択し、選択範囲をロングタップしよう

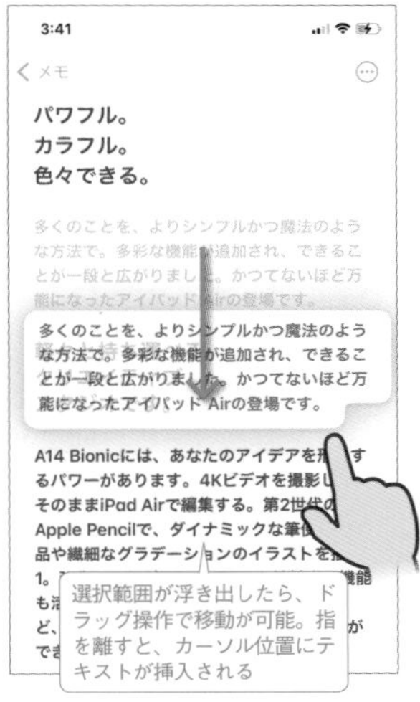

選択範囲が浮き出したら、ドラッグ操作で移動が可能。指を離すと、カーソル位置にテキストが挿入される

154 さらに進化した標準メモアプリの注目新機能

iOS15

メモ

タグ付けやアクティビティ表示が可能

iOS 15では、標準のメモアプリにいくつか新機能が追加されている。まず、メモ中に「#資料」や「#買い物」など「#」に続けて文字を書き込むと、その文字がタグとして認識され、同じジャンルのメモをタグ一覧から素早く探し出せるようになっている。また、複数メンバーで同じメモを共同編集する際には、共有中のユーザーの変更履歴がアクティビティとして分かりやすく表示されるようになったほか、「@」に続けてユーザーの名前を入力すると相手に通知が届き、特定の人とコミュニケーションしやすくなる機能も追加された。

1 メモにタグを付けて整理する

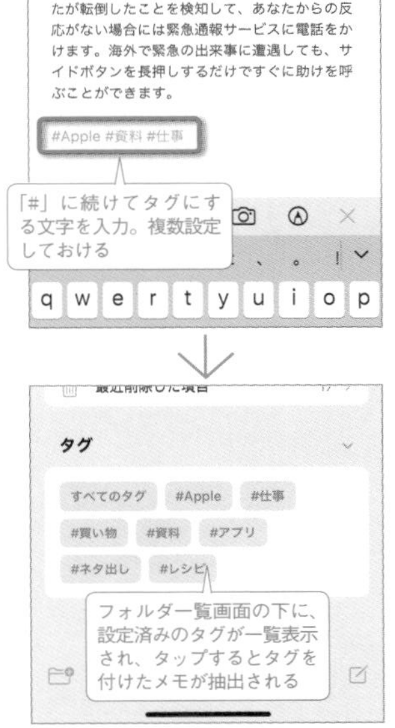

「#」に続けてタグにする文字を入力。複数設定しておける
フォルダー覧画面の下に、設定済みのタグが一覧表示され、タップするとタグを付けたメモが抽出される

メモ中に「#資料」や「#買い物」などと書き込むと、文字色が黄色くなり、タグとして自動認識される。1つのメモに複数のタグを付けるには、スペースやカンマで区切ればよい。

2 共有メモの変更履歴を確認

タップ
すべてのアクティビティを表示
ハイライトを表示
タップすると変更点をハイライト表示できる

他のユーザーと共有中のメモでは、上部の共有ボタンをタップし、続けて「すべてのアクティビティを表示」をタップすると、他のユーザーがいつどこを変更したか履歴(アクティビティ)を確認できる。

3 共有ユーザーにメッセージを伝える

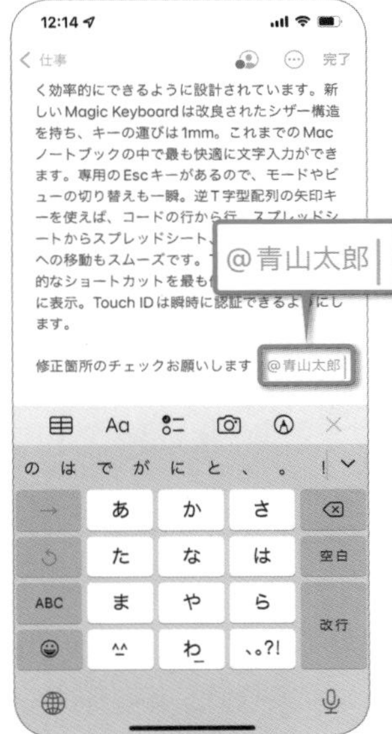

@青山太郎

共同編集中に、特定のユーザーにメッセージを伝えたい時は、メッセージを入力したあとに「@」で相手の名前を入力すればよい。その相手には通知が届き、アクティビティ表示でも確認できる。

155 ホワイトボード 複数人で同時に書き込めるホワイトボードアプリ

同じ画面を見て情報を視覚的に共有できる

これまで会議室のホワイトボードに書き出して視覚的に共有していたような情報は、オンラインミーティングだと伝えるのが意外と難しい。そこで利用したいのが、複数人で同じ画面に書き込めるホワイトボードアプリだ。「Microsoft Whiteboard」なら、手書きだけでなく、テキスト入力やメモの追加、Word文書の挿入なども可能だ。

App

Microsoft Whiteboard
作者／Microsoft Corporation
価格／無料

1 共有リンクをコピーして相手に送信する

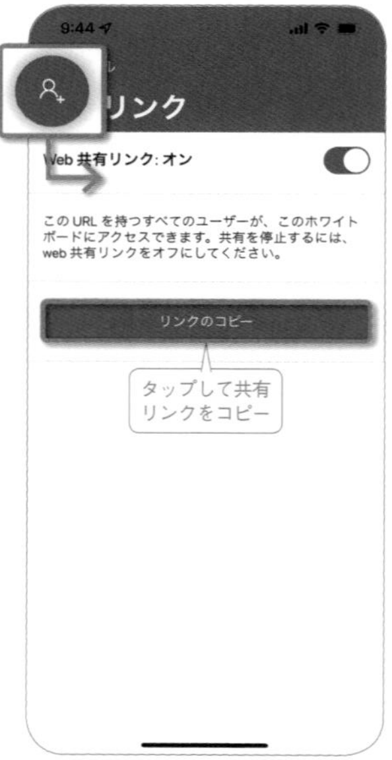

リンク
Web 共有リンク: オン
この URL を持つすべてのユーザーが、このホワイトボードにアクセスできます。共有を停止するには、web 共有リンクをオフにしてください。
リンクのコピー
タップして共有リンクをコピー

ホワイトボード画面を開いたら、上部の共有ボタンをタップし、「Web共有リンク」のスイッチをオン。続けて「リンクのコピー」をタップし、コピーしたリンクを共有したい相手に送信する。

2 同じホワイトボードに書き込みできる

・新機能
・メモ、文章作成
・文字入力
・オフィス文書
・PDF
・クラウド
・自動化
・スケジュール
・メール
・その他
iOS ／ iPadOS 以外に、Windows 10 や Android（企業や学校のみ、個人でも利用可の予定）でも利用でき、Web ブラウザ（企業や学校のみ）からも使えるなど、幅広いユーザー同士で画面を共有できる

共有リンクからアクセスしたすべてのユーザーが、同じ画面に書き込める。ペンツールで手書き入力できるほか、テキストやメモ、画像なども挿入できる。

3 会議内容に合ったテンプレートを使う

テンプレート (プレビュー)
ブレーンストーミング
チームメイトと一緒に新しいアイデアを生み出します。
かんばん
チームのスプリントの状態を確認します。
新しいアイデアを生み出すための「ブレーンストーミング」や、進行状況を確認しやすい「かんばん」などから選択しよう

下部メニューの「＋」ボタンから「テンプレート」をタップすると、利用シーンに合わせて書き込みやすいテンプレートを選択できる。

SECTION 5

156 メモ メモと音声を紐付けできる議事録に最適なノートアプリ

会議の様子を録音しながらメモができる

「Notability」は、録音機能が搭載されたメモアプリだ。面白いのは録音しながらテキストや手書きでメモを作成すると、録音とメモが紐付けされるという点。音声再生時には、メモを書いている様子がアニメーションで再生される。会議やセミナーの議事録、取材やインタビューの録音メモなど、録音しながらメモを取りたいといったニーズにぴったりのアプリだ。

App

Notability
作者／Ginger Labs
価格／無料

1 録音しながらメモしてみよう

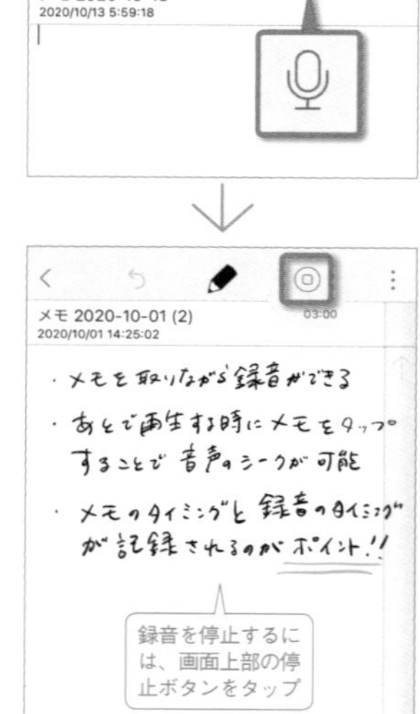

メモ 2020-10-13
2020/10/13 5:59:18
メモ 2020-10-01 (2)
2020/10/01 14:25:02
録音を停止するには、画面上部の停止ボタンをタップ

音声を録音したいときは、メモ画面の上部にあるマイクボタンをタップ。あとは、録音しながらテキストや手書きなどでメモを取っていこう。

2 録音した音声とメモを再生する

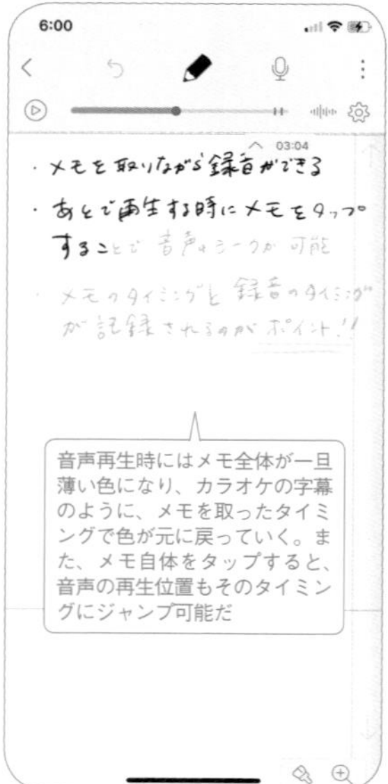

音声再生時にはメモ全体が一旦薄い色になり、カラオケの字幕のように、メモを取ったタイミングで色が元に戻っていく。また、メモ自体をタップすると、音声の再生位置もそのタイミングにジャンプ可能だ

音声を再生するには、マイクボタンの下にある「V」をタップしよう。表示された再生ボタンを押せば、音声が再生され、同時にメモもアニメーション表示される。

3 再生スピードの変更も可能

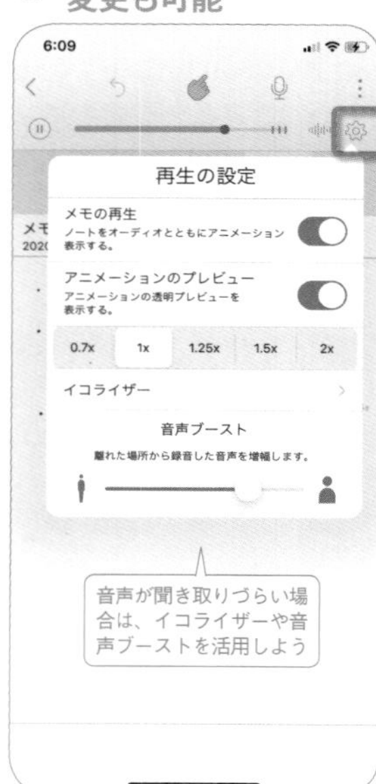

再生の設定
メモの再生
アニメーションのプレビュー
0.7x
1x
1.25x
1.5x
2x
イコライザー
音声ブースト
音声が聞き取りづらい場合は、イコライザーや音声ブーストを活用しよう

音声再生中に歯車ボタンをタップすると、再生の設定が行える。ここからアニメーションのオン／オフ、再生速度、イコライザー（音質）、音声ブーストなどを設定できる。

157 Handoff iPhoneで作成中のメールや書類をiPadで作業再開する

別のiOS端末で作業を引き継げるHandoff機能

「Handoff」とは、同じApple IDを設定している端末同士で使用中のアプリの状態を同期するという機能だ。たとえば、iPhoneのメールアプリでメールを作成しているとき、iPadに持ち替えて作業を再開するといったことがシームレスに行えるようになる。iPhoneで作業途中のアプリは、iPadのドック右側に表示される。なお、本機能を利用するには、双方の端末が同じApple IDでiCloudにサインインし、Handoff機能とBluetooth、Wi-Fiがオンになっていることが前提。アプリ自体もHandoff機能に対応している必要がある。

1 Handoff機能をオンにしておく

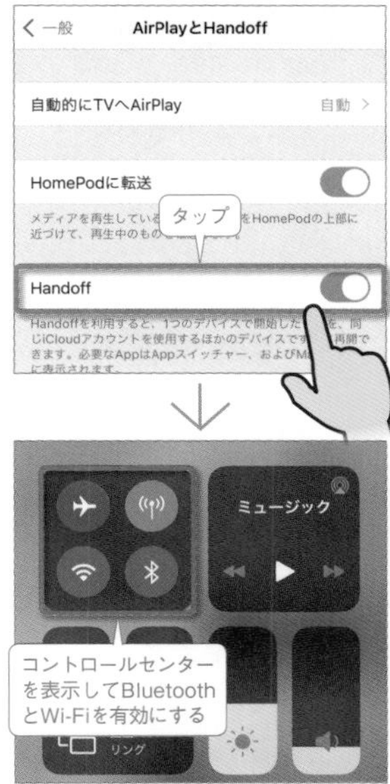

く一般
AirPlayとHandoff
自動的にTVへAirPlay
自動
HomePodに転送
タップ
Handoff
ミュージック
コントロールセンターを表示してBluetoothとWi-Fiを有効にする

双方の端末で「設定」→「一般」→「AirPlayとHandoff」にあるHandoff機能をオンにしておく。BluetoothとWi-Fiも有効にしよう。

2 iPhone側のアプリで作業を行う

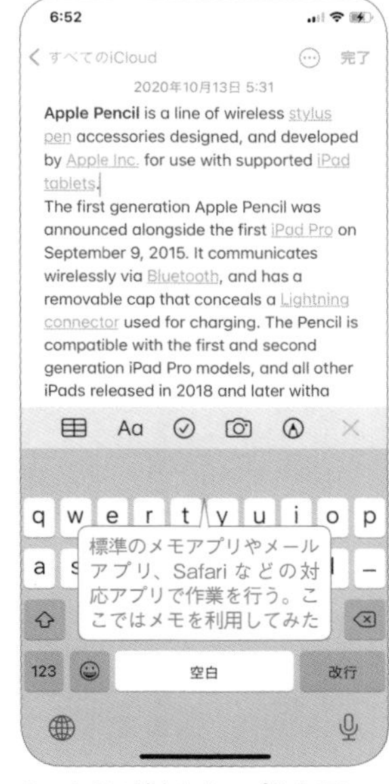

6:52
すべてのiCloud
完了
2020年10月13日 5:31
Apple Pencil is a line of wireless stylus pen accessories designed, and developed by Apple Inc. for use with supported iPad tablets.
The first generation Apple Pencil was announced alongside the first iPad Pro on September 9, 2015. It communicates wirelessly via Bluetooth, and has a removable cap that conceals a Lightning connector used for charging. The Pencil is compatible with the first and second generation iPad Pro models, and all other iPads released in 2018 and later witha
標準のメモアプリやメールアプリ、Safariなどの対応アプリで作業を行う。ここではメモを利用してみた
空白
改行

Handoffに対応したアプリをiPhone側で起動する。標準のメモアプリやメールアプリ、Safari、マップアプリなどが対応している。

3 iPadで作業を引き継ぐ

iPadのドックに表示される、Handoffマーク付きのアプリをタップして作業を引き継ぐ。逆にiPadからiPhoneへ引き継ぐ場合は、iPhoneのAppスイッチャー画面の下に作業中アプリのバナーが表示されるので、タップして起動しよう

iPadのドック右側にiPhoneで作業中のアプリが表示され、アイコン右上にHandoffのマークも表示される。タップして起動し、作業を引き継ごう。

仕事効率化

マスト!

158 クラウドストレージ パソコンとのデータのやりとりに最適なクラウドストレージサービス

iPhoneやパソコンで最新のファイルを同期する

パソコンのデータをiPhoneに転送したり、iPhone内のファイルをパソコンへコピーしたりする場合、毎回パソコンと接続して同期するのは面倒だ。そこで活用したいのが、定番のクラウドストレージサービス「Dropbox」。Dropbox上に各種ファイルを保存しておけば、iPadやMacだけでなく、AndroidやWindowsといったすべてのデバイス上から同じデータにアクセスが可能だ。

App

Dropbox
作者／Dropbox
価格／無料

1 同期されているファイル一覧を確認

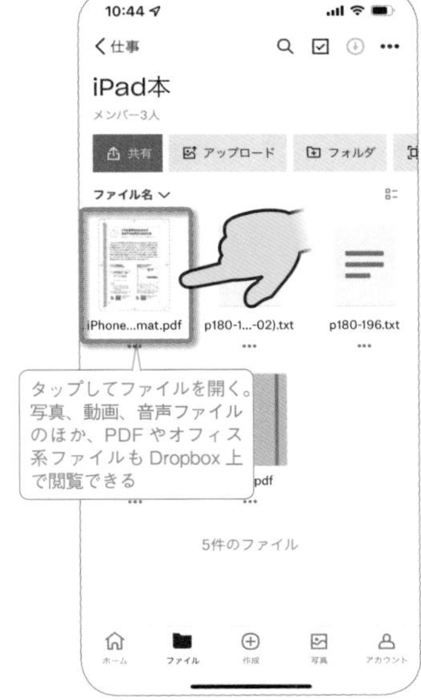

10:44
く仕事
iPad本
メンバー3人
共有
アップロード
フォルダ
ファイル名
iPhone...mat.pdf
p180-1...-02).txt
p180-196.txt
タップしてファイルを開く。写真、動画、音声ファイルのほか、PDFやオフィス系ファイルもDropbox上で閲覧できる
5件のファイル
ホーム
ファイル
作成
写真
アカウント

画面下部の「ファイル」をタップすると、Dropboxで同期されているファイル一覧が表示される。ファイル名をタップすれば閲覧が可能だ。

2 ファイルアプリからアップロードする

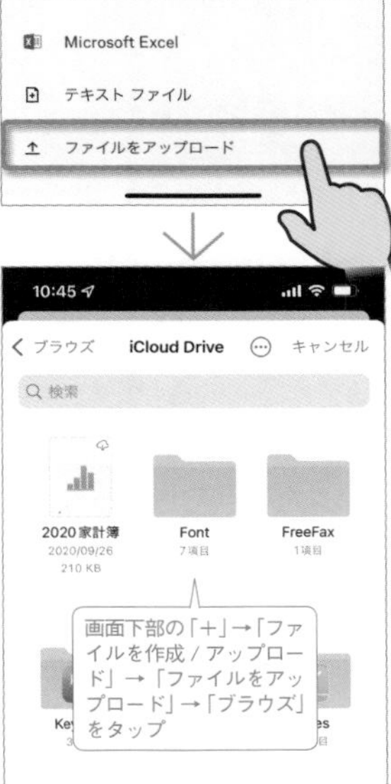

Microsoft Excel
テキストファイル
ファイルをアップロード
10:45
ブラウズ
iCloud Drive
キャンセル
検索
2020家計簿
Font
FreeFax
画面下部の「+」→「ファイルを作成/アップロード」→「ファイルをアップロード」→「ブラウズ」をタップ

iPhoneからDropbox上にファイルをアップロードすることも可能。標準の「ファイル」アプリを経由するので、iCloud上のファイルも参照できる。

3 他のユーザーにファイルを受け渡す

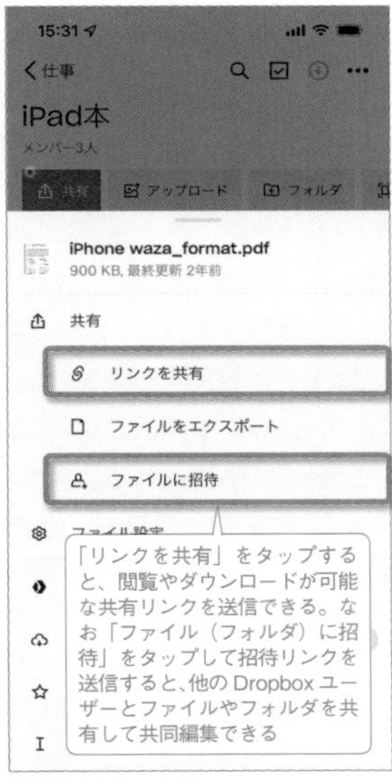

15:31
く仕事
iPad本
メンバー3人
iPhone waza_format.pdf
900 KB, 最終更新 2年前
共有
リンクを共有
ファイルをエクスポート
ファイルに招待
「リンクを共有」をタップすると、閲覧やダウンロードが可能な共有リンクを送信できる。なお「ファイル（フォルダ）に招待」をタップして招待リンクを送信すると、他のDropboxユーザーとファイルやフォルダを共有して共同編集できる

ファイルやフォルダの「…」→「共有」→「リンクを共有」をタップし、メールなどで共有リンクを送信すると、相手はDropboxにログインしなくてもファイルの閲覧やダウンロードを行える。

159 クラウドストレージ パソコンのデータにいつでもアクセスできるようにする

Dropboxでデスクトップなどを自動同期する

No158で紹介した「Dropbox」には、パソコンのデスクトップやドキュメント、ダウンロードフォルダを自動的にアップロードする、「パソコンのバックアップ」機能が用意されている。たとえば仕事の書類をデスクトップに保存しているなら、パソコンのデスクトップ上のフォルダやファイルが丸ごと自動同期されるので、特に意識しなくても会社で作成した書類をiPhoneでも扱えるようになる。ただ、Dropboxは無料プランだと2GBしか使えない。デスクトップには進行中の書類だけ置くか、思い切って2TBまで使える有料プランに加入しよう。

1 バックアップの設定をクリック

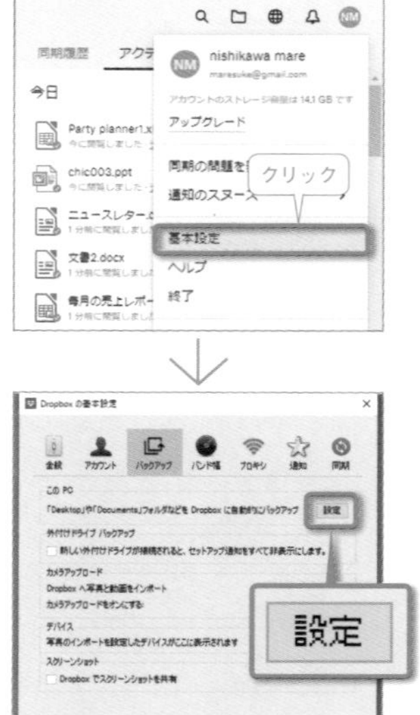

クリック
基本設定
設定

システムトレイのDropboxアイコンをクリックし、右上のユーザーボタンで開いたメニューから「基本設定」をクリック。「バックアップ」タブの「このPC」欄にある「設定」ボタンをクリックしよう。

2 バックアップフォルダを作成する

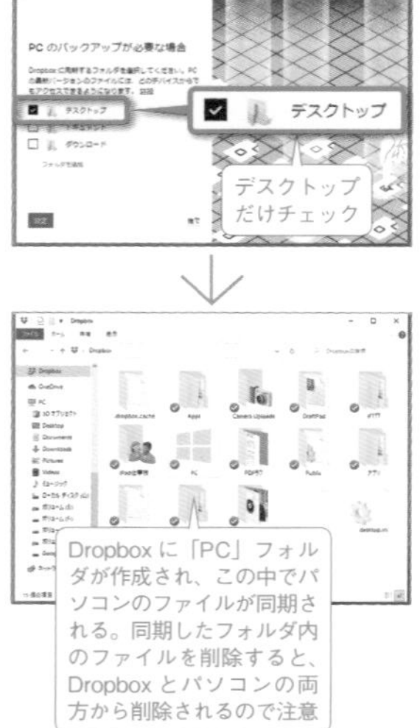

デスクトップ
デスクトップだけチェック
DropboxにPCフォルダが作成され、この中でパソコンのファイルが同期される。同期したフォルダ内のファイルを削除すると、Dropboxとパソコンの両方から削除されるので注意

Dropboxで自動同期するフォルダを選択する。仕事の書類をデスクトップのフォルダで整理しているなら、「デスクトップ」だけチェックを入れて「設定」をクリックし、指示に従って設定を進めよう。

3 iPhoneからパソコンのフォルダを開く

ファイル
Dropbox の全コンテンツを検索
アップロード
フォルダ
スキャン
Apps
Camer...ploads
DraftPad
IFTTT
iPad仕事技
PC
iPhoneでは、Dropboxアプリを起動して「PC」→「Desktop」フォルダを開くと、会社のパソコンでデスクトップに保存した書類を確認できる

SECTION 5

160 文章作成 メモにも長文にも力を発揮するテキストエディタ

スタイリッシュで軽快に使える人気アプリ

ちょっとした走り書きから長文テキスト、手書きスケッチ、Markdown形式での体裁を整えた文書作成まで対応できるテキストエディタ。スタイリッシュなインターフェイスと高速な動作で、気分良く文章を入力していける。文章の入力、編集に欠かせないツールは、すべてキーボードの上に揃っており、必要に応じてすぐに利用可能だ。別のメモへのリンク機能も便利。

App
Bear
作者／Shiny Frog Ltd.
価格／無料

1 便利なツールが揃っている

Bear へようこそ
Bearは、ちょっとしたメモの作成はもちろん、長文の執筆にも適した美しい高機能テキストエディタアプリです。
各種ツールはタップしてすぐに利用できる

キーボードの上に、写真や手書き挿入、ヘッダ（見出し）、下線、区切り線、箇条書き、アンドゥ、リドゥ、カーソル移動などのボタンが揃っている。

2 別のメモへのリンクを張る

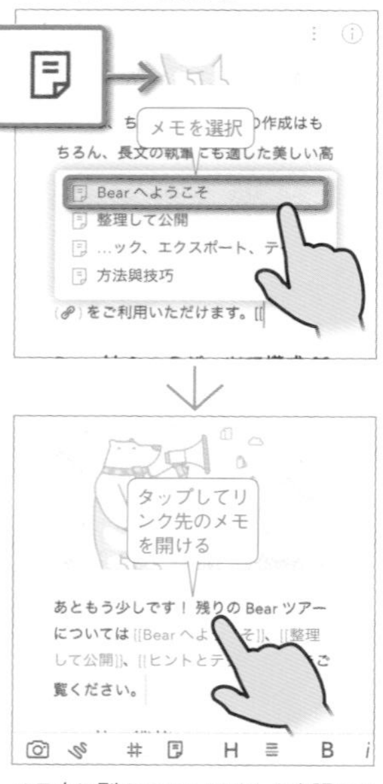

メモを選択
Bear へようこそ
整理して公開
方法與技巧
タップしてリンク先のメモを開ける

メモ内に別のメモへのリンクを張ることも可能。左から4番目のツールをタップし、リンクを挿入したいメモを選択しよう。

3 メモの情報表示や出力、同期機能

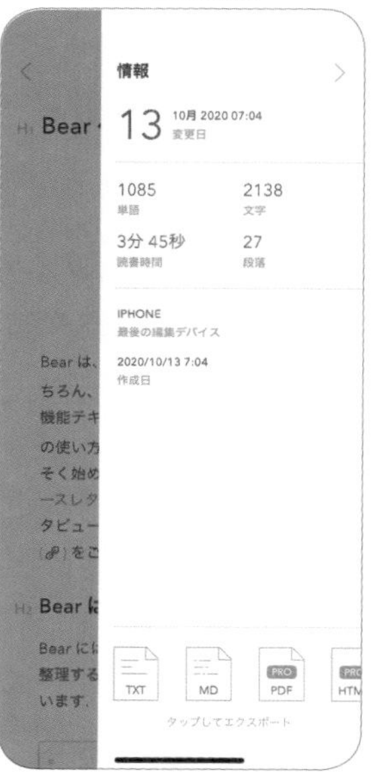

情報
13
1085
2138
3分 45秒
27
TXT
MD
PDF
タップしてエクスポート

画面右上の「i」で文字数などを確認。1ヶ月150円もしくは年間1,500円の課金で、PDFやHTML出力、iPadやMacとの同期機能などを利用できる。

マスト!

161 オフィスファイル iPhoneでWordやExcelの書類を閲覧、編集する

Microsoftの公式アプリをインストールしよう

仕事で欠かせないWordやExcel、PowerPointファイルをiPhone上で閲覧・編集したいなら、Microsoftが無償で公開している公式アプリを導入しておこう。テキストの変更はもちろん、レイアウトの調整や関数の入力など、パソコン版とほぼ同等の編集を行うことができる。パソコンがない環境でも、簡単なオフィス書類ならこのアプリ1つだけで作成が可能だ。

App

Microsoft Office
作者／Microsoft Corporation
価格／無料

1 サインインしてOfiiceファイルを開く

OneDrive以外のストレージを開く場合はここをタップする
アプリを起動したらMicrosoftアカウントにサインイン。OneDriveで同期しているストレージ上のOfficeファイルが一覧表示される。

2 Officeファイルを編集する

「…」をタップすると選択している内容に応じた機能が表示される
Word／Excel／PowerPointの各種ファイルを開けば、そのまま編集することが可能だ。

3 ドキュメントを新規作成する

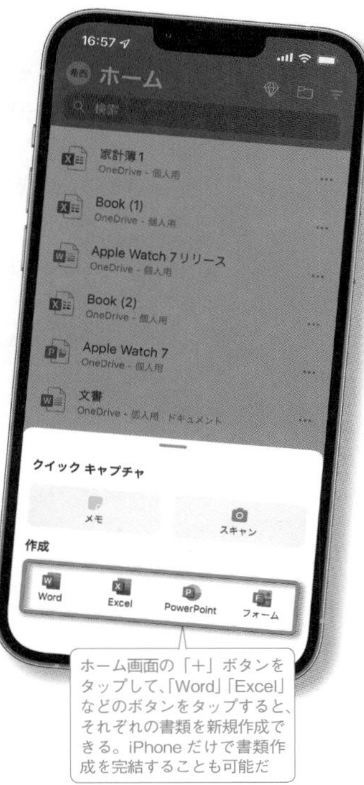
ホーム画面の「＋」ボタンをタップして、「Word」「Excel」などのボタンをタップすると、それぞれの書類を新規作成できる。iPhoneだけで書類作成を完結することも可能だ

マスト!

162 書類作成 複数のメンバーで書類を共同作成、編集する

Googleドキュメントやスプレッドシートを共同編集しよう

Googleドキュメントやスプレッドシートでは、1つの書類を複数のメンバーで共同編集することが可能だ。まずは「Googleドライブ」アプリを開き、ファイル名の横にあるボタンから「共有」を選択しよう。各メンバーのメールアドレスを入力して招待すれば、共同編集が行えるようになる。なお、実際に編集するには各専用アプリも必要なので導入しておこう。

App

Googleドライブ
作者／Google, Inc.
価格／無料

1 Googleドライブでファイルを共有する

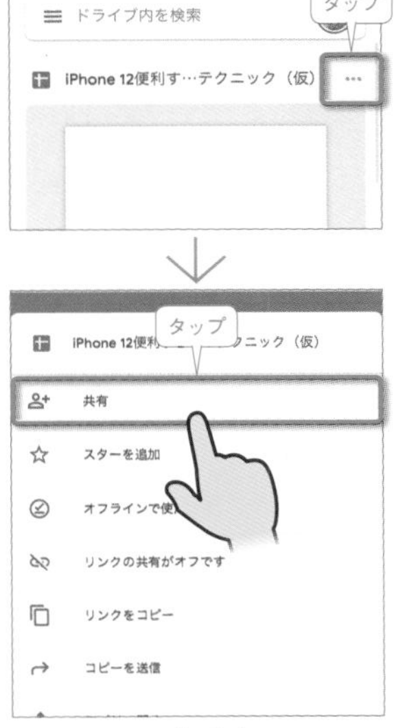
タップ
タップ
Googleドライブで共有したいファイルの右端にあるボタンをタップ。画面下部にメニューが表示されるので「共有」を選択しよう。

2 共有メンバーに招待を送る

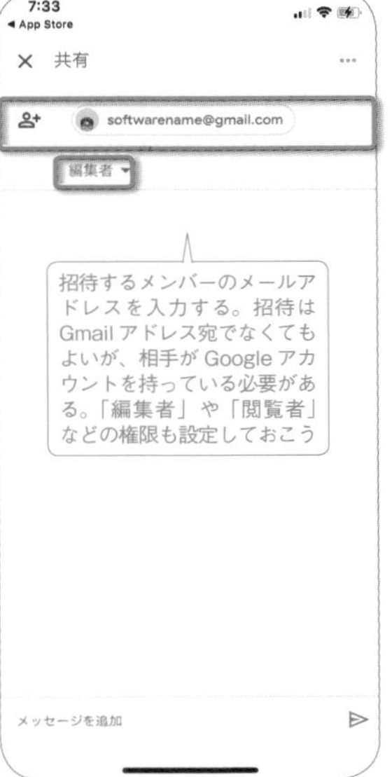
招待するメンバーのメールアドレスを入力する。招待はGmailアドレス宛でなくてもよいが、相手がGoogleアカウントを持っている必要がある。「編集者」や「閲覧者」などの権限も設定しておこう
共同編集したいユーザーのメールアドレスを入力。共同で編集したい場合は、ファイルの権限を「編集者」に設定しておくといい。

3 ドキュメントを共同で編集する

ここからファイルの各種操作や詳細情報を確認可能だ
共有したファイルをiPhone上で編集したい場合は、「Googleドキュメント」や「Googleスプレッドシート」といった別アプリが必要になる。

163 音声入力

音声入力を本格的に活用しよう

キーボードより高速・快適に入力できる

iPhoneで素早く文字を入力したいなら、ぜひ音声入力を活用しよう。音声をうまく認識せず結局キーボードで入力し直すことになるのでは、と思うかもしれないが、現在のiPhoneの音声入力はかなり実用的なレベルに仕上がっており、認識精度が非常に高い。テキスト変換も発音とほぼ同時に行われる。句読点や記号の入力さえ慣れてしまえば、長文入力も快適に行えるのだ。誤入力や誤変換があっても、とりあえず最後まで音声入力するのがコツ。あとから間違った文字列を選択して、再変換（No152参照）すればよい。

1 音声入力モードに切り替える

オンにする

あらかじめ「設定」→「一般」→「キーボード」で「音声入力」をオンにしておこう。キーボードの右下にあるマイクボタンをタップすると、音声入力モードに切り替わる。

2 音声でテキストを入力する

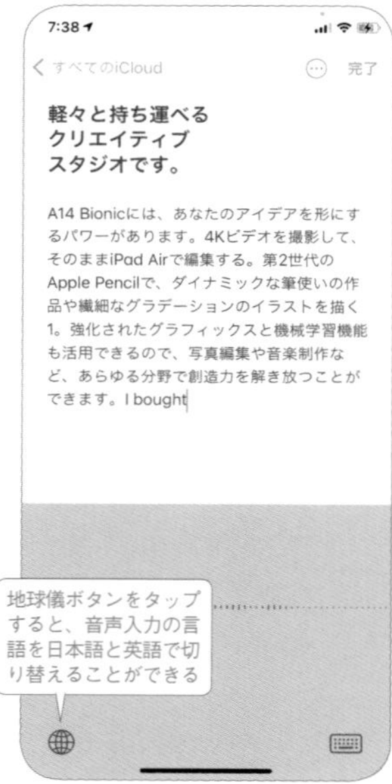

地球儀ボタンをタップすると、音声入力の言語を日本語と英語で切り替えることができる

マイクに話しかけると、ほぼリアルタイムでテキストが入力される。句読点やおもな記号の入力方法は右にまとめている。画面内をタップすればキーボード入力に戻る。

POINT 句読点や記号を音声入力するには

記号	読み
（改行する）	かいぎょう
（スペース）	たぶきー
、	てん
。	まる
「	かぎかっこ
」	かぎかっことじ
!	びっくりまーく
?	はてな
・	なかぐろ
…	さんてんりーど
.	どっと
@	あっと
:	ころん
¥	えんきごう
/	すらっしゅ
※	こめじるし

SECTION 5

164 音声入力

音声入力した文章を同時にパソコンで整える連携技

リアルタイムに音声入力しながら修正できる

No163で紹介したiOSの音声入力機能は「Googleドキュメント」でも利用することが可能だ。iPhoneとパソコンで同じドキュメントを開いた状態にしておけば、iPhoneで音声入力しながらパソコンで適時修正していく、といった連携技が使える。iPhoneだけだとテキストの編集作業が面倒なので、パソコンと連携することで作業を効率化できるのだ。

App

Googleドキュメント
作者／Google LLC
価格／無料

1 iPhoneで音声入力する

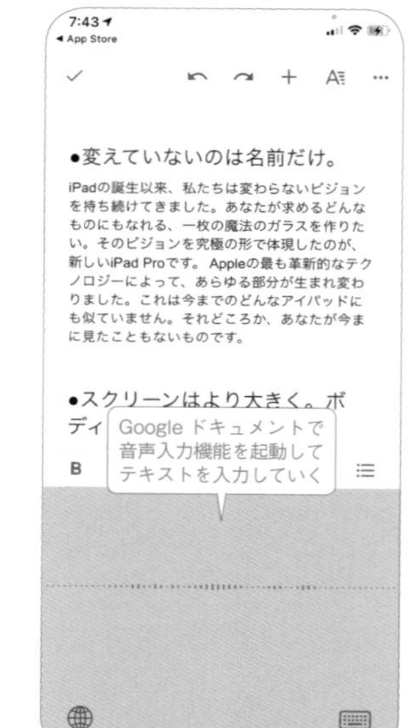

Googleドキュメントで音声入力機能を起動してテキストを入力していく

iPhoneでGoogleドキュメントを開いたら、新しいドキュメントを作成。キーボードのマイクボタンを押し、音声入力でテキストを入力していこう。

2 パソコンでテキストを適時修正する

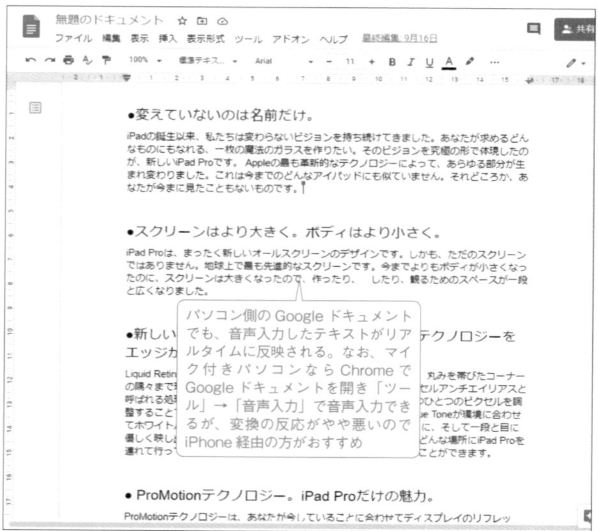

パソコン側のGoogleドキュメントでも、音声入力したテキストがリアルタイムに反映される。なお、マイク付きパソコンならChromeでGoogleドキュメントを開き「ツール」→「音声入力」で音声入力できるが、変換の反応がやや悪いのでiPhone経由の方がおすすめ

Googleドキュメント
https://docs.google.com/

パソコンのWebブラウザでGoogleドキュメントにアクセス。iPhoneで開いているドキュメントを開く。iPhoneでの音声入力がリアルタイムに反映されていくので、適時修正や編集を行っていこう。

165 音声入力 連絡先をユーザ辞書にする音声入力の裏技

音声入力で変換できない単語は連絡先に登録しよう

iOSの音声入力を使っていると、思った通りに単語が変換されないことがある。そこで試してほしいのが連絡先に単語とよみを登録する方法だ。連絡先アプリを起動して「＋」ボタンをタップ。「姓」に単語、「姓（フリガナ）」によみを入力して登録してみよう。実は、連絡先に登録された項目は、音声入力時に1発で変換できる性質がある。そのため、音声入力用のユーザー辞書のように使うことができるのだ。なお、「設定」→「一般」→「キーボード」→「ユーザ辞書」でのユーザ辞書は、キーボード入力時の変換でのみ使われるため、音声入力の変換時には反映されない。

1 連絡先を追加する

タップ

連絡先アプリを起動したら「＋」をタップして新規連絡先を作成しよう。なお、単語を登録する連絡先は、使っていない連絡先グループに分けておくとあとで管理しやすい。

2 単語とよみを登録する

Android端末
アンドロイドタンマツ
「姓」に単語、「姓（フリガナ）」によみを入力する

新規連絡先の登録画面で「姓」に単語、「姓（フリガナ）」によみを入力（よみはカタカナを使うこと）。音声入力時に変換できない単語や、よく使う固有名詞などを登録しておこう。

3 音声入力ですぐ変換できるようになる

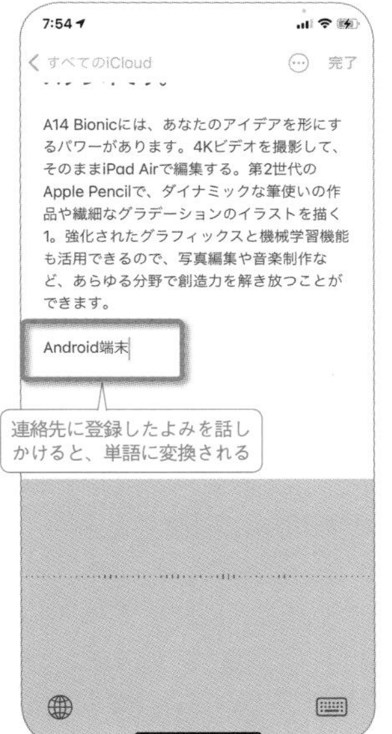

Android端末
連絡先に登録したよみを話しかけると、単語に変換される

メモアプリなどを起動し、キーボードのマイクボタンで音声入力を行う。先ほど登録した単語のよみを話しかけると、1発で変換されるようになる。

仕事効率化

マスト! 166 ファイル操作 iPhoneとさまざまなサーバでファイルをやり取りする

FTPへの接続や圧縮／解凍機能などを搭載

標準の「ファイル」アプリも十分使いやすいが、さらに多彩なサーバに接続したり、さまざまな機能を求めたい場合は、「Documents by Readdle」を使ってみよう。iCloudやDropbox、Googleドライブなどのクラウドはもちろん、FTPやSFTPといったサーバにも接続可能。ファイルの圧縮／解凍やメディアプレイヤーなどの機能も備えた決定版アプリだ。

App

Documents by Readdle
作者／Readdle Inc.
価格／無料

1 各種クラウドやサーバへ接続

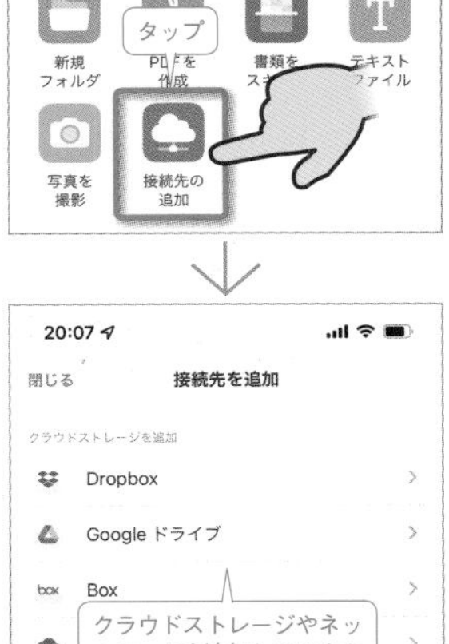

タップ
クラウドストレージやネットワークを追加してアクセスできるようにしておく

「マイファイル」画面の右下にある「＋」ボタンをタップし、「接続先の追加」をタップ。DropboxやGoogleドライブ、FTPサーバーなどの接続先を追加しておこう。

2 ファイルを操作する

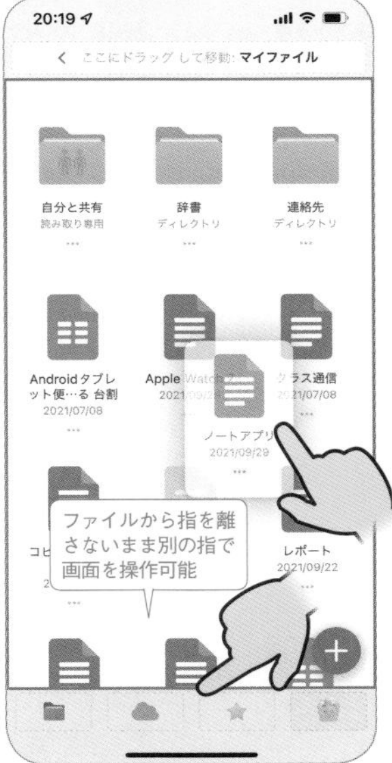

ファイルから指を離さないまま別の指で画面を操作可能

ファイルをロングタップして少し浮き上がったら、ドラッグして移動可能。ファイルを選択したまま別の指でフォルダを開いたり、クラウドへアクセスしたりなどの操作も可能だ。

3 オプションメニューで各種機能を利用

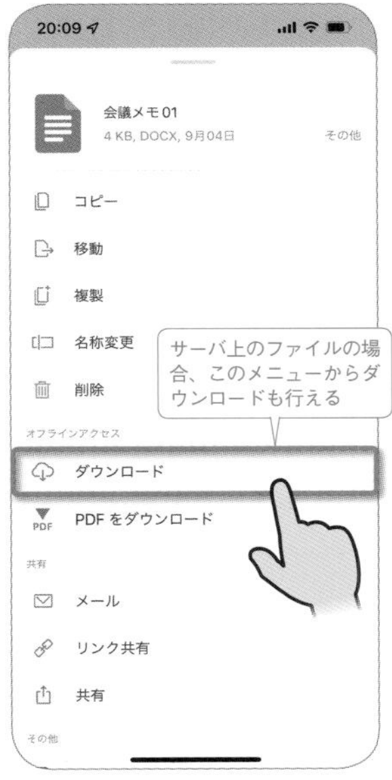

サーバ上のファイルの場合、このメニューからダウンロードも行える

各ファイルに表示されるオプションメニューボタン（「…」ボタン）で、zip圧縮やアップロード、削除や共有など、さまざまな操作を行える。

167 PDF編集 無料で使えるパワフルなPDFアプリを導入しよう

PDFの閲覧や書き込みが快適に行える

「PDF Viewer Pro」は、PDF上に直接フリーハンドで指示を書き込んだり、PDF上の文字にハイライトや取り消し線を加えたりできるアプリだ。一部のページを削除したりページ順を入れ替えたりなどの編集処理も行える。別途アプリ内課金（3ヶ月800円、年間2,300円）を行えば、コメントの挿入やPDFの結合機能なども追加することが可能だ。

App
PDF Viewer Pro by PSPDFKit
作者／PSPDFKit GmbH
価格／無料

1 ファイルアプリからファイルを開く

PDFを開く

アプリを起動すると、ファイルアプリの画面になるので、「ブラウズ」から目的のPDFを探して開こう。

2 フリーハンドで書き込みが可能だ

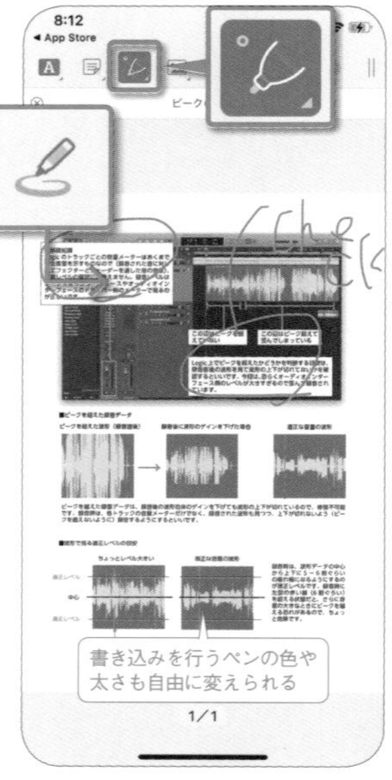

書き込みを行うペンの色や太さも自由に変えられる

PDFを開いたら、画面の上のツールバーから編集が行える。ペンボタン→マーカーボタンをタップすれば、フリーハンドでの書き込みが可能だ。

3 ページの削除や並べ替えにも対応

ページ編集ボタンをタップすれば、ページの削除や並べ替え、書き出しなどが行える

SECTION 5

168 文書作成 言い換え機能が助かる文章作成アプリ

文章を書いていると、つい同じ表現や言い回しを多用しがちな人は「idraft」を使ってみよう。文章を入力して「言い換え」ボタンをタップするだけで、言い換えや類語がある語句をリストアップして、候補を提案してくれる。

App
idraft by goo
作者／NTT Resonant Inc.
価格／無料

下書き画面で新規作成ボタンをタップして文章を作成したら、キーボード上部に表示される「言い換え」ボタンをタップしてみよう

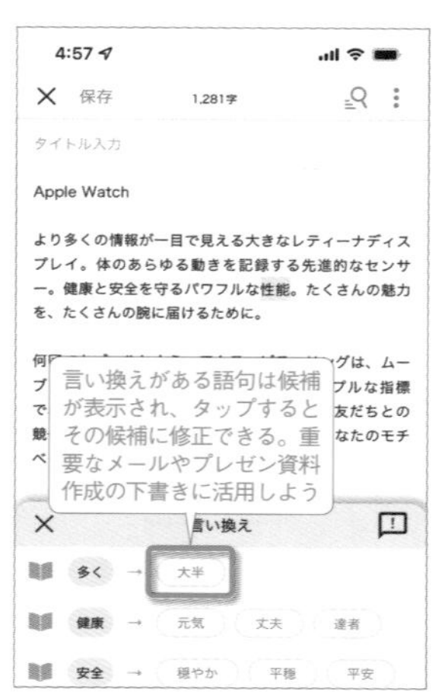

言い換えがある語句は候補が表示され、タップするとその候補に修正できる。重要なメールやプレゼン資料作成の下書きに活用しよう

169 電卓 打ち間違いを途中で修正できる電卓アプリ

美しいデザインで使いやすい電卓アプリ。入力した計算式が表示されるので、入力をミスしても分かりやすい。アプリ内課金でPro版（250円）にすれば、計算結果の履歴や単位変換機能も使えるようになる。

App
Calcbot 2
作者／Tapbots
価格／無料

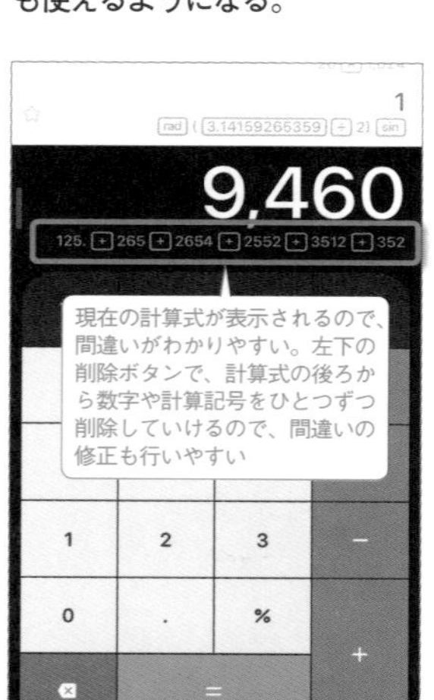

現在の計算式が表示されるので、間違いがわかりやすい。左下の削除ボタンで、計算式の後ろから数字や計算記号をひとつずつ削除していけるので、間違いの修正も行いやすい

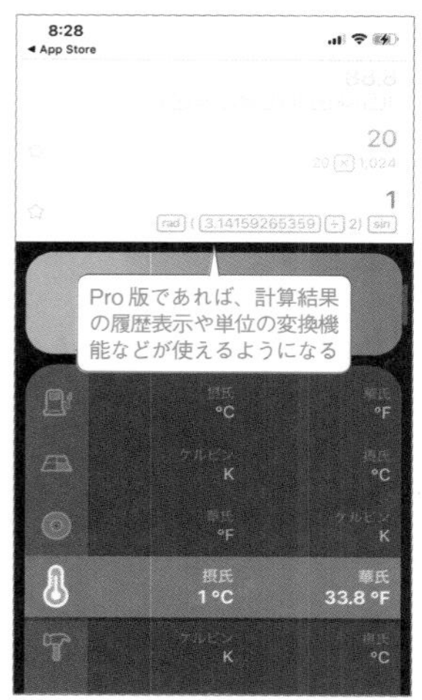

Pro版であれば、計算結果の履歴表示や単位の変換機能などが使えるようになる

SECTION

設定とカスタマイズ

設定項目が多岐にわたるiPhoneは、
自分仕様にカスタマイズすることで
より一層使い勝手がアップする。
日々ストレスなくiPhoneを操作するために
あらかじめ重要な設定項目を見直しておこう。

21:12
新宿区
14°
やや曇り
最高:20° 最低:8°
天気
10月
日 月 火 水 木 金 土
1 2
3 4 5 6 7 8 9
10 11 12 13 14 15 16
17 18 19 20 21 22 23
24 25 26 27 28 29 30
31
カレンダー
FaceTime
日
24
カレンダー
6
メール
メモ

マスト!

170 強力なパスワード管理機能を活用する

パスワード管理

パスワードはすべてiPhoneに覚えておいてもらう

iPhoneは、一度ログインしたWebサイトやアプリのユーザ名とパスワードを「iCloudキーチェーン」(「設定」の一番上でApple IDをタップし「iCloud」→「キーチェーン」を有効にしておく)に保存しておき、次回からはワンタップで呼び出して、素早くログインすることができる。これなら、いちいちサービスごとに違うパスワードを覚えなくても大丈夫だ。また、新規アカウント登録時には、解析されにくい強力なパスワードを自動生成してくれるので、セキュリティ的にも安心。なお、ユーザ名とパスワードの呼び出し先は、iCloudキーチェーンだけでなく、「1Password」などのサードパーティー製パスワード管理アプリも連携して利用できるようになっている。

>>> iPhoneで保存したパスワードで自動ログインする

1 自動生成されたパスワードを使う

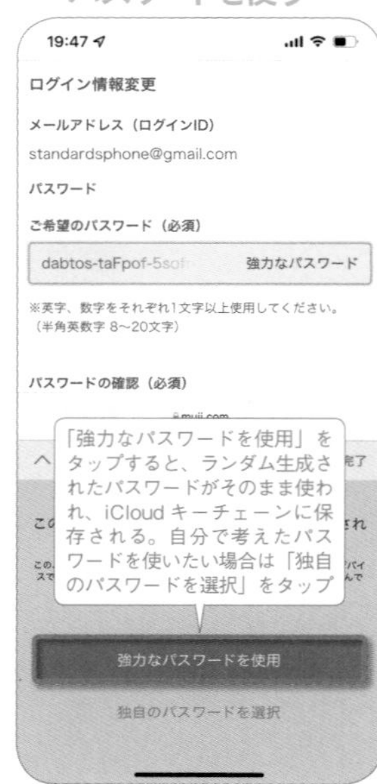

「強力なパスワードを使用」をタップすると、ランダム生成されたパスワードがそのまま使われ、iCloudキーチェーンに保存される。自分で考えたパスワードを使いたい場合は「独自のパスワードを選択」をタップ

一部のWebサービスやアプリでは、アカウントの新規登録時にパスワード欄をタップすると、強力なパスワードが自動生成され提案される。このパスワードを使うと、そのままiCloudキーチェーンに保存される。

2 入力した既存のパスワードを保存する

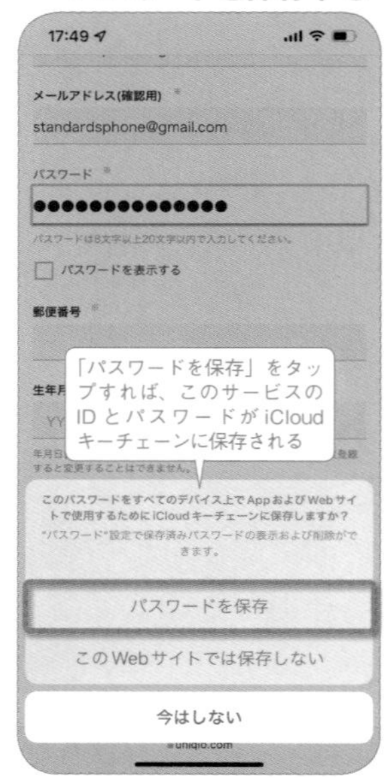

「パスワードを保存」をタップすれば、このサービスのIDとパスワードがiCloudキーチェーンに保存される

Webサービスやアプリに既存のユーザ名とパスワードでログインした際は、その情報をiCloudキーチェーンに保存するかどうかを聞かれる。保存しておけば、次回以降は簡単にユーザ名とパスワードを呼び出せるようになる。

3 保存されているパスワードを確認する

それぞれのサービスをタップするとユーザ名とパスワードを確認できる。なお、iPadやMacでも同じApple IDでログインしiCloudキーチェーンを有効にしておけば、保存したパスワードを同期して利用できる

「設定」→「パスワード」をタップし、Face IDなどで認証を済ませると、現在iCloudキーチェーンに保存されているユーザ名およびパスワードを確認、編集できる。

4 自動入力をオンにし他の管理アプリも連携

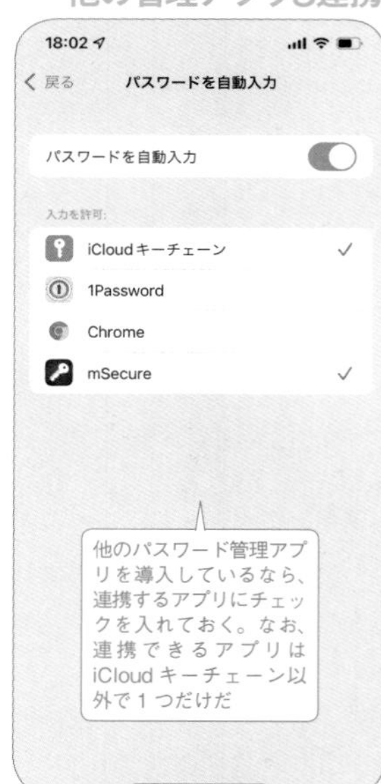

他のパスワード管理アプリを導入しているなら、連携するアプリにチェックを入れておく。なお、連携できるアプリはiCloudキーチェーン以外で1つだけだ

自動入力機能を使うなら「設定」→「パスワード」→「パスワードを自動入力」→「パスワードを自動入力」をオンにしておく。また「1Password」など他のパスワード管理アプリを使うなら、チェックを入れ連携を済ませておこう。

5 候補をタップするだけで入力できる

保存されたパスワードの中から、最適と判断された候補が表示される

Webサービスやアプリでログイン欄をタップすると、保存されたアカウントの候補が表示される。これをタップするだけで、自動的にユーザ名とパスワードが入力され、すぐにログインできる。

6 候補以外のアカウントを選択する

別のアカウントを選ぶ。他のパスワード管理アプリを呼び出すこともできる

表示された候補とは違うアカウントを選択したい場合は、候補右の鍵ボタンをタップしよう。このサービスで使う、その他の保存済みアカウントを選択して自動入力できる。

7 パスワードを変更した場合は

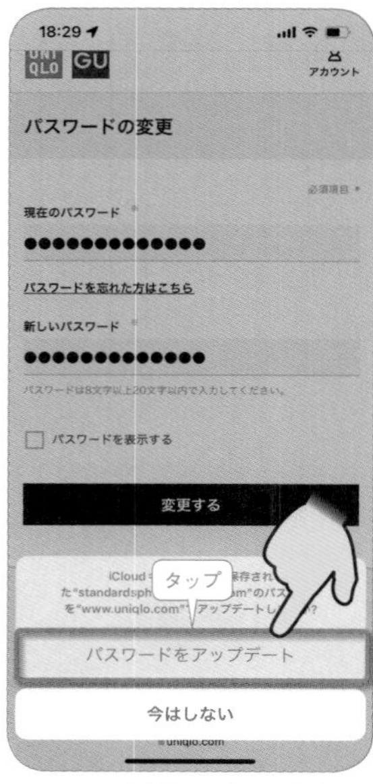

タップ

パスワードを変更した際は、保存した情報のアップデートを求められる。「パスワードをアップデート」をタップしてiCloudキーチェーンの情報を更新しよう。

SECTION 6

マスト!

171 パスワードの脆弱性を自動でチェックする

パスワード管理

iOSは、iCloudキーチェーンで管理しているパスワードのうち、セキュリティに問題のあるパスワードを自動で指摘してくれる。問題のあるパスワードは、「設定」→「パスワード」→「セキュリティに関する勧告」という設定項目で確認可能だ。ここでは、すでに漏洩しているパスワードや簡単に推測できるパスワード、複数のアカウントで再使用されているパスワードなどが表示される。必要であれば、各サービスのサイトでパスワードを変更しておこう。

パスワード
パスワードを自動入力
セキュリティに関する勧告 16
セキュリティの危険性が見つかりました
ahamo.com
allsaints.jp
amazon.co.jp

「設定」→「パスワード」→「セキュリティに関する勧告」で、問題のあるパスワードが一覧表示される。各アカウント名をタップすれば、詳細を表示可能だ

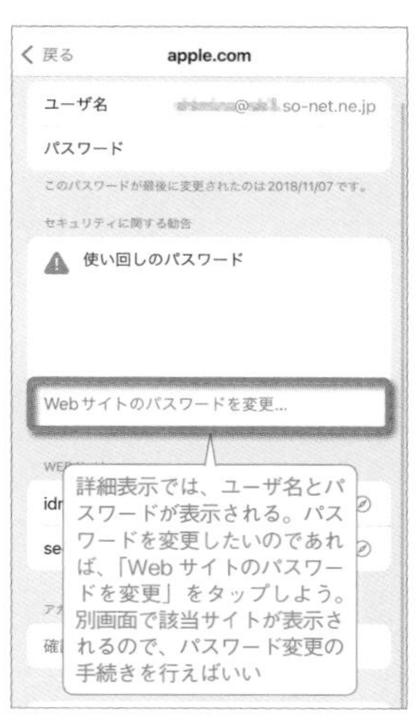

apple.com
ユーザ名
パスワード
使い回しのパスワード
Webサイトのパスワードを変更...

詳細表示では、ユーザ名とパスワードが表示される。パスワードを変更したいのであれば、「Webサイトのパスワードを変更」をタップしよう。別画面で該当サイトが表示されるので、パスワード変更の手続きを行えばいい

マスト!

172 「手前に傾けてスリープ解除」をオフにする

ロック解除

iPhoneは、スリープ状態の端末を手前に傾けることでスリープの解除ができるようになっている。本機能は、加速度センサーで動きを感知しており、机に置いてある端末を持ち上げたり、ポケットから端末を取り出したりしても反応する。いちいちスリープ（電源）ボタンを押さなくても、スリープが解除できるようになるので便利な反面、必要ない時でもスリープが解除されてしまうことも多い。ボタン操作や画面のタップだけでスリープを解除したい場合は、設定で「手前に傾けてスリープ解除」の機能をオフにしておこう。これで意図しない点灯を防げる。また、画面をタップするだけでスリープ解除できる機能（No024で解説）も合わせてチェックしておこう。

画面表示と明るさ
True Tone
Night Shift
自動ロック
手前に傾けてスリープ解除
テキストサイズを変更
文字を太くする
表示
オフにする

「設定」→「画面表示と明るさ」→「手前に傾けてスリープ解除」をオフにすれば、意図せずスリープ解除されてしまうことがなくなる

173 背面をトントンッとタップして指定した機能を動作させる

背面タップ

背面タップでよく使う操作を実行できる

背面タップ機能を有効にすると、本体の背面を2回もしくは3回タップすることで、特定の機能や操作を実行させることが可能だ。背面タップ機能を使いたい場合は、あらかじめ「設定」→「アクセシビリティ」→「背面タップ」で、呼び出したい機能を割り当てておこう。スクリーンショットを撮影、ホーム画面に戻る、Siriを起動するといった基本的な操作のほか、ショートカット（No017で解説）で設定した操作も割り当てることができる。ダブルタップとトリプルタップで、それぞれ別の機能を実行させることも可能だ。日々の使い方に合わせてカスタマイズしてみよう。

1 背面タップ機能を設定する

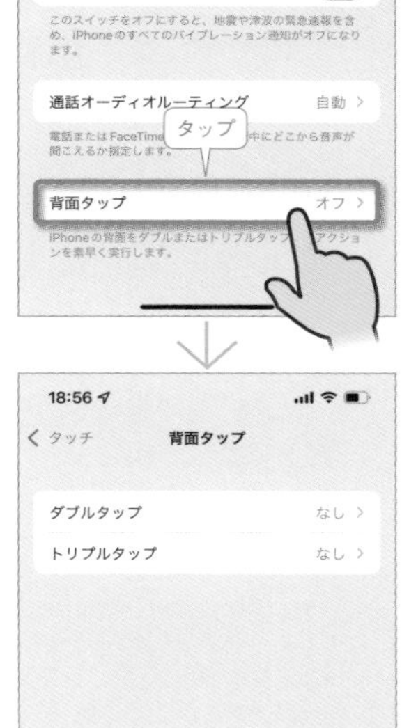

バイブレーション
通話オーディオルーティング
背面タップ オフ
タップ
背面タップ
ダブルタップ なし
トリプルタップ なし

まずは「設定」→「アクセシビリティ」→「背面タップ」をタップ。「ダブルタップ」と「トリプルタップ」のうち、機能を割り当てたい方をタップしよう。

2 実行する機能を選択する

ダブルタップ
なし
アクセシビリティショートカット
システム
Appスイッチャー
Siri
Spotlight
カメラ
コントロールセンター
シェイク
スクリーンショット
フラッシュライト
ホーム
音量を下げる
画面をロック

背面タップの機能を割り当てる

背面タップで実行したい機能を選択する。SiriやSpotlightの起動、コントロールセンターの表示など、さまざまな機能が用意されている。

3 ショートカットを実行することもできる

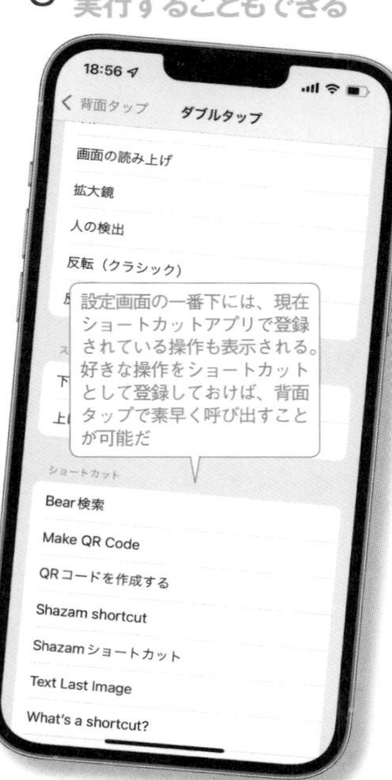

ダブルタップ
画面の読み上げ
拡大鏡
人の検出
反転（クラシック）
設定画面の一番下には、現在ショートカットアプリで登録されている操作も表示される。好きな操作をショートカットとして登録しておけば、背面タップで素早く呼び出すことが可能だ
Bear検索
Make QR Code
QRコードを作成する
Shazam shortcut
Shazamショートカット
Text Last Image
What's a shortcut?

設定とカスタマイズ

174 画面の黄色味が気になる場合の設定法

画面表示

iPhone X以降の機種には「True Tone」機能が搭載されている。これは周囲の光に合わせてディスプレイのホワイトバランスを自動調節し、自然な色合いを再現してくれる機能だ。しかし、環境によっては画面が黄色っぽい色味になる傾向がある（特に室内だと黄色くなりやすい）。黄色味がどうしても気になるという人は、True Tone機能をオフにしてしまおう。色味の自動調節機能が解除され、画面の黄色味がなくなってすっきりとした色合いになる。

画面表示と明るさ
ライト
ダーク
True Tone機能による画面の黄色味が気になる場合は、「設定」→「画面表示と明るさ」→「True Tone」をオフにしよう
True Tone
Night Shift
自動ロック

画面表示と明るさ
ライト
ダーク
自動
True Tone
色味の自動調整機能がオフになり、すっきりとした色味になる
Night Shift
自動ロック

175 着信音と通話音の音量を側面ボタンで調整する

マスト!

音量調整

本体側面にある音量ボタンは、通常、音楽や動画再生などの音量を調節できる。しかし、着信音と通知音に関しては、初期状態だと音量ボタンでの操作が行えない。これらの音量は、「設定」→「サウンドと触覚」画面にあるスライダーで変更する仕組みだ。音量ボタンで着信音と通知音の音量を変更したい場合は、「設定」→「サウンドと触感」→「ボタンで変更」を有効にしておこう。また、通話音の音量は、通話時に音量ボタンを押せば変更することができる。

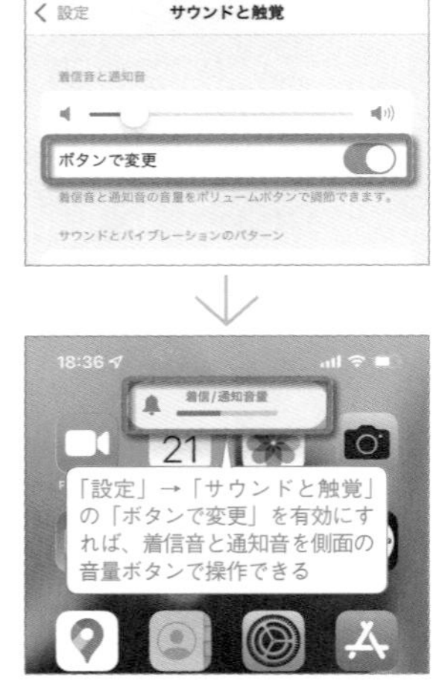
サウンドと触覚
ボタンで変更
「設定」→「サウンドと触覚」の「ボタンで変更」を有効にすれば、着信音と通知音を側面の音量ボタンで操作できる

石原鈴香
通話中の音量は、通話中に音量ボタンを操作すればOKだ

SECTION 6

176 操作を妨げる機能はあらかじめオフにしておこう

マスト!

機能設定

不要な機能は無効化して誤操作を防止

新モデルの登場やiOSのバージョンアップにともない、新たな機能がどんどん追加されていくが、すべての機能が自分に必要とは限らない。たとえ画期的な新機能でも、あまり使わなかったり、操作に慣れなかったりすることがあるはずだ。さらには、ちょっとした操作ミスで意図しない機能が起動して、邪魔になってしまうこともある。そこで、使わない機能はあらかじめオフにしておこう。誤操作を未然に防止するとともに、省電力の面でも有効だ。ここで紹介する機能以外も一度しっかり見直して、不要なものは無効にしておくといい。

Siri

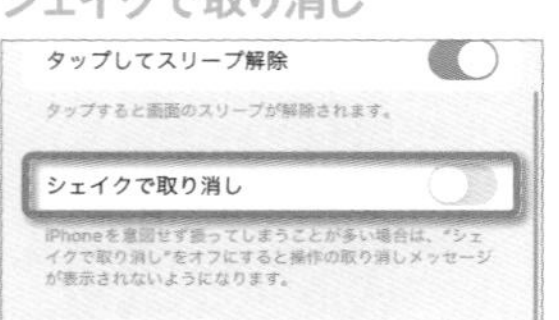
"Hey Siri"を聞き取る
サイドボタンを押してSiriを使用
Siriおよび音声入力の履歴

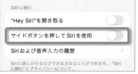

iPhoneに話しかけることで、さまざまな操作や情報検索を行える「Siri」。普段利用せず、スリープ（電源）ボタンをうっかり長押しして誤起動が頻発するなら、「設定」→「Siriと検索」でオフにしよう。

シェイクで取り消し

タップしてスリープ解除
シェイクで取り消し

本体を振ることで、誤入力などを取り消せる「シェイクで取り消し」。意図せず振ってしまうことがあるなら「設定」→「アクセシビリティ」→「タッチ」→「シェイクで取り消し」のスイッチをオフにしよう。

ほかのデバイスでの通話

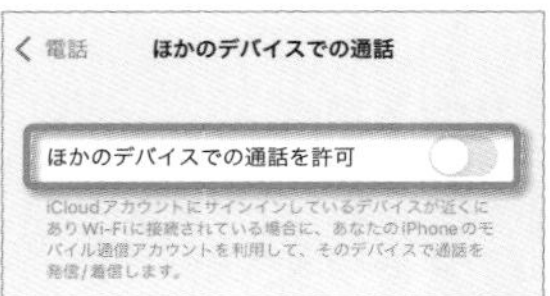
ほかのデバイスでの通話
ほかのデバイスでの通話を許可

iPhoneにかかってきた電話の着信音が、iPadやMacでも同時に鳴ってしまう人は、「設定」→「電話」→「ほかのデバイスでの通話」のスイッチがオンになっている。邪魔ならオフにしておこう。

手前に傾けてスリープ解除

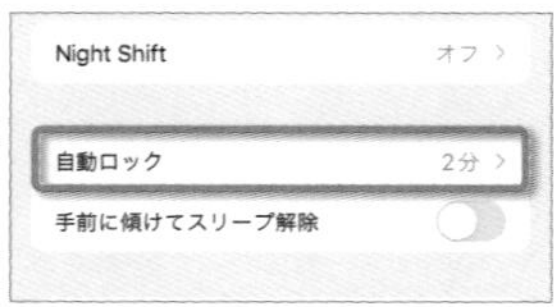
Night Shift
自動ロック
手前に傾けてスリープ解除

本体を手にとって手前に傾けるだけでスリープを解除できる機能。不要な際に起動して煩わしい場合は、「設定」→「画面表示と明るさ」→「手前に傾けてスリープ解除」をオフに。省電力にもなる。

音声入力

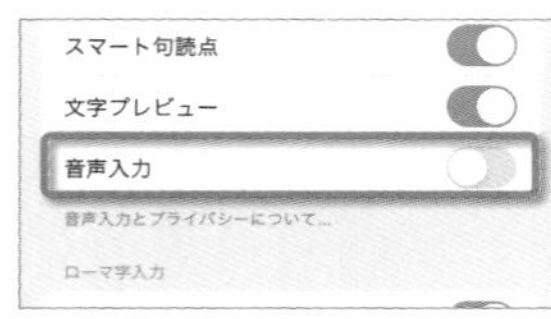
スマート句読点
文字プレビュー
音声入力

キーボードに備わる「音声入力」ボタンも、使わないのにうっかり押してしまうことが多い。「設定」→「一般」→「キーボード」で「音声入力」のスイッチをオフにすれば、ボタンも表示されなくなる。

簡易アクセス

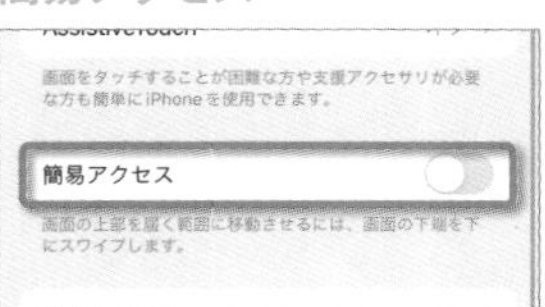
簡易アクセス

画面を下（手前）側に引き下げて片手操作しやすくする「簡易アクセス」機能も、誤って操作してしまいがちだ。不要なら「設定」→「アクセシビリティ」→「タッチ」→「簡易アクセス」でオフにしておこう。

177 eSIM eSIMで2回線同時に利用する

SIMスロットと2つのeSIMが利用できる

iPhone 13シリーズは、本体側面にあるSIMスロットに加えて、本体内部のチップにSIMの情報を書き込める「eSIM」を2つ備えている。eSIMは物理的なSIMカードが必要ないため、契約したらすぐに利用できるのが強みだ。さらに、それぞれのSIMで通信プランを契約してデュアルSIM化できるので、たとえば仕事用とプライベート用の回線を使い分けたり、国内と海外でSIMを切り替えて使うことが可能だ。ドコモ、au、ソフトバンク、楽天モバイルの主なプランはすべてeSIMでの契約に対応している。同時に通信できるのは2つまでなので、SIMスロット（nano-SIM）＋eSIMか、eSIM＋eSIMの組み合わせで契約しよう。

>>> 通信プランをeSIMで契約する

1 SIMタイプはeSIMを選択

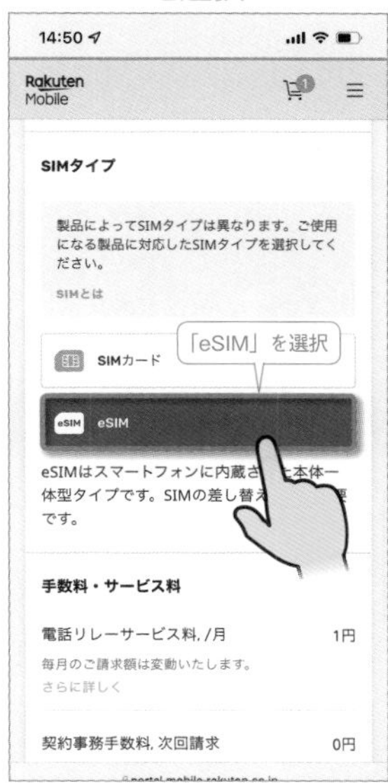

「eSIM」を選択

通信プランの契約時に、SIMのタイプを「eSIM」にして手続きを進めよう。ドコモ（ahamo含む）、au（UQ mobileとpovo含む）、ソフトバンク（ワイモバイルとLINMO含む）、楽天モバイルは、すべてeSIMで契約できる。

2 即日開通するならeKYCで認証

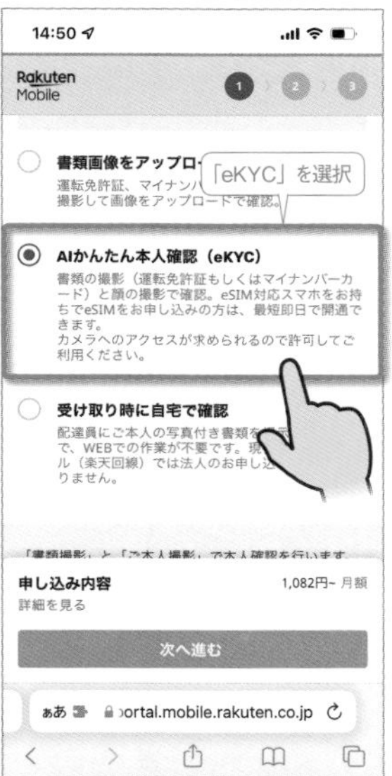

「eKYC」を選択

新規申し込みの場合は本人確認が必要となる。手順は各キャリアによって異なるが、基本的に「eKYC」を選択し、カメラで本人確認書類や自分の顔を撮影すると、即日開通できる。他の方法だと書類の郵送などを待つ必要がある。

3 プロファイルをインストールする

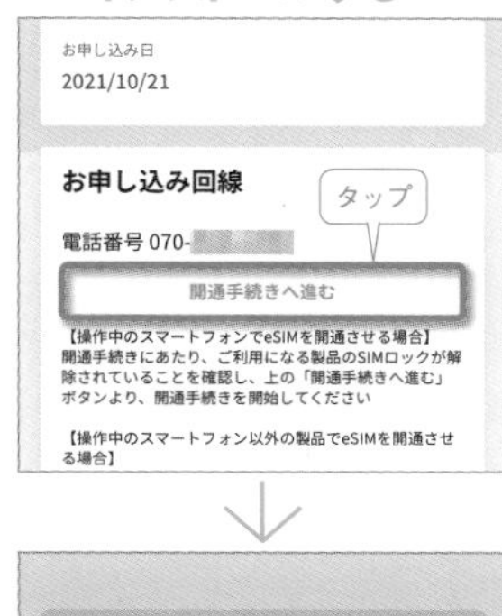

タップ

申込みと本人確認を済ませたら、プロファイルをダウンロードして回線を開通させる必要がある。開通手続きの方法が記載されたメールなどが届くので、手順に従ってプロファイルをインストールしよう。

>>> iPhoneにeSIMを追加してデュアルSIMで使う

1 デュアルSIMの設定を行う

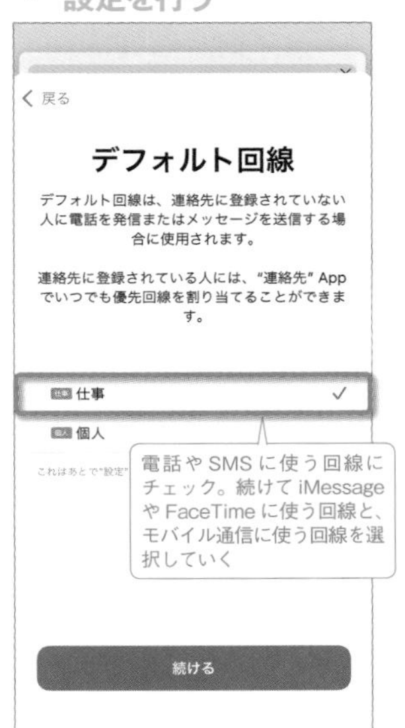

電話やSMSに使う回線にチェック。続けてiMessageやFaceTimeに使う回線と、モバイル通信に使う回線を選択していく

iPhoneにすでに別のSIMカードが挿入された状態だと、デュアルSIMの設定が開始される。各SIMに「仕事」「個人」など名前を付け、電話やSMS、iMessageやFaceTime、モバイル通信に使う回線を選択。

2 デュアルSIMの設定を変更する

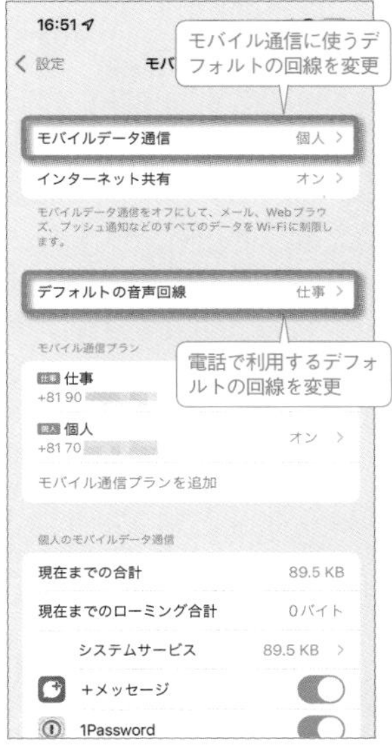

モバイル通信に使うデフォルトの回線を変更
電話で利用するデフォルトの回線を変更

2つのSIMの使い分けは、「設定」→「モバイル通信」でいつでも変更可能だ。片方の通信をオフにしたり、モバイルデータ通信や電話で使うデフォルトの回線を切り替えできる。

3 連絡先ごとに手動で回線を指定する

タップ
常に使用する回線を選択

連絡先に登録している相手には、連絡先アプリからどちらのSIMを使って電話をかけるか手動で選択しておける。特に指定していなければ、「デフォルト回線」で選択した回線が使われる。

4 eSIMで電話をかけてみる

実際にeSIMの回線を使って電話をかけてみよう。キーパッドを使って発信する場合は、上部のボタンをタップして回線を切り替えできる。eSIMの回線に切り替えて「111」などにテスト発信し、問題なくつながれば設定は完了だ

マスト!

178 よく使う単語や文章、メアドなどは辞書登録しておこう

ユーザ辞書

ユーザ辞書の便利な使い方を覚えよう

よく利用するメールアドレスや住所、名前、定型文、顔文字などを素早くテキスト入力するには、「ユーザ辞書」を活用するのがおすすめ。「設定」→「一般」→「キーボード」→「ユーザ辞書」をタップすると、登録済みのユーザ辞書が一覧表示されるので、右上の「+」ボタンから新規登録してみよう。たとえば、「単語」に自分のメールアドレスを登録し、「よみ」に「めーる」と登録して「保存」をタップ。すると、以後テキスト入力時に「めーる」と入力するだけで、辞書登録したメールアドレスが予測変換候補に表示されるようになるのだ。

1 ユーザ辞書を編集する

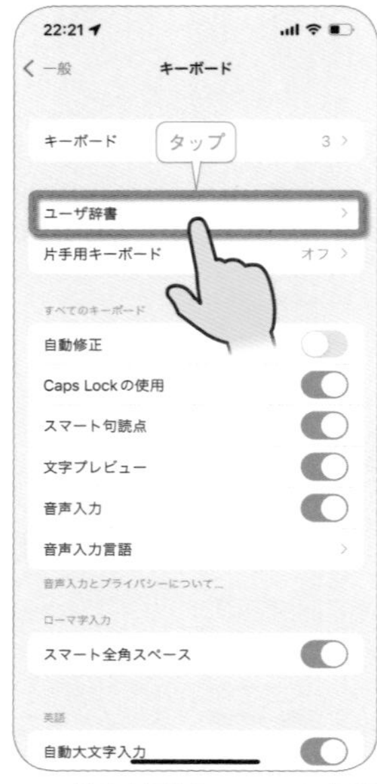
タップ
キーボード
ユーザ辞書
片手用キーボード
自動修正
Caps Lockの使用
スマート句読点
文字プレビュー
音声入力
音声入力言語
スマート全角スペース
自動大文字入力

ユーザ辞書を編集するには、まず「設定」→「一般」→「キーボード」をタップ。上の画面で「ユーザ辞書」をタップすれば単語登録が行える。

2 単語とよみを登録する

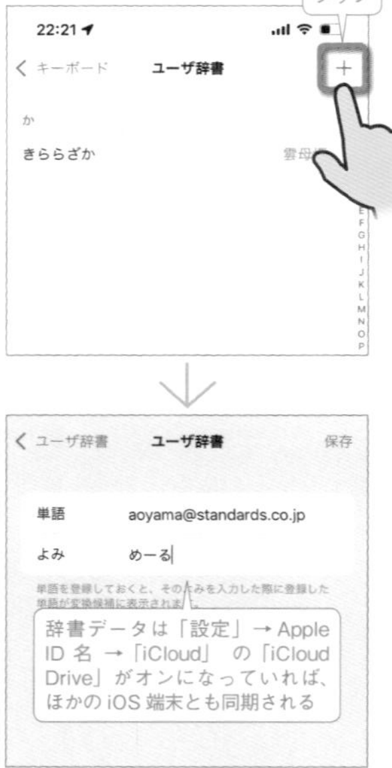
タップ
ユーザ辞書
きららざか
単語 aoyama@standards.co.jp
よみ めーる
保存
辞書データは「設定」→Apple ID名→「iCloud」の「iCloud Drive」がオンになっていれば、ほかのiOS端末とも同期される

「+」をタップし、「単語」と「よみ」を入力して「保存」で登録完了。頻繁に入力する単語やメールアドレスなどを登録しておくと便利だ。

3 変換候補に辞書が表示される

めーる
「めーる」と入力すると予測変換候補に登録したアドレスが表示された。ちなみに、別の単語に同じよみを登録すれば表示される変換候補が複数になる
aoyama@standards.co.jp
メール
次候補
確定

メモアプリなどを起動して、ユーザ辞書に登録した「よみ」を文字入力してみよう。変換候補に登録した単語が表示されるようになる。

SECTION 6

iOS15

179 iPhoneやアプリの使用時間を制限する

使用制限

スクリーンタイムでiPhoneの使いすぎを防ぐ

YouTubeを観たり、ゲームで遊んだりして、ダラダラと時間を費やすのは良くないと分かっていても、ついつい長時間iPhoneを触ってしまう……。そんなiPhoneの使いすぎを防ぐには、「スクリーンタイム」機能を活用するのがおすすめ。本機能では、iPhoneを使わない時間帯を設定して、許可したアプリしか使えないようにしたり、指定したアプリや特定カテゴリのアプリを一定時間しか使えないようにしたりなどができる。スクリーンタイムの設定画面では、どのアプリをどれくらいの時間使っているか、詳細なデータを確認することも可能だ。

1 スクリーンタイムを確認する

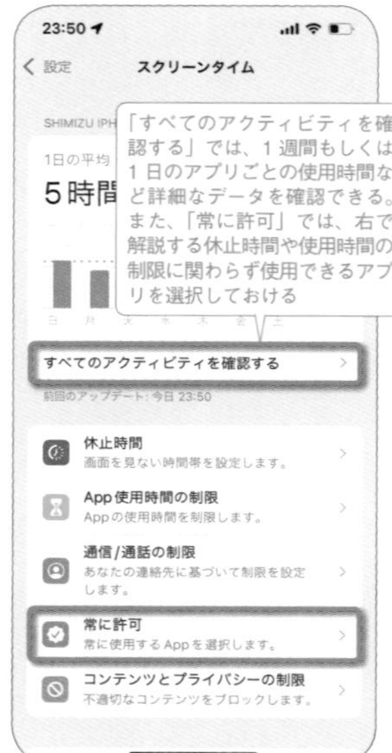
スクリーンタイム
「すべてのアクティビティを確認する」では、1週間もしくは1日のアプリごとの使用時間など詳細なデータを確認できる。また、「常に許可」では、右で解説する休止時間や使用時間の制限に関わらず使用できるアプリを選択しておける
すべてのアクティビティを確認する
休止時間
App使用時間の制限
通信/通話の制限
常に許可
コンテンツとプライバシーの制限

「設定」→「スクリーンタイム」で、iPhoneを使った時間を確認できる。iPhoneの使用を制限するには「休止時間」や「App使用時間の制限」をタップしよう。

2 画面を見ない時間帯を設定する

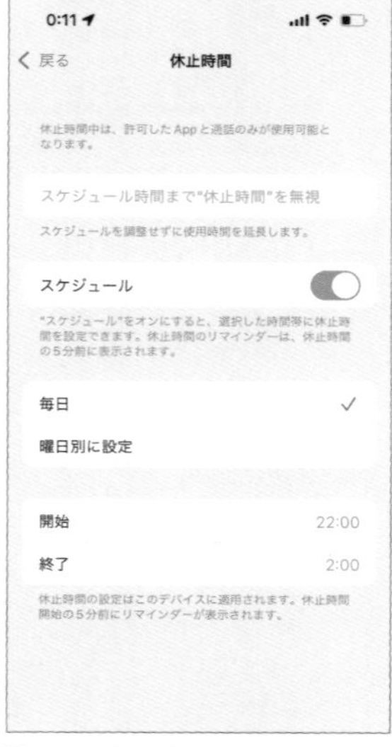
休止時間
スケジュール
毎日
曜日別に設定
開始 22:00
終了 2:00

「休止時間」→「明日まで"休止時間"をオンにする」をタップすると、明日の午前0時まで「常に許可」で選択したアプリと電話以外のアプリが使用できなくなる。また、「スケジュール」をオンにして時間を設定するば、その時刻に自動的に休止状態になる。

3 アプリを使う時間を制限する

キャンセル
Appを選択
次へ
Hulu
GYAO!
ListenRadio(リスラジ)
FOD
DAZN
Remote
オンデマンド
スポーツナビ
1日の使用時間を制限したいカテゴリやアプリを選択。複数選択して設定を進めると、選択したカテゴリやアプリに同じ時間制限が適用される。それぞれ別の時間制限を施したい場合は、ひとつずつ別途に設定を行おう
Spotify
Paravi

「App使用時間の制限」→「制限」では、選択したカテゴリやアプリ、Webサイトを1日で使用できる時間に制限を設けることができる。

マスト!

180 さまざまな認証をFace IDで行う

Face ID

本体のロックを解除するために使う顔認証機能「Face ID」は、App Store や iTunes Store でのアイテム購入時の認証や、サードパーティ製アプリの起動および各種認証時にも利用することができる。Apple ID や各アプリ、サービスの面倒なパスワード入力を省略できるのでぜひ利用したい。また、パスワード入力の機会が減るということは、それぞれのパスワードの文字列を複雑なものにしやすいという、セキュリティ上のメリットもある。

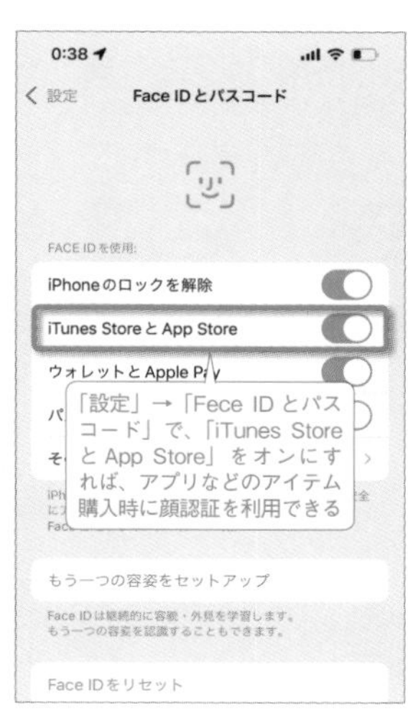
Face IDとパスコード
iPhoneのロックを解除
iTunes Store と App Store
ウォレットと Apple Pay
もう一つの容姿をセットアップ
Face IDをリセット
「設定」→「Fece ID とパスコード」で、「iTunes Store と App Store」をオンにすれば、アプリなどのアイテム購入時に顔認証を利用できる

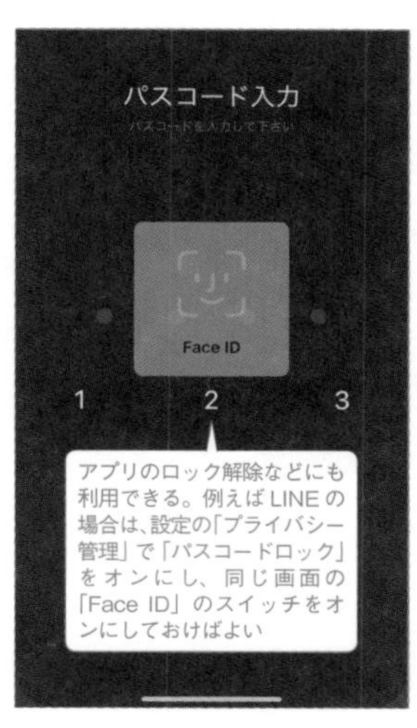
パスコード入力
Face ID
アプリのロック解除などにも利用できる。例えばLINEの場合は、設定の「プライバシー管理」で「パスコードロック」をオンにし、同じ画面の「Face ID」のスイッチをオンにしておけばよい

181 画面上に多機能なボタンを表示させる

Assistive Touch

設定で「AssistiveTouch」をオンにすると、半透明の仮想ボタンが画面上に常駐するようになる。この仮想ボタンを表示しておけば、ホームボタン非搭載の iPhone でもホームボタン代わりに使えたり、両手でボタンを押さなくてもスクリーンショットを撮影できたりなど、さまざまな機能を利用することが可能だ。ただし、常に画面上に表示されるため、操作の邪魔になることも多い。なお、仮想ボタンはドラッグ&ドロップして好きな位置に移動が可能だ。

AssistiveTouch
最上位メニューをカスタマイズ
新規ジェスチャを作成...
「設定」→「アクセシビリティ」→「タッチ」→「AssistiveTouch」でスイッチをオンにする。「最上位メニューをカスタマイズ」をタップして、表示するメニューボタンをカスタマイズすることもできる

通知センター
カスタム
デバイス
Siri
ホーム
コントロールセンター
画面に半透明の白いボタンが表示され、タップしてさまざまな機能を利用できる。例えばスクリーンショットを多用する人は、「最上位メニューをカスタマイズ」でアイコンを1つにし「スクリーンショット」を設定してみよう

182 ホーム画面のレイアウトを初期状態に戻す

ホーム画面

iPhone を使い続けていると、インストールしたけど使わないアプリや中身がよくわからないフォルダなどが増え、ホーム画面が煩雑になってくる。そこで一旦ホーム画面のレイアウトをリセットする方法を紹介しよう。「設定」→「一般」→「転送または iPhone をリセット」→「リセット」→「ホーム画面のレイアウトをリセット」→「ホーム画面をリセット」をタップすれば OK だ。ホーム画面が初期状態に戻り、アプリのフォルダ分けもリセットされる。

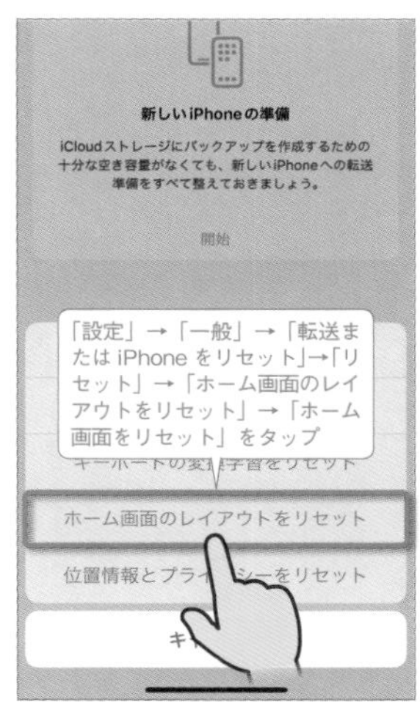
新しいiPhoneの準備
ホーム画面のレイアウトをリセット
「設定」→「一般」→「転送または iPhone をリセット」→「リセット」→「ホーム画面のレイアウトをリセット」→「ホーム画面をリセット」をタップ

ホーム画面が初期状態に戻った。インストールしたアプリは、標準アプリの後にアルファベット順、続いて五十音順に配置される

183 オリジナルの動く壁紙を設定する

壁紙

ロック画面をロングタップすると動き出す「LIve 壁紙」。カメラで撮影した Live Photos を Live 壁紙として設定できるが、このアプリを使えば動画を Live Photos に変換可能。つまり動画からオリジナルの Live 壁紙を自作できるのだ。

App

intoLive
作者/ImgBase, Inc.
価格/無料

写真アプリから動画を選択。動画選択画面の左下にある Wi-Fi ボタンをタップすれば、パソコンや他のアプリからも動画を取り込める。編集画面でトリミングやフィルタ加工、速度変更を行い、右上の「作る」をタップ
ビデオ
キー写真

「作る」をタップした後、再生回数を設定する(610円のPro版にしなければ繰り返すことはできない)。次の画面で「ライブフォトを保存」をタップ。「設定」→「壁紙」→「壁紙を選択」→「Live Photos」で作成した動画をロック画面に設定しよう
5秒以上のライブフォト作成
ライブフォトを保存

マスト!

184 セキュリティ プライバシーを完全保護するセキュリティ設定

他人に情報を盗まれないように万全の設定を

iPhoneは、プライバシー情報が漏れないように設計されているが、それでも万全ではない。たとえば、iPhoneのロック画面からはロックを解除しなくても通知センターやウィジェット、Siriなどにアクセスすることができる。これは利便性を向上させるための設計だが、悪用すれば他人が自分の名前やスケジュールなどの個人情報を入手することさえできてしまうのだ。また、不正アクセスを防ぐために最も重要なパスコードも、デフォルトだと6桁の数字なので、あまり強固なセキュリティとは言えない。プライバシー保護を重要視するのであれば、いくつかの設定を変更して安全性を高めておくといい。ただし、右で紹介している設定をすべて実行すると使い勝手も落ちてしまう。バランスを考えて設定するようにしよう。

POINT

AirDropも使わない時はオフにしよう

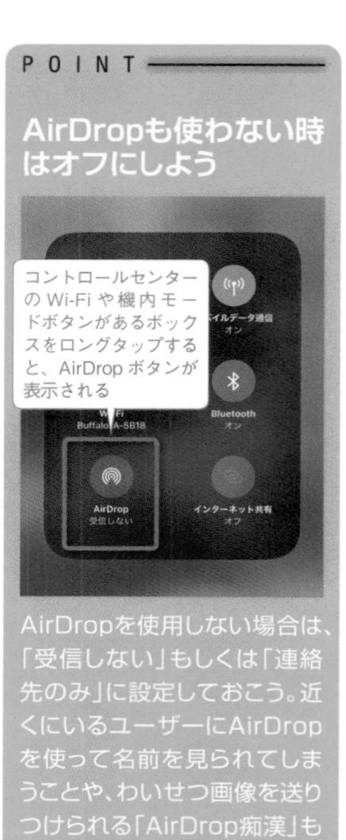
コントロールセンターのWi-Fiや機内モードボタンがあるボックスをロングタップすると、AirDropボタンが表示される
AirDrop
受信しない
Bluetooth
インターネット共有

AirDropを使用しない場合は、「受信しない」もしくは「連絡先のみ」に設定しておこう。近くにいるユーザーにAirDropを使って名前を見られてしまうことや、わいせつ画像を送りつけられる「AirDrop痴漢」も防止できる。

>>> チェックしておきたいプライバシー関連の設定項目

1 ロック中のアクセスをオフにする

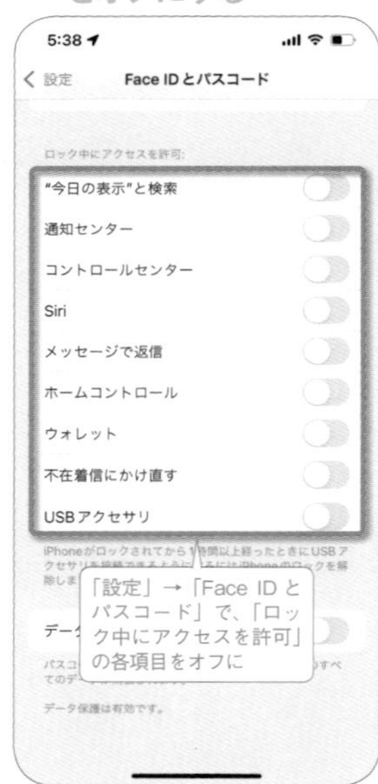
Face IDとパスコード
"今日の表示"と検索
通知センター
コントロールセンター
Siri
メッセージで返信
ホームコントロール
ウォレット
不在着信にかけ直す
USBアクセサリ
「設定」→「Face IDとパスコード」で、「ロック中にアクセスを許可」の各項目をオフに

ロック画面では、「今日の表示（ウィジェット）」や「Siri」などにもアクセスできる。セキュリティ重視ならすべてオフにしよう。カレンダーのウィジェットやSNSの通知など、プライベートな情報の表示を設定している場合は特に注意しよう。

2 ロック中でも安全にSiriを使う設定

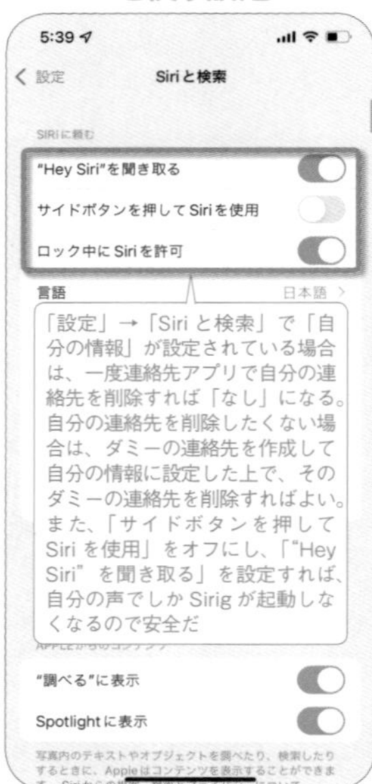
Siriと検索
"Hey Siri"を聞き取る
サイドボタンを押してSiriを使用
ロック中にSiriを許可
「設定」→「Siriと検索」で「自分の情報」が設定されている場合は、一度連絡先アプリで自分の連絡先を削除すれば「なし」になる。自分の連絡先を削除したくない場合は、ダミーの連絡先を作成して自分の情報に設定した上で、そのダミーの連絡先を削除すればよい。また、「サイドボタンを押してSiriを使用」をオフにし、「"Hey Siri"を聞き取る」を設定すれば、自分の声でしかSirigが起動しなくなるので安全だ
"調べる"に表示
Spotlightに表示

最新のiOSのロック画面では、他人にSiriを使って電話番号などを表示させることはできなくなっている。ただし、「自分の情報」に自分の連絡先を設定していると、「私の名前は？」という問いかけで名前が表示されてしまう。気になるなら設定を見直しておこう。

3 見られたくない通知もオフに

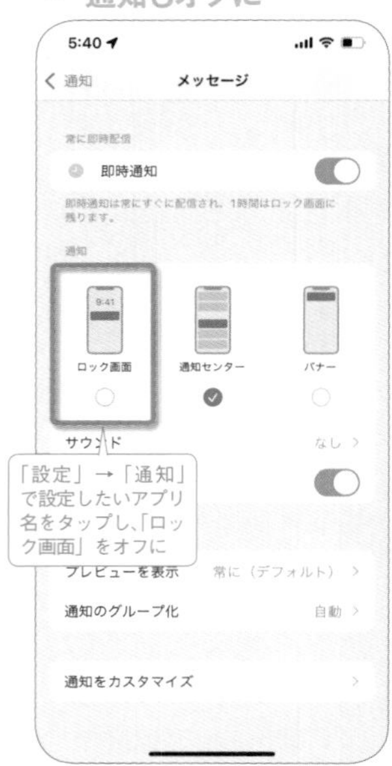
メッセージ
即時通知
ロック画面
通知センター
バナー
「設定」→「通知」で設定したいアプリ名をタップし、「ロック画面」をオフに
プレビューを表示
通知のグループ化
通知をカスタマイズ

ロック画面にメールアプリの通知が表示されると、他人に内容を盗み見られる可能性がある。見られたくない通知はロック画面の表示をオフにしよう。通知は必要だが内容を見られるのは困る…といった場合は、「プレビューを表示」を「しない」に設定すればよい。

4 パスコードを英数字に変更する

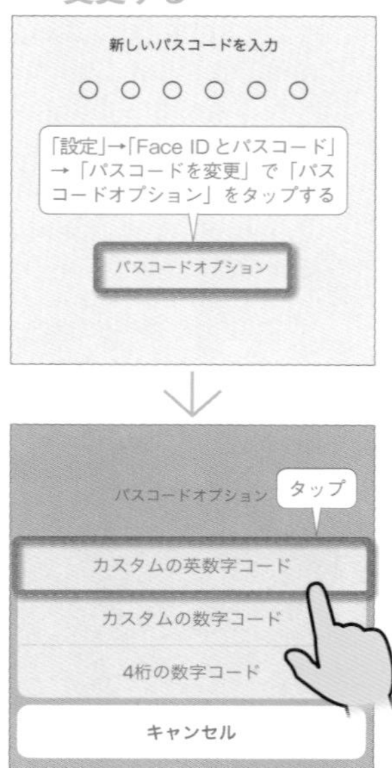
新しいパスコードを入力
「設定」→「Face IDとパスコード」→「パスコードを変更」で「パスコードオプション」をタップする
パスコードオプション
タップ
カスタムの英数字コード
カスタムの数字コード
4桁の数字コード
キャンセル

通常のパスコードは6桁の数字なので、内容によっては推測されやすい。より安全性を考えるなら英数字のコードを使おう。

5 iPhoneの名前を変更しておく

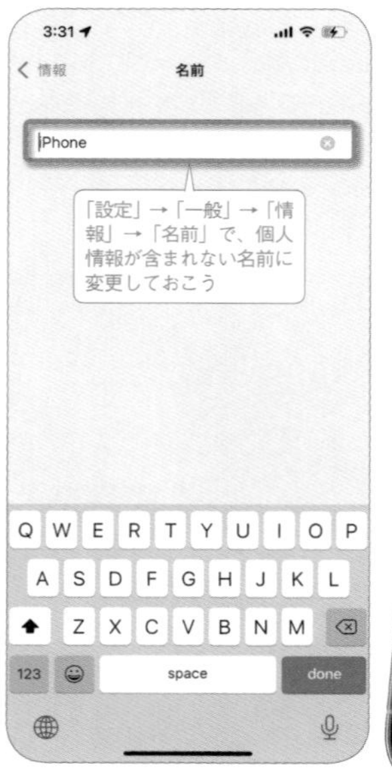
名前
iPhone
「設定」→「一般」→「情報」→「名前」で、個人情報が含まれない名前に変更しておこう

標準だとiPhoneの名前は機種名になっているが、本名などに変更している場合は注意が必要だ。この名前はAirDropに表示されるので気をつけよう。

6 ロックまでの時間を短くする

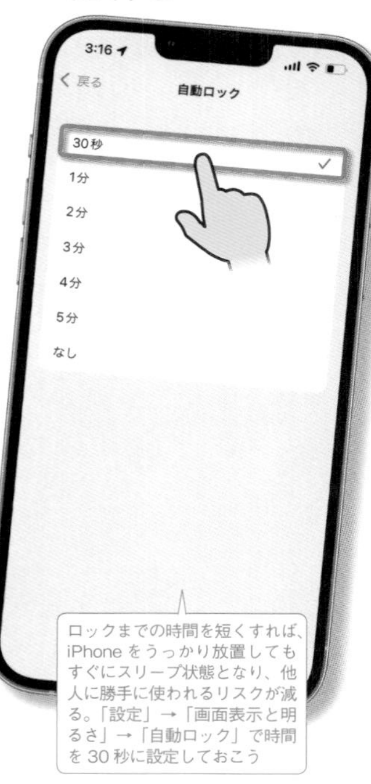
自動ロック
30秒
1分
2分
3分
4分
5分
なし

ロックまでの時間を短くすれば、iPhoneをうっかり放置してもすぐにスリープ状態となり、他人に勝手に使われるリスクが減る。「設定」→「画面表示と明るさ」→「自動ロック」で時間を30秒に設定しておこう

SECTION 6

185 データ通信 モバイルデータ通信をアプリによって使用制限する

意図しない通信が発生しないよう事前に設定する

モバイルデータ通信を使うときは、無駄な通信をできるだけ抑えたいものだ。とはいえ、Wi-Fi接続がオフになった状態で、うっかり動画をストリーミング再生したり、大きなサイズのデータを共有したりすると、意図せず余計な通信量を消費してしまうことがある。そんな事態を避けたいのであれば、「設定」→「モバイル通信」の画面で、アプリごとにモバイルデータ通信を使うかどうかを設定しておくといい。なお、ミュージックやApp Store、iCloudなどは、モバイルデータ通信の利用に関してさらに細かく設定できる。

1 アプリのデータ通信利用を禁止する

例えば、YouTubeなど動画再生で通信量の増加しがちなアプリはオフにしておくなど、自分の利用状況に合わせて設定しよう

「設定」→「モバイル通信」で、モバイルデータ通信の使用を禁止するアプリのスイッチをオフに。なお、一度モバイルデータ通信を使ったアプリしか表示されないので注意しよう。

2 オフに設定したアプリを起動すると

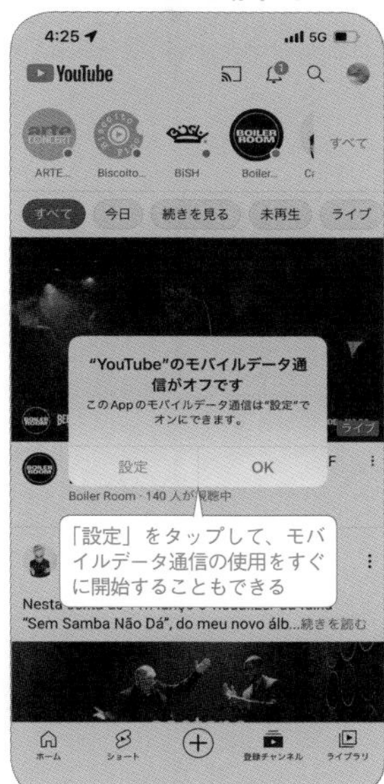

"YouTube"のモバイルデータ通信がオフです
このAppのモバイルデータ通信は"設定"でオンにできます。
設定
OK
「設定」をタップして、モバイルデータ通信の使用をすぐに開始することもできる

モバイルデータ通信の使用をオフにしたアプリをWi-Fiオフの状態で起動すると、このようなメッセージが表示される。これで、意図せずデータ通信を使ってしまうことを防止できる。

3 さらに細かく設定できるアプリも

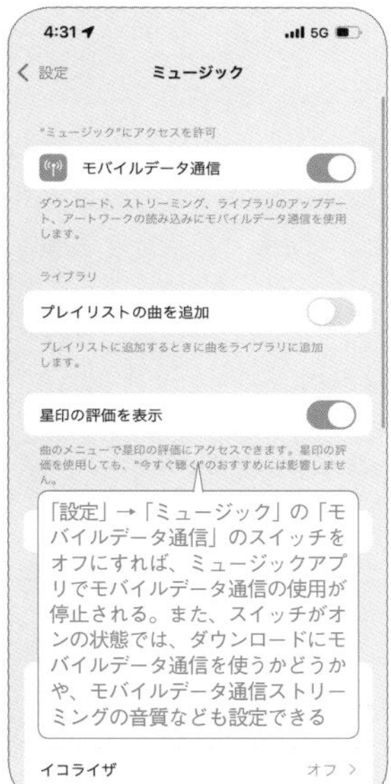

「設定」→「ミュージック」の「モバイルデータ通信」のスイッチをオフにすれば、ミュージックアプリでモバイルデータ通信の使用が停止される。また、スイッチがオンの状態では、ダウンロードにモバイルデータ通信を使うかどうかや、モバイルデータ通信ストリーミングの音質なども設定できる

ミュージックや、App Store、iCloudおよびサードパーティのアプリの一部では、機能によって細かくモバイルデータ通信を使用するかどうかを設定できる。

186 環境音 雨音や海の音などの環境音をバックに流す

iOS 15で新たに搭載された機能の中でも、地味ながら面白いのが「バックグラウンドサウンド」だ。雨の音や海の波音、ノイズなどをバックグラウンド再生し、心地よいサウンドで集中力を高めたりリラックスするための機能だ。「設定」→「アクセシビリティ」→「オーディオビジュアル」→「バックグラウンドサウンド」で機能を実行できる他、コントロールセンターに「聴覚」ボタンを追加しておけば、もっと素早く再生や停止の操作を行える。

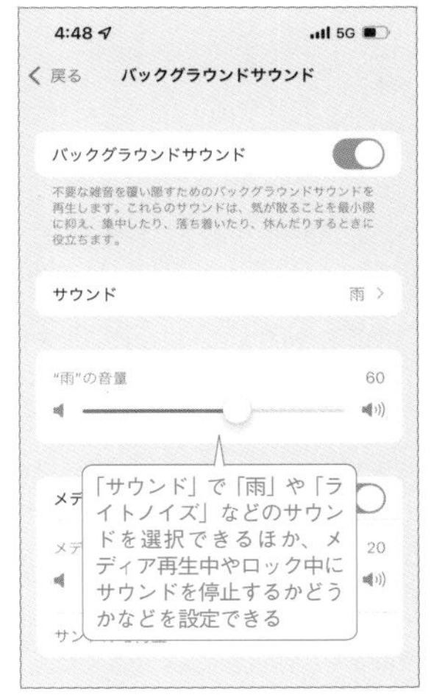

「サウンド」で「雨」や「ライトノイズ」などのサウンドを選択できるほか、メディア再生中やロック中にサウンドを停止するかどうかなどを設定できる

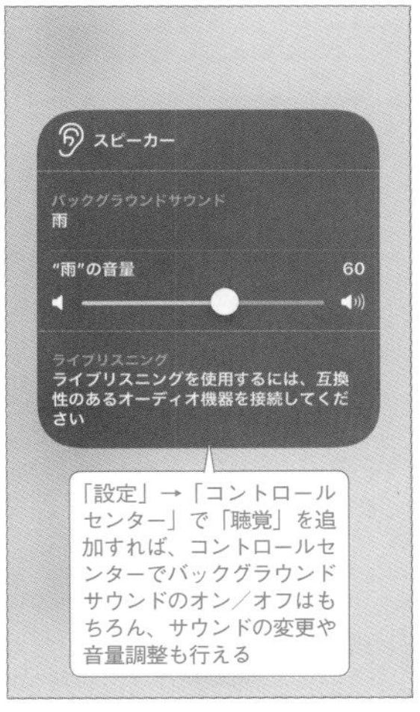

「設定」→「コントロールセンター」で「聴覚」を追加すれば、コントロールセンターでバックグラウンドサウンドのオン/オフはもちろん、サウンドの変更や音量調整も行える

187 マスト! 文字入力 使わない余計なキーボードはオフにしておこう

iPhoneの標準状態では、日本語かな、日本語ローマ字、英語、絵文字の4種類のキーボードが設定されている。通常、日本語ローマ字のローマ字入力か、日本語かなのフリック/トグル入力のどちらかで入力するので、使わない方は削除しておきたい。また、絵文字も普段使う機会がないなら削除しておこう。不要なキーボードを削除することによって、キーボードの切り替えがスムーズになる。なお、削除したキーボードはいつでも復元できる。

スワイプ
「設定」→「一般」→「キーボード」→「キーボード」で、不要なキーボードを左にスワイプして「削除」をタップ

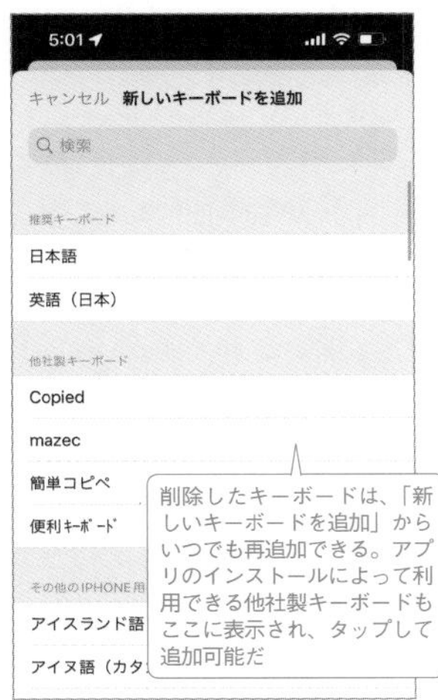

削除したキーボードは、「新しいキーボードを追加」からいつでも再追加できる。アプリのインストールによって利用できる他社製キーボードもここに表示され、タップして追加可能だ

188 文字入力 文字入力に他社製の多彩なキーボードを利用する

顔文字から手書きまでさまざまなキーボードを追加

文字入力を行うキーボードは、標準のものに加え App Store から他社製のものを追加することができる。高精度な手書き入力が行えるものや、SNS で使いたい半角カナや凝った顔文字を簡単に入力できるものなど、(標準キーボードに置き換えるのではなく) オプションとして使いたいものも数多い。ここでは、手書き入力に特化した「mazec」を紹介しよう。

App
mazec
作者／MetaMoJi Corporation
価格／1,100円

1 新しいキーボードを追加する

インストールしたキーボードが「他社製キーボード」欄に表示されるので、追加利用したいものをタップ

App Store で好きな他社製キーボードアプリを入手したら、「設定」→「一般」→「キーボード」→「キーボード」で「新しいキーボードを追加 ...」をタップ。利用したいものを選択する。

2 フルアクセスを許可する

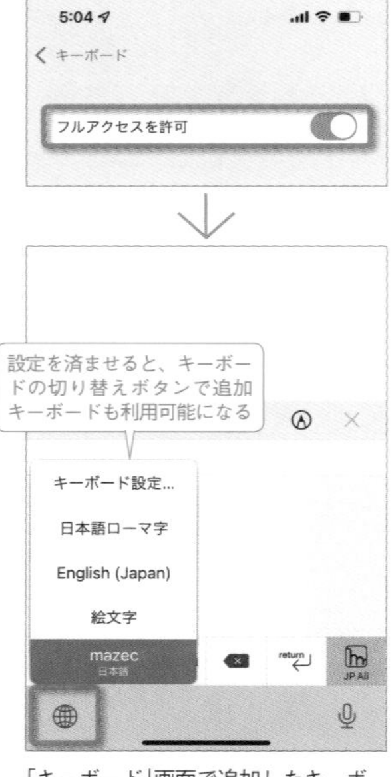

設定を済ませると、キーボードの切り替えボタンで追加キーボードも利用可能になる

「キーボード」画面で追加したキーボード名をタップし、「フルアクセスを許可」のスイッチをオンにすれば、利用可能になる。メモアプリなどでキーボードを切り替えてみよう。

3 手書き入力に特化した「mazec」

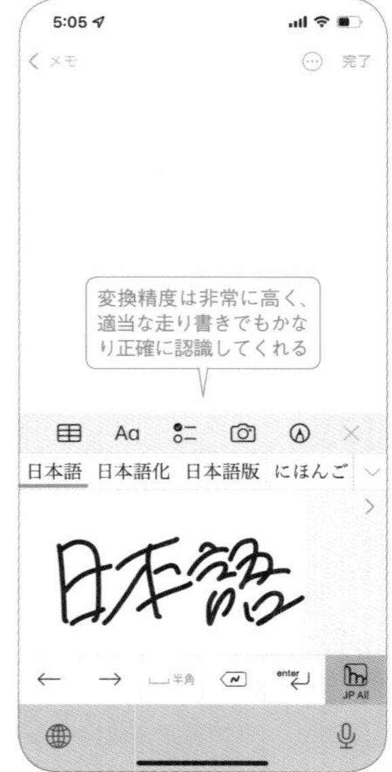

変換精度は非常に高く、適当な走り書きでもかなり正確に認識してくれる

「mazec」なら、メモやブラウザ、SNS、メッセージなどあらゆるアプリで、文字を手書き入力できる。ひらがな混じりの文字を漢字変換することも可能だ。

SECTION 6

189 共有メニュー アクションの項目を取捨選択する

共有ボタンで表示される項目を編集

写真アプリや Safari などで共有ボタンをタップすると、表示中の写真やページを共有する相手やアプリを選択したり、コピーやマークアップなどの操作を行うアクションメニューが表示される。このアクションメニューの中には、自分で使わない項目が表示されていたり、よく使う項目が下の方にあって、使いづらいと感じたりすることもあるだろう。そんな時は、アクションメニューの一番下にある「アクションを編集」をタップしよう。不要なアクションを非表示にしたり、「よく使う項目」に追加して表示順を並べ替えたりができる。

1 共有メニューを開きアクションを編集

タップ
アクションを編集...

写真アプリや Safari で共有ボタンをタップし、メニューを開いたら、一番下までスクロールして「アクションを編集」をタップしよう。

2 よく使う項目に追加して並べ替え

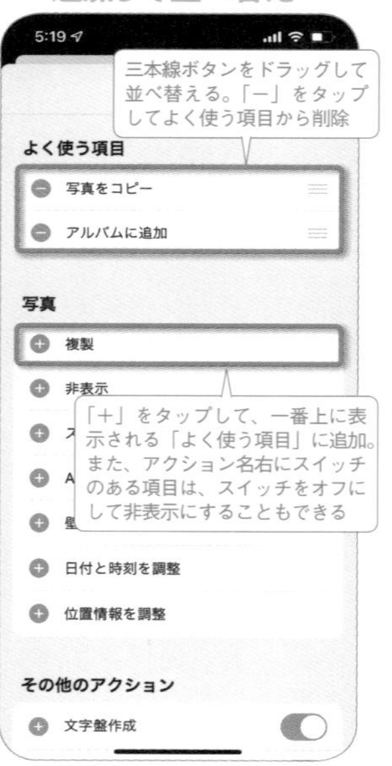

三本線ボタンをドラッグして並べ替える。「−」をタップしてよく使う項目から削除
「＋」をタップして、一番上に表示される「よく使う項目」に追加。また、アクション名右にスイッチのある項目は、スイッチをオフにして非表示にすることもできる

アクションの「＋」をタップすると、一番上に表示される「よく使う項目」に追加できる。さらに「よく使う項目」は三本線ボタンをドラッグして並び順を変更可能だ。

3 Appメニューを編集する

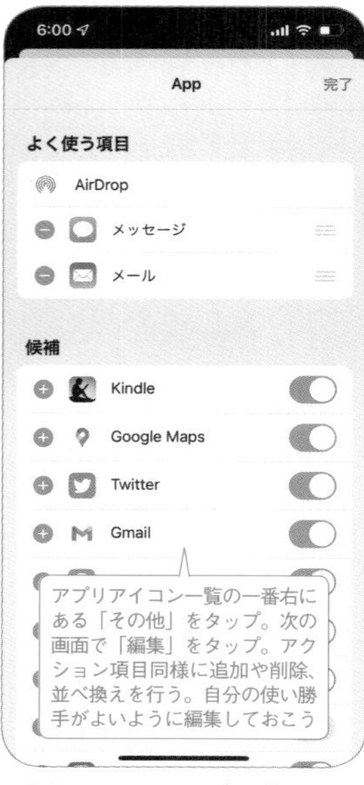

アプリアイコン一覧の一番右にある「その他」をタップ。次の画面で「編集」をタップ。アクション項目同様に追加や削除、並べ換えを行う。自分の使い勝手がよいように編集しておこう

アクションメニューの上に並んでいるアプリアイコンをタップすることで、データや情報を受け渡して共有できる。このアプリ一覧も並べ換えなどの編集が可能だ。

SECTION 7

生活お役立ち技

日常のあらゆるシーンで活躍するiPhone。
旅行はもちろん日々の移動で助かる
Googleマップの活用法をはじめ
天気予報や乗換案内、電子書籍など
毎日の生活をサポートしてくれるアプリが満載。

21:13
FaceTime
日
24
カレンダー
6
メール
メモ
写真
カメラ
リマインダー
時計
^N225 28,805
Nikkei 225 +96.27
DOW J 35,677
Dow Jones In... +73.94
AAPL 148.69
Apple Inc. -0.79
東京
246

マスト!

190 地図 使ってみると便利すぎるGoogleマップの経路検索

2つの地点の最短ルートと所要時間が分かる

iOSの標準マップアプリよりもさらに情報量が多く、正確な地図アプリが「Googleマップ」だ。特に「経路検索」機能は強力で、指定した2つの地点を結ぶ最適なルートと距離、所要時間を、自動車／公共交通機関／徒歩／自転車などそれぞれの移動手段別に割り出してくれる。対応エリアでは、タクシーの配車なども可能。自動車と徒歩では、ナビ機能も利用できる。

App

Google マップ
作者／Google, Inc.
価格／無料

SECTION 7

1 経路検索モードでルートを検索する

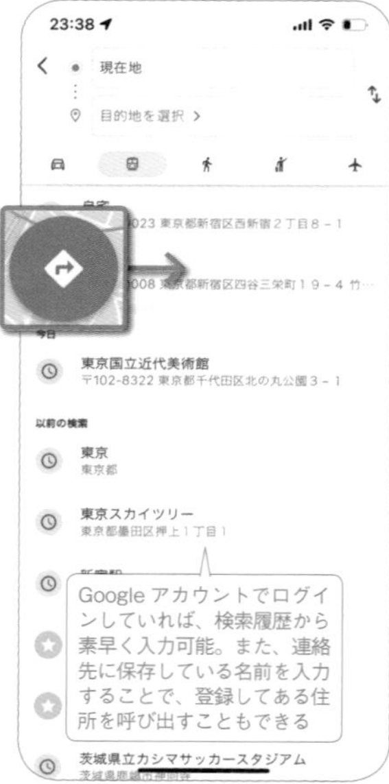
Googleアカウントでログインしていれば、検索履歴から素早く入力可能。また、連絡先に保存している名前を入力することで、登録してある住所を呼び出すこともできる

右下の経路検索ボタンをタップ。移動手段を自動車、公共交通機関、徒歩、タクシー、自転車、飛行機から選択し、出発地および目的地を入力する。

2 ルートと距離所要時間が表示

出発地入力欄右のオプションメニューボタン（3つのドット）で経由地の追加も可能

自動車で検索すると、最適なルートがカラーのラインで、別の候補がグレーのラインで表示され、画面下部に所要時間と距離も示される。

3 乗換案内として利用する

タップ

移動手段に公共交通機関を選べば、複数の経路がリスト表示される。ひとつ選んでタップすれば、地図上のルートと詳細な乗換案内を表示する。

191 マップ 電車やバスの発車時刻や停車駅、ルートを確認する

分かりづらいバスのルートもマップで確認

Googleマップでは、特定の駅やバス停をタップすると、今後の出発時刻や出発までの時間が一覧表示される。乗りたい方面へのバスがあと何分で出発するか、同じ方向への電車はどちらの路線の方が出発が早いかなどがすぐに分かって助かる機能だ。またひとつをタップして選択すると、すべての停車駅やバス停が表示され、ルートをマップ上で確認できる。特にバスの場合はルートが分かりづらいことが多いが、この機能を使えばルートがマップ上でカラー表示されるので、降りたい場所の近くを通るかも分かりやすい。

1 特定の駅の出発情報を確認する

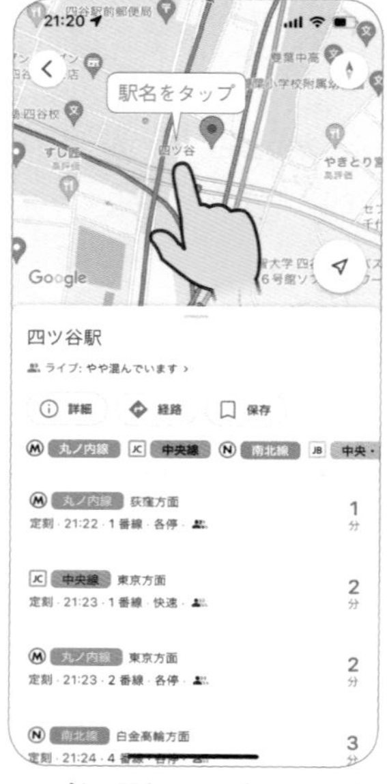
駅名をタップ

マップ上の駅名をタップすると、今後の出発時刻や出発までの時間が一覧表示される。複数の路線を見比べたいときなどに活用しよう。

2 バス停も出発情報を確認できる

バス停をタップ

バス停をタップした場合も、同様に今後の出発時刻や出発までの時間が一覧表示される。乗りたい時間のルートをタップしてみよう。

3 ルートをマップ上で確認できる

すべての停車駅やバス停と、どこまで向かうかのルートをマップ上で確認できる。特にバスの場合はルートが分かりづらいことが多いので、この機能でどこを通るかを把握しよう

マスト!

192 Googleマップで調べたスポットをブックマーク

地図

Googleマップで調べたスポットは、ブックマークのように保存しておける。保存したスポットには、「保存済み」タブの「自分のリスト」から素早くアクセスすることが可能だ。保存先リストとして「スター付き」「お気に入り」「行ってみたい」「ラベル付き」があらかじめ用意されているほか、リストを新規作成することもできる。旅行先で訪れたい場所や、仕事で巡回する訪問先など、調べたスポットは忘れないうちに保存して、マップをさらに活用しよう。

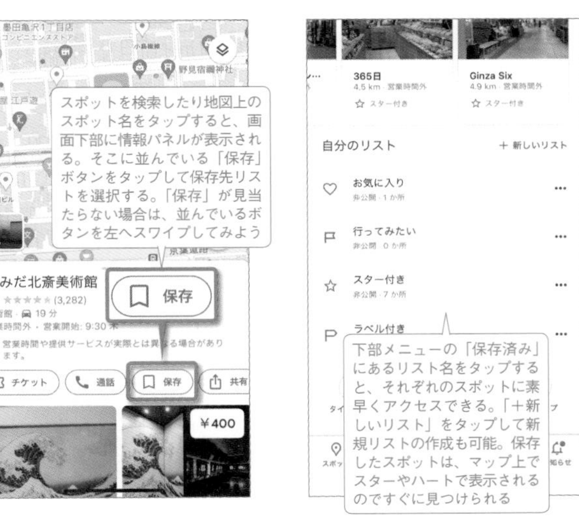
スポットを検索したり地図上のスポット名をタップすると、画面下部に情報パネルが表示される。そこに並んでいる「保存」ボタンをタップして保存先リストを選択する。「保存」が見当たらない場合は、並んでいるボタンを左へスワイプしてみよう
すみだ北斎美術館
保存
チケット
通話
保存
共有
¥400

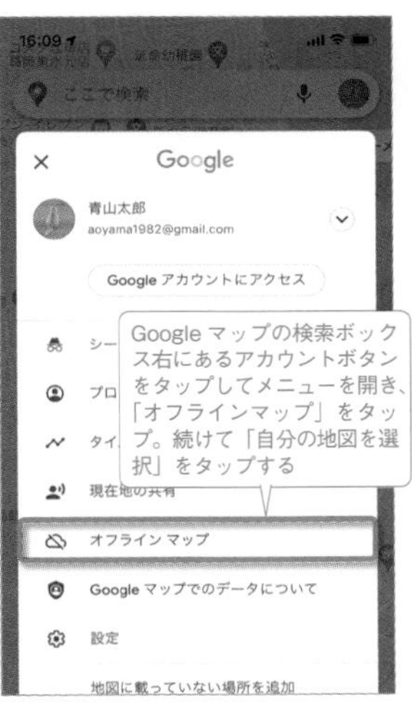
365日
Ginza Six
自分のリスト
+ 新しいリスト
お気に入り
行ってみたい
スター付き
ラベル付き
下部メニューの「保存済み」にあるリスト名をタップすると、それぞれのスポットに素早くアクセスできる。「+新しいリスト」をタップして新規リストの作成も可能。保存したスポットは、マップ上でスターやハートで表示されるのですぐに見つけられる

193 通信量節約にもなるオフラインマップを活用

地図

Googleマップは、ネット接続のないオフライン状態でも地図を表示できる「オフラインマップ」機能を備えている。あらかじめ指定した範囲の地図データをダウンロードしておくことで、圏外や機内モードの状態でもGoogleマップを利用でき、通信量の節約にもなる。またスポット検索やルート検索（自動車のみ）、ナビ機能なども利用可能だ。データ通信の残量が少ない時や海外で通信に不安がある際に、マップをダウンロードしておくと助かるはずだ。

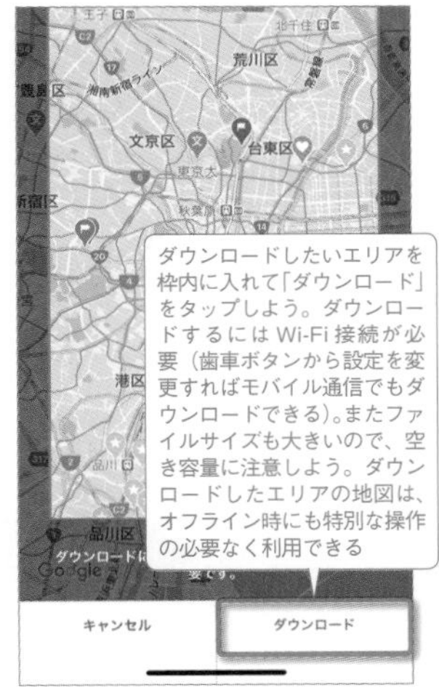
Google
青山太郎
Google アカウントにアクセス
Googleマップの検索ボックス右にあるアカウントボタンをタップしてメニューを開き、「オフラインマップ」をタップ。続けて「自分の地図を選択」をタップする
オフライン マップ
Google マップでのデータについて
設定
ダウンロードしたいエリアを枠内に入れて「ダウンロード」をタップしよう。ダウンロードするにはWi-Fi接続が必要（歯車ボタンから設定を変更すればモバイル通信でもダウンロードできる）。またファイルサイズも大きいので、空き容量に注意しよう。ダウンロードしたエリアの地図は、オフライン時にも特別な操作の必要なく利用できる
キャンセル
ダウンロード

マスト!

194 Googleマップに自宅や職場を登録する

地図

日本国内はもちろん世界中の地図を確認できるGoogleマップだが、日常的には自宅や職場周辺を調べたり、同じく自宅や職場を出発地や目的地とした経路検索を行うことが多いだろう。そこで、自宅や職場の住所をあらかじめ登録しておけば使い勝手が大きく向上する。下部メニュー「保存済み」タブの「自分のリスト」にある「ラベル付き」をタップ。続けて「自宅」および「職場」をタップして、それぞれの住所を入力しよう。

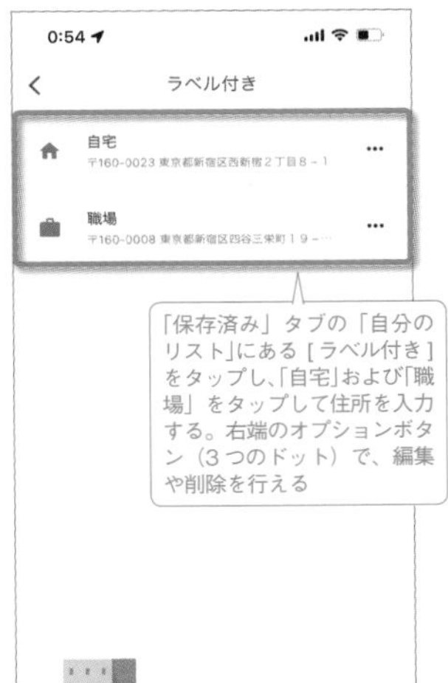
ラベル付き
自宅
職場
「保存済み」タブの「自分のリスト」にある［ラベル付き］をタップし、「自宅」および「職場」をタップして住所を入力する。右端のオプションボタン（3つのドット）で、編集や削除を行える

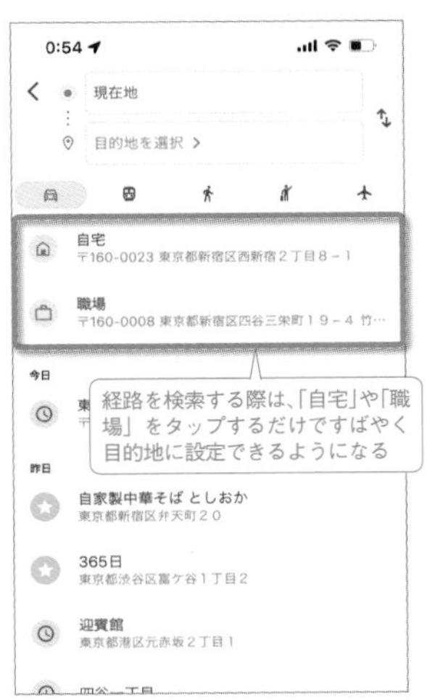
現在地
目的地を選択
自宅
職場
経路を検索する際は、「自宅」や「職場」をタップするだけですばやく目的地に設定できるようになる
365日
迎賓館

マスト!

195 Googleマップを片手操作で拡大縮小する

地図

Googleマップは2本の指の間隔を広げたり狭めたりする操作（ピンチイン・ピンチアウト）で表示エリアをなめらかに拡大・縮小できる。しかし、両手を使わないとこの操作を行うのは難しい。ダブルタップで段階的に拡大することは可能だが、細かい調整ができない上に縮小も不可能なので、いまひとつ使いづらいはずだ。そこで、ここで紹介する操作方法を覚えておこう。

その操作方法とは、持ち手の親指で地図をダブルタップしたあと、そのまま親指を離さずに上下にスライドさせるというもの。上にスライドすれば縮小、下にスライドすれば拡大となる。これなら片手だけで自在にGoogleマップを操ることができる。地図の回転や角度の変更をすることはできないが、片手がふさがっている場合には十分に有効な手段だ。

親指でダブルタップ

ここで検索
自宅
レストラン
コンビニ
ラーメン
親指を離さずに上スライドで縮小、下スライドで拡大できる

196 Googleマップのシークレットモードを使う

地図

Google マップで検索したり訪問した場所の履歴を残したくない時は、「シークレットモード」を使おう。検索ボックス右にあるアカウントボタンをタップしてメニューを開き、「シークレットモードをオンにする」をタップすればよい。機能が有効になり、検索履歴や訪問履歴を残さずマップを利用できるようになる。通常モードに戻すには、アカウントボタンをタップして「シークレットモードをオフにする」をタップすればよい。

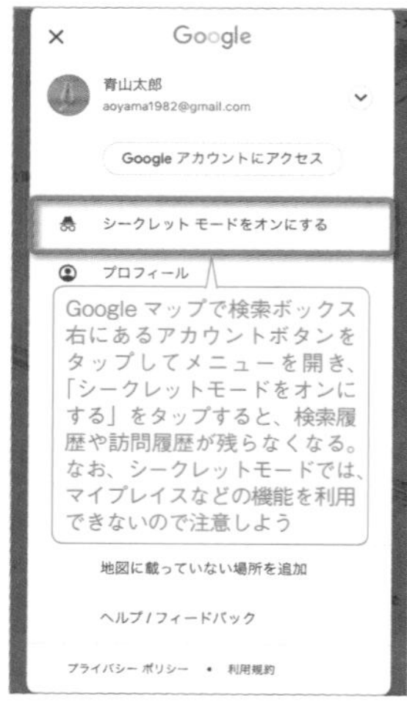

Google マップで検索ボックス右にあるアカウントボタンをタップしてメニューを開き、「シークレットモードをオンにする」をタップすると、検索履歴や訪問履歴が残らなくなる。なお、シークレットモードでは、マイプレイスなどの機能を利用できないので注意しよう

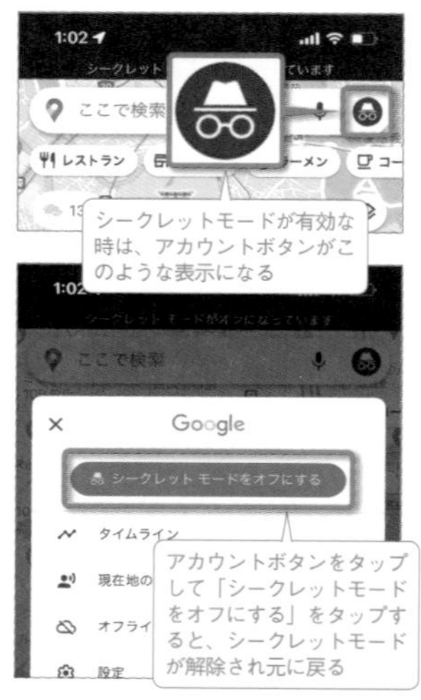

シークレットモードが有効な時は、アカウントボタンがこのような表示になる

アカウントボタンをタップして「シークレットモードをオフにする」をタップすると、シークレットモードが解除され元に戻る

197 日々の行動履歴を記録しマップで確認する

地図

Google マップには「タイムライン」という機能があり、移動した経路や訪れた場所を常時記録し、マップ上で確認することができる。特に操作しなくても自動で保存される便利なライフログ機能だ。タイムライン機能を利用するには、あらかじめ Google マップの「設定」で「ロケーション履歴」をオンにしておこう。これで常に位置情報が記録されるようになる。旅行の行動記録はもちろん、ウォーキングや散歩の移動距離確認などにも利用したい。

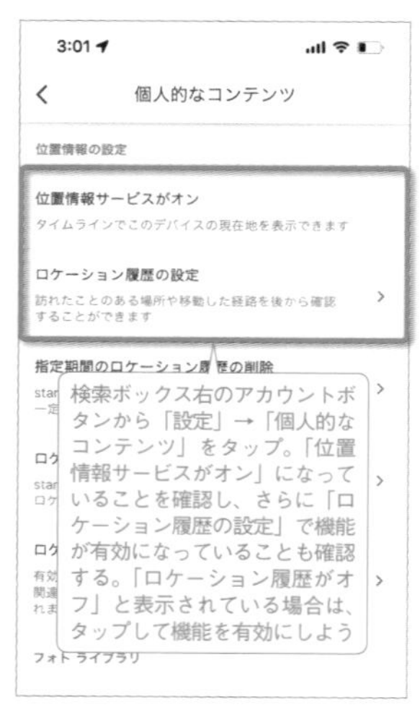

検索ボックス右のアカウントボタンから「設定」→「個人的なコンテンツ」をタップ。「位置情報サービスがオン」になっていることを確認し、さらに「ロケーション履歴の設定」で機能が有効になっていることも確認する。「ロケーション履歴がオフ」と表示されている場合は、タップして機能を有効にしよう

記録を確認するには、アカウントボタンから「タイムライン」をタップ。訪れた場所や移動経路、移動距離や時間を確認できる。画面右上のカレンダーボタンで日付を選択可能

SECTION 7

198 柔軟な条件を迷わず設定できる最高の乗換案内アプリ

マスト!

乗換案内

電車移動を強力にサポートするベストアプリ

電車移動に必須の乗換案内アプリ。おすすめは条件入力がわかりやすく検索結果の画面もみやすい「Yahoo! 乗換案内」だ。自分に合った移動スピードや座席の指定、運賃種別など、細かな条件設定が行えるのはもちろん、1本前と1本後での再検索、全通過駅の表示、乗り換えに最適な車両の案内など役立つ機能も満載だ。

App

Yahoo!乗換案内
作者／Yahoo Japan Corp.
価格／無料

1 出発駅、到着駅経由駅を設定する

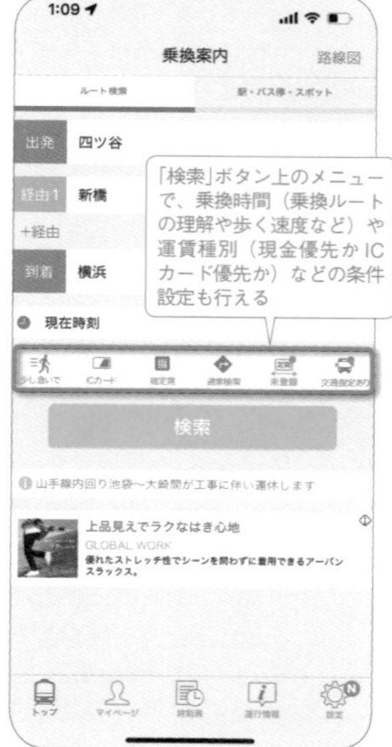

「検索」ボタン上のメニューで、乗換時間（乗換ルートの理解や歩く速度など）や運賃種別（現金優先か IC カード優先か）などの条件設定も行える

「トップ」メニューの「ルート検索」画面で、出発駅や経由駅、到着駅を入力して検索しよう。一度入力した駅名は履歴に残るので再入力も簡単だ。

2 日時の設定もスムーズに行える

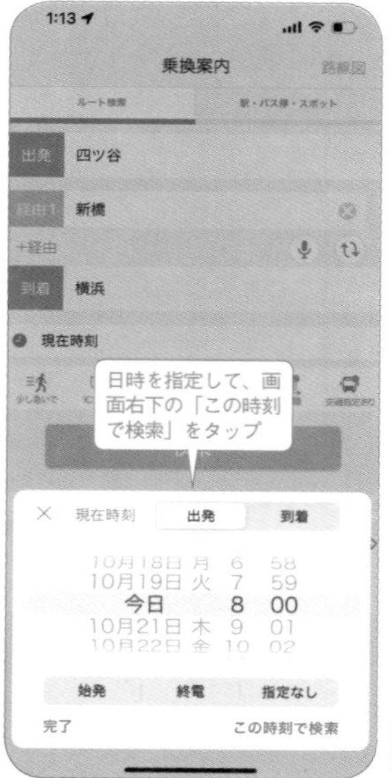

日時を指定して、画面右下の「この時刻で検索」をタップ

乗換案内画面の「現在時刻」をタップすれば、出発や到着の日時を指定できる。指定日の始発および終電を検索することも可能だ。

3 検索結果が表示される

検索結果の上部タブで、所要時間／乗換回数／料金順に並べ替えできる。一本前や一本後の電車で再検索できるのも便利だ。経路を一つ選んでタップすれば、より詳細な乗換情報が表示される

199 乗換情報はスクショで保存、共有がオススメ

乗換案内

「Yahoo! 乗換案内」(No198で解説)の検索結果を家族や友人に伝えたい場合、検索結果の「予定を共有」をタップすれば、メッセージやLINEで送信できる。ただこの方法だとテキストで送信されるので、パッと見ただけではルートが分かりづらい。同じく検索結果画面に用意された「スクショ」ボタンで、視覚的に分かりやすい画像にして送るのがおすすめだ。1画面に収まらない長いルートでも、1枚の縦長画像として保存し、送信できる。

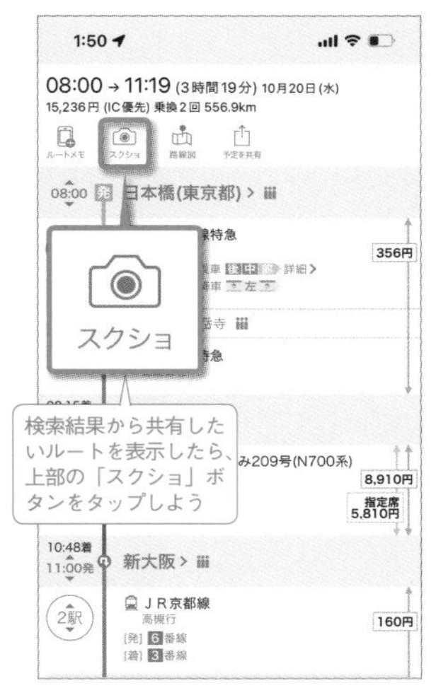
スクショ

検索結果から共有したいルートを表示したら、上部の「スクショ」ボタンをタップしよう

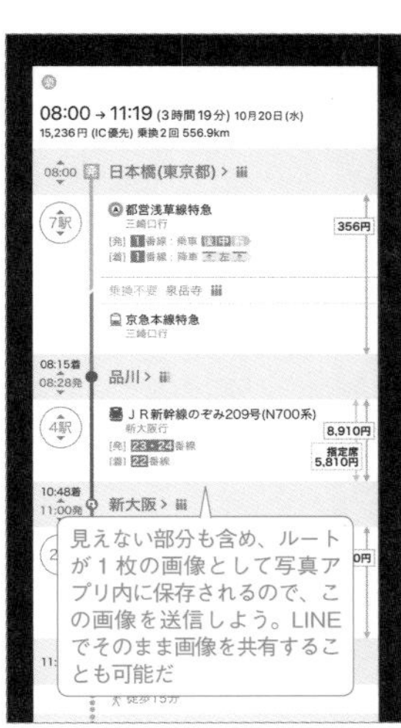

見えない部分も含め、ルートが1枚の画像として写真アプリ内に保存されるので、この画像を送信しよう。LINEでそのまま画像を共有することも可能だ

200 いつも乗る路線の発車カウントダウンを表示する

乗換案内

No198で紹介した「Yahoo! 乗換案内」は、いつも使う最寄り駅と路線、方面を登録しておけば、次の電車の発車までの時間をカウントダウン表示してくれる便利なウィジェットも備えている。このウィジェットを確認すれば、「間に合いそうにないからその次の電車にしよう」といった判断を正確に行える。ウィジェットに表示されるのは「マイ時刻表」に登録した駅や路線、方面だ。まずは下部メニューの「時刻表」→「マイ時刻表」で駅や路線を登録しよう。

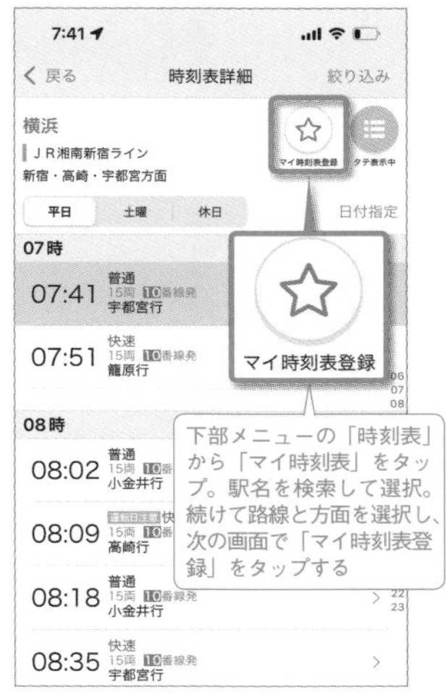
時刻表詳細
横浜
JR湘南新宿ライン
マイ時刻表登録

下部メニューの「時刻表」から「マイ時刻表」をタップ。駅名を検索して選択。続けて路線と方面を選択し、次の画面で「マイ時刻表登録」をタップする

Yahoo! 乗換案内の「マイ時刻表」ウィジェット(サイズは2つある)を配置すると、カウントダウンが開始される。マイ時刻表が2つ以上登録されている場合は、配置したウィジェットをロングタップして「ウィジェットを編集」をタップ。表示する時刻表を選択する。複数のウィジェットで別々のマイ時刻表を設定してもよい

201 混雑や遅延を避けて乗換検索する

乗換案内

特に都市部の電車では、事故や点検によって遅れが発生したり、イベント開催で大混雑するといった事態が日常茶飯事だが、できればうまく避けて別の路線やバスで迂回したい。そんな時にも、No198で紹介した「Yahoo! 乗換案内」が活躍する。路線の運行情報をいち早くチェックできるだけでなく、遅延や運休時に迂回路をすばやく再検索できる。また、遅延・運休時以外でも、避けたい路線を迂回した乗換検索を自由に行うこともできる。

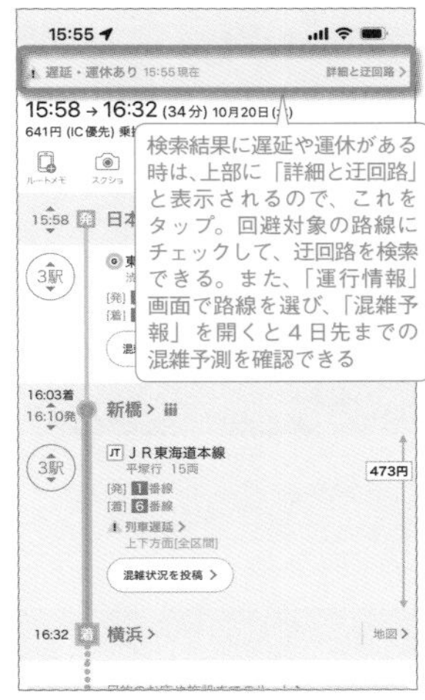

検索結果に遅延や運休がある時は、上部に「詳細と迂回路」と表示されるので、これをタップ。回避対象の路線にチェックして、迂回路を検索できる。また、「運行情報」画面で路線を選び、「混雑予報」を開くと4日先までの混雑予測を確認できる

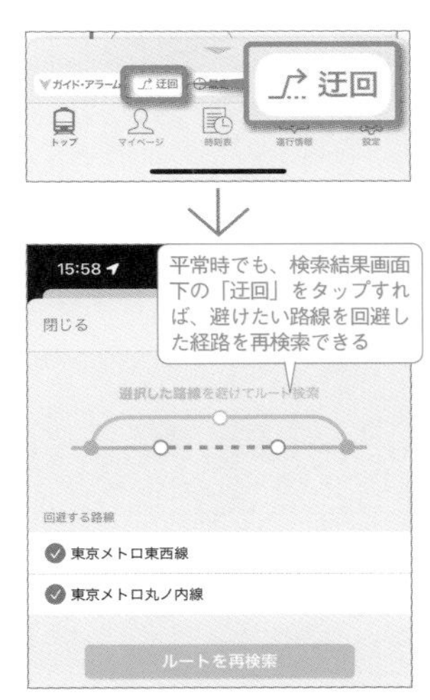
迂回
東京メトロ東西線
東京メトロ丸ノ内線
ルートを再検索

平常時でも、検索結果画面下の「迂回」をタップすれば、避けたい路線を回避した経路を再検索できる

202 地下の移動時はYahoo!マップを利用しよう

地図

iPhoneで使うマップアプリは、情報量が多く多機能な「Googleマップ」がおすすめだが、地下に関しては「Yahoo! MAP」の方が優秀だ。地下街を表示すると、出口や階段、店舗名やトイレの位置まで表示される。

App

Yahoo! MAP
作者/Yahoo Japan Corp.
価格/無料

地下街のあるエリアを拡大すると、左端に地下の階層が表示されるので、表示したい階をタップして選択しよう

このように、地下街の出口、階段、店、トイレの位置まで詳細に表示される。迷いやすい地下もこのアプリがあれば安心だ

マスト!

203 天気予報 雨雲レーダーも搭載した決定版天気予報アプリ

最も見やすく最も実用的な天気予報アプリ

現在地や設定地点の15日間の天気予報、最高／最低気温、降水確率などを1画面で確認できる実用性の高い天気予報アプリ。1時間ごとの気温や降水確率も最大72時間までチェックできる。地域は複数設定でき、ゲリラ豪雨回避に必須の雨雲レーダーや、天気予報の通知など、役立つ機能を多数搭載した決定版アプリだ。

App

Yahoo!天気
作者／Yahoo Japan Corp.
価格／無料

1 知りたい情報を1画面で確認

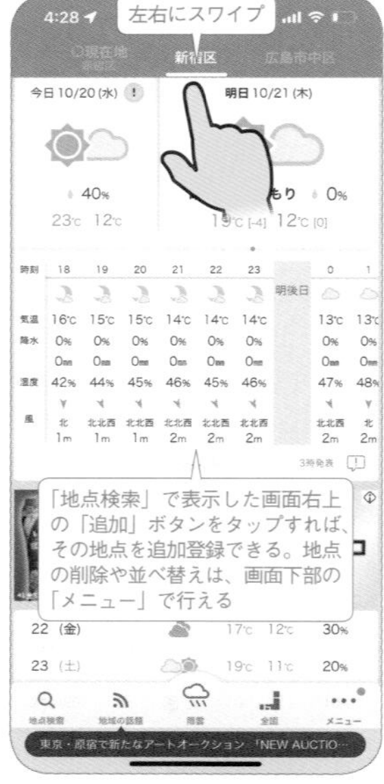

左右にスワイプ
「地点検索」で表示した画面右上の「追加」ボタンをタップすれば、その地点を追加登録できる。地点の削除や並べ替えは、画面下部の「メニュー」で行える

登録地点の天気予報、最高気温、最低気温、降水確率などをまとめて確認できる。画面下部の「地点検索」で検索した地域の天気を表示できる。

2 雨雲レーダーでゲリラ豪雨を回避

雨雲レーダー
しっかりチェックすればゲリラ豪雨を回避したり、外出時に傘が必要かどうかを判断できる。また、雷レーダーなども確認できる

画面下部中央の「雨雲」をタップすれば、雨雲の動きをリアルタイムにチェックできる「雨雲レーダー」を利用できる。

3 雨雲の接近を通知で知らせる

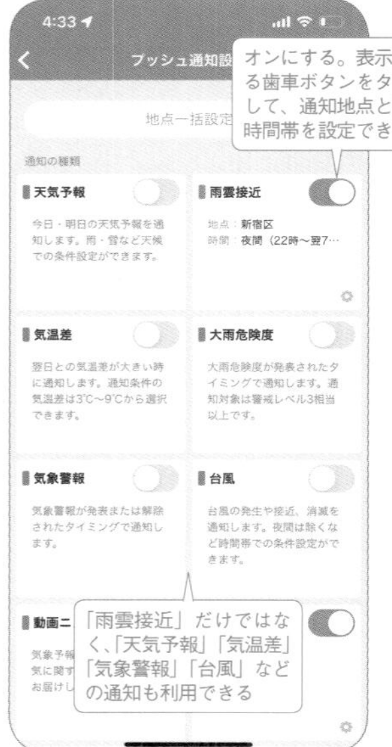

オンにする。表示される歯車ボタンをタップして、通知地点と通知時間帯を設定できる
「雨雲接近」だけではなく、「天気予報」「気温差」「気象警報」「台風」などの通知も利用できる

下部の「メニュー」→「アプリの設定」→「プッシュ通知設定」で、雨雲接近の通知をオンにしておけば、指定した地点に雨雲が接近した際に通知する。

SECTION 7

マスト!

204 電子マネー 話題のスマホ決済をiPhoneで利用する

お得に使えるQRコード決済でキャッシュレス生活

スマホを使って店に支払う「スマホ決済」をiPhoneでも利用するには、No028で解説した「Apple Pay」を利用するほかに、「QRコード決済」を使う方法もある。店頭でQRコードやバーコードを提示して読み取ってもらうか、店頭にあるQRコードをスキャンして支払う方法で、いわゆる「○○ペイ」系のサービスだ。ここでは「PayPay」を例に基本的な使い方を解説する。

App

PayPay
作者／PayPay Corporation
価格／無料

1 残高をチャージしておく

タップ

PayPayを起動してユーザー登録を済ませたら、まずはホーム画面の「チャージ」をタップ。銀行口座やヤフーカードと連携を済ませて、支払いに使うPayPay残高をチャージしておこう。

2 店側にバーコードを読み取ってもらう

タップ

PayPayの支払い方法は2パターン。店側に読み取り端末がある場合は、ホーム画面のバーコード、または「支払う」をタップして表示されるバーコードを、店員に読み取ってもらおう。

3 店のQRコードをスキャンして支払う

スキャン
PayPay

店側に端末がなくQRコードが表示されている場合は、「スキャン」をタップしてQRコードを読み取り、金額を入力。店員に金額を確認してもらい、「支払う」をタップすればよい。

205 文字にも音声にも対応できる標準翻訳アプリ

翻訳

iPhoneには、11言語に対応した「翻訳」アプリが標準で用意されている。上部のボタンで翻訳したい言語を選択すれば準備は完了。テキストや音声に加え、手書きやカメラ（被写体の文字を自動検出する）で言葉や文章を入力すれば、左に表示された言語から右に表示された言語へすぐに翻訳される。また、外国人と会話したい時は、「会話モード」が使いやすい。交互に自分の言語のマイクボタンをタップして話せば、発言が翻訳され音声として再生させれる。

Google 翻訳
日本語
英語
定休日を教えてください
Teikyūbi o oshietekudasai
カメラ入力
会話
Please tell me the regular holiday

画面上部で言語を選択。テキストや音声などで文章を入力すると即座に翻訳される。スピーカーボタンをタップすれば音声が再生される

会話
定休日を教えてください。
Please tell me the regular holidays.

テキスト入力欄下の中央にある「会話」ボタンをタップして利用できる「会話モード」では、しゃべった内容が翻訳され自動で音声が再生される

206 食べログのランキングを無料で見る

グルメ

定番のグルメサイト「食べログ」では、エリアとジャンルを設定してランキングを表示することが可能だ。評価の高い順にお店をチェックできる便利な機能だが、アプリ版では5位までしか表示されず、完全版を見るには月額税込330円（クレジットカード決済）のプレミアムサービスに登録する必要がある。ところが、SafariでWeb版にアクセスしデスクトップ版で表示すると、このランキングを無料ですべて見ることが可能だ。

Safariで食べログにアクセス。アプリが起動してしまう場合は、Googleで「食べログ」と検索し、検索結果のリンクをロングタップし「開く」を選択しよう。アクセスしたら、検索フィールドの左端にある「ああ」ボタンをタップし、メニューから「デスクトップ用Webサイトを表示」をタップ

飯田橋駅のイタリアンのお店
ランキング
トラットリア グランボッカ
飯田橋駅 260m / イタリアン

デスクトップ版の食べログで検索し、「ランキング」タブをタップすると、完全版のランキングを無料でチェックすることができる

207 iPhoneからスマートに宅配便を発送する

宅配便

宅配便で荷物を送りたい時も、手書きの送り状を用意しなくてもOK。クロネコヤマト公式アプリを使えば、宛先の入力や支払いなど面倒な作業をすべてiPhone上で処理できる。あらかじめ無料のクロネコメンバーズ登録が必要だ。

App
作者／YAMATO TRANSPORT CO., LTD.
価格／無料

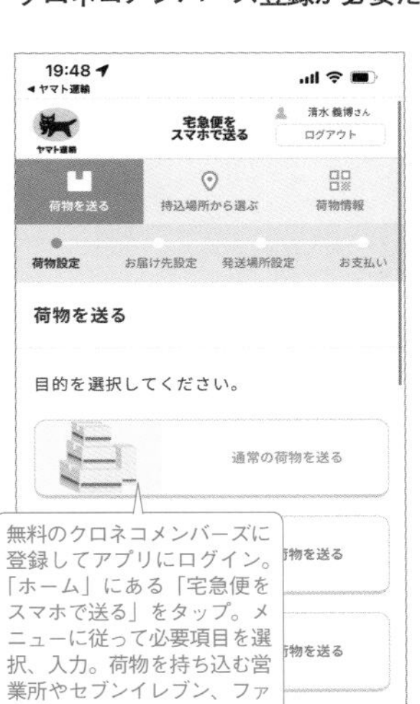

宅急便をスマホで送る
荷物を送る
目的を選択してください。
通常の荷物を送る

無料のクロネコメンバーズに登録してアプリにログイン。「ホーム」にある「宅急便をスマホで送る」をタップ。メニューに従って必要項目を選択、入力。荷物を持ち込む営業所やセブンイレブン、ファミリーマートを選択する

荷物詳細
送り状有効期限：2021年11月14日（日）

お届け希望日時や支払い方法を選択すれば送り状作成が完了。「荷物詳細を見る」をタップして表示されるQRコードやバーコードをネコピットやFamiポート、レジ（セブンイレブン）で読み取り送り状を発行する仕組みだ

208 宅配便の配送状況をiPhoneで確認する

宅配便

国内外合わせて600以上の配送業者に対応した荷物追跡アプリ。画面右下の「＋」ボタンをタップして追跡番号や配送業者を入力し、「追跡番号を追加」をタップすると配送状況を確認できる。配送状況はメールでも通知される。

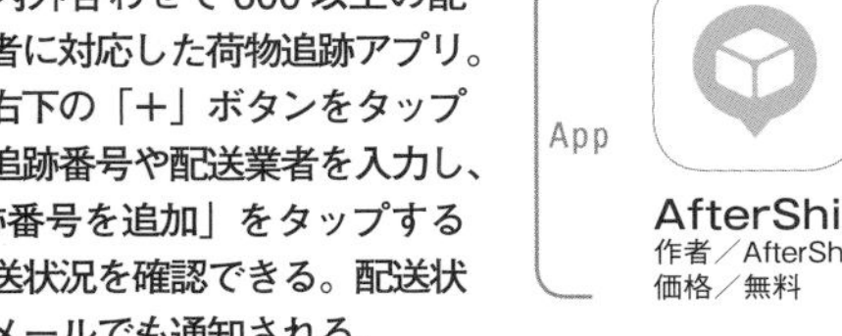
App
AfterShip
作者／AfterShip Limited
価格／無料

追跡番号を追加
宅配便を検索
タイトル（オプション）
追跡番号を追加

画面右下の「＋」ボタンをタップし、追跡番号を入力する。その下の「宅配便を検索」をタップすると主要な配送業者が表示されるので、タップして選択し、「追跡番号を追加」をタップしよう。メールから自動で追跡番号を追加する機能も備える

amazon.co.jpから注文 #...
輸送中
10月25日、月の到着

荷物の配送状況を確認できる

マスト!

209 さまざまな家電のマニュアルをまとめて管理する

マニュアル

家電のマニュアル管理は全部「トリセツ」アプリにまかせてしまおう。型番を入力したりバーコードを読み取るだけで、家電をはじめ住宅設備やアウトドア用品など幅広いジャンルの取扱説明書を取得し表示できる。

App

トリセツ
作者／TRYGLE Co.,Ltd.
価格／無料

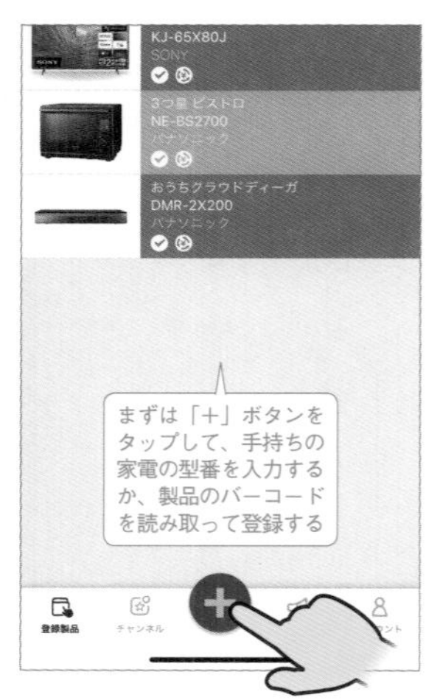
KJ-65X80J
SONY
3つ星 ビストロ
NE-BS2700
おうちクラウドディーガ
DMR-2X200
パナソニック

まずは「＋」ボタンをタップして、手持ちの家電の型番を入力するか、製品のバーコードを読み取って登録する

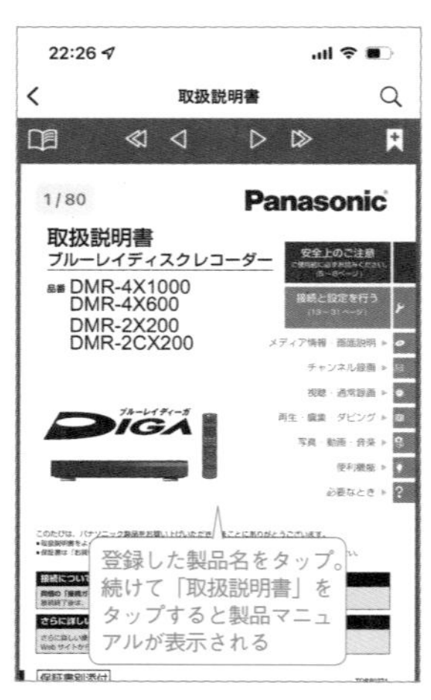
22:26
取扱説明書
1/80
Panasonic
取扱説明書
ブルーレイディスクレコーダー
DMR-4X1000
DMR-4X600
DMR-2X200
DMR-2CX200
DIGA

登録した製品名をタップ。続けて「取扱説明書」をタップすると製品マニュアルが表示される

210 電子書籍の気になる文章を保存しておく

電子書籍

Amazonの電子書籍を読める「Kindle」アプリなら、あとで読み返したい文章に蛍光ラインを引いて、簡単に保存しておける。ハイライトは4色に色分けでき、まとめて表示することも可能だ。

App

Kindle
作者／AMZN Mobile LLC
価格／無料

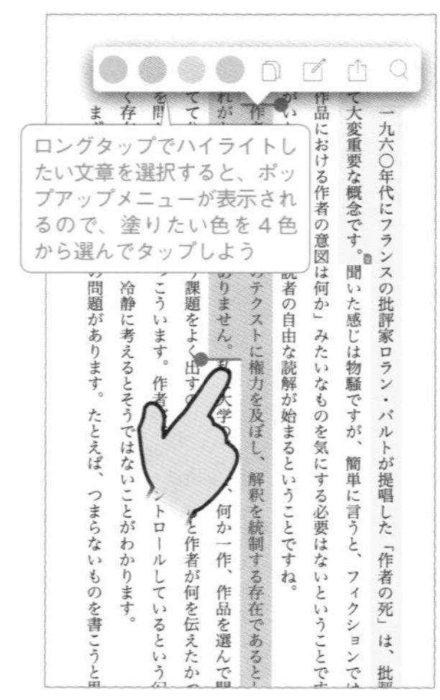

ロングタップでハイライトしたい文章を選択すると、ポップアップメニューが表示されるので、塗りたい色を4色から選んでタップしよう

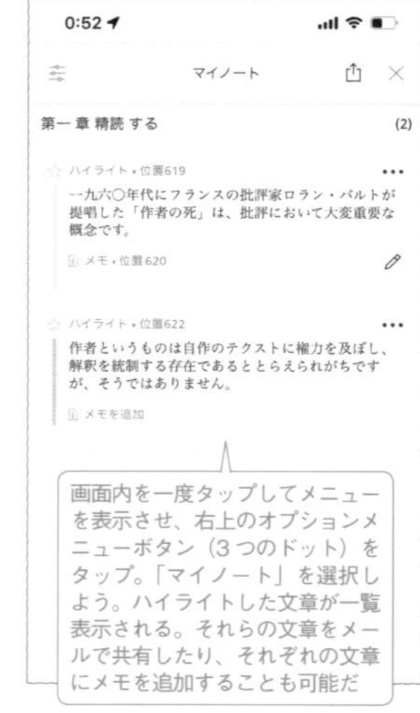
0:52
マイノート
第一章 精読する (2)
ハイライト・位置619
一九六〇年代にフランスの批評家ロラン・バルトが提唱した「作者の死」は、批評において大変重要な概念です。
ハイライト・位置622
作者というものは自作のテクストに権力を及ぼし、解釈を統制する存在であるととらえられがちですが、そうではありません。
メモを追加

画面内を一度タップしてメニューを表示させ、右上のオプションメニューボタン（3つのドット）をタップ。「マイノート」を選択しよう。ハイライトした文章が一覧表示される。それらの文章をメールで共有したり、それぞれの文章にメモを追加することも可能だ

SECTION 7

211 通勤・通学中に音声で読書しよう

オーディオブック

Amazonのオーディオブックサービス「オーディブル」なら、ビジネス書や小説など幅広いラインナップを、プロの声優やナレーターによる朗読で楽しめる。月額1,500円（税込）だが、30日間は無料で試用できる。

App

オーディブル
作者／Audible, Inc.
価格／無料

国宝 下 花道篇
運転者 未来を変える過…
短編文学チャンネル
ホーム
ライブラリー
コンテンツ
プロフィール

Amazonアカウントでサインインしたら、下部メニューの「コンテンツ」をタップして、聴きたい本を探そう。なお、オーディブルの会員登録と、オーディオブックの購入は、Safariから行う必要がある

現代文学
国宝 下 花道篇
著者: 吉田 修一
ナレーター: 尾上 菊之助
オーディオブック
98 22 時間 2 分
サンプルを聴く

「サンプルを聴く」をタップすると、朗読のサンプルを聴くことができる。気になる本は「ウィッシュリストに追加」で追加しておこう

マスト!

212 電車内や図書館でアラームを使う

アラーム

iPhoneの標準「時計」アプリのアラーム機能では、イヤホンを装着している状態でもスピーカーからサウンドが鳴ってしまい、電車や図書館などでは周りに迷惑がかかることも。そこで、イヤホンを装着している際は、イヤホンからのみアラーム音が鳴るこのアプリを利用しよう。標準の時計アプリに近いインターフェイスで、アラームの設定も迷わず行えるはずだ。なお、サイレントモードや音量が0の状態だとアラーム音が鳴らないので注意しよう。

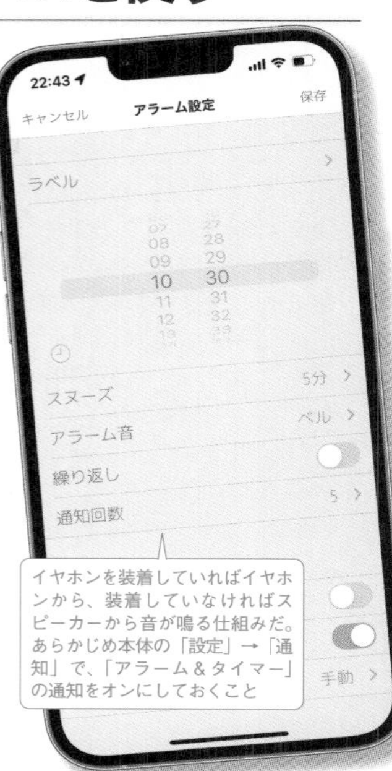
22:43
キャンセル
アラーム設定
保存
ラベル
スヌーズ
アラーム音
繰り返し
通知回数

イヤホンを装着していればイヤホンから、装着していなければスピーカーから音が鳴る仕組みだ。あらかじめ本体の「設定」→「通知」で、「アラーム＆タイマー」の通知をオンにしておくこと

App

アラーム＆タイマー
作者／KAZUTERU YOKOI
価格／無料

画面下部メニューで「アラーム」を選び、「＋」でアラームの時刻やアラーム音を設定。最後に右上の「保存」をタップしよう。

SECTION

トラブル解決とメンテナンス

iPhoneで起こりがちな大小さまざまなトラブルは、決まった対処法を覚えておけば決して怖いものではない。
転ばぬ先のメンテナンス法と合わせて、よくあるトラブルの解決法をまとめて紹介。

21:17
Déconstruction - Single
春ねむり
ミュージック
日
24
6
FaceTime
カレンダー
メール
メモ

マスト!

213 トラブル対処 動作にトラブルが発生した際の対処方法総まとめ

動きが止まる 動作が重いなどを まるごと解決

登場からすでに何世代ものモデルがリリースされているiPhoneは、かつてにくらべると動作の安定感は抜群に向上している。とは言え、フリーズ(動作が停止し操作不能な状態)やアプリが起動しない、Wi-Fiがつながらない、動作が重い……といった症状に見舞われてしまう可能性はゼロではない。ここでは、そんなトラブル発生時にまずは試みたい、簡単な対処法をまとめて紹介する。

まず、各アプリをはじめ、Wi-FiやBluetoothなどの機能が動作しない、調子が悪いといった際は、該当するアプリや機能をいったん終了させて再度起動させるのが基本だ。強制終了してもまだ調子が悪いアプリの場合は、一度アプリを削除してから再インストールし直してみよう。それでも改善されない場合は、本体の電源をオフにし再起動させてみよう。電源オフさえ受け付けない状態であれば、右で解説している手順で本体の強制再起動を行おう。

さらに、設定から各種データをリセットすると、症状が改善されることもある。該当する項目をタップしてリセットを試みよう。どうしても解決できない時は「すべてのコンテンツと設定を消去」で、工場出荷状態に戻そう(No241で解説)。ただし、バックアップを取っていないと、すべてのセッティングをいちからやり直すことになるので注意が必要だ。以上の方法や、ネットの情報などでも解決できない場合は、「Appleサポート」アプリを利用してみよう(No239で解説)。

SECTION 8

>>> まず試したいトラブル解決の基本対処法

1 各機能をオフにしもう一度オンに戻す

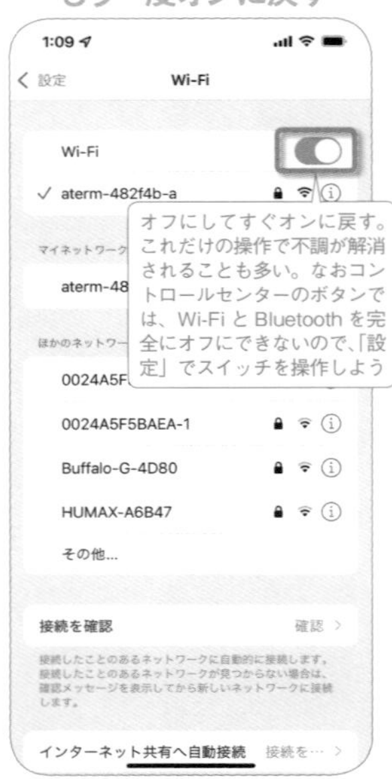
オフにしてすぐオンに戻す。これだけの操作で不調が解消されることも多い。なおコントロールセンターのボタンでは、Wi-FiとBluetoothを完全にオフにできないので、「設定」でスイッチを操作しよう

Wi-FiやBluetoothなど、個別の機能が動作しない場合は、設定からその機能を一度オフにして、再度オンにしてみよう。

2 不調なアプリは一度終了させよう

画面の下から上にスワイプする途中で止めると、Appスイッチャーが表示される。不調なアプリを上にフリックして、強制終了させよう。プレイヤーや通話アプリなど、特にバックグラウンドで動作するアプリはこの方法で完全に終了させた後、再度起動すると状況が改善する場合が多い

アプリが不調な場合は、一度アプリを強制終了してから再起動してみよう。Appスイッチャー画面で、アプリを上にスワイプすれば、そのアプリを強制的に終了できる。

3 アプリを削除して再インストールする

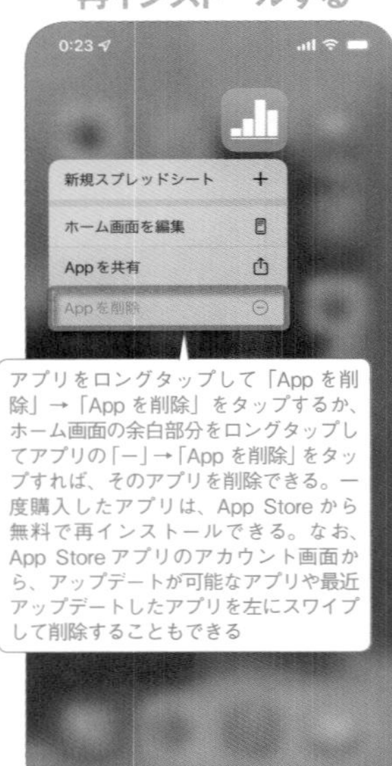
新規スプレッドシート
ホーム画面を編集
Appを共有
Appを削除
アプリをロングタップして「Appを削除」→「Appを削除」をタップするか、ホーム画面の余白部分をロングタップしてアプリの「ー」→「Appを削除」をタップすれば、そのアプリを削除できる。一度購入したアプリは、App Storeから無料で再インストールできる。なお、App Storeアプリのアカウント画面から、アップデートが可能なアプリや最近アップデートしたアプリを左にスワイプして削除することもできる

再起動してもアプリの調子が悪いなら、一度アプリを削除し、App Storeから再インストールしてみよう。これでアプリの不調が直る場合も多い。

>>> 基本的な対処法で解決できなかった場合は

1 本体の電源を切って再起動してみる

スライドで電源オフ
ホームボタンのないフルディスプレイモデルはスリープ(電源)ボタンといずれかの音量ボタンを、その他の機種ではスリープ(電源)ボタンを押し続けると表示される、「スライドで電源オフ」を右にスワイプ
緊急SOS
物理的な故障などでボタンが効かない場合は、「設定」→「一般」→「システム終了」でもスライダが表示される
キャンセル

スリープ(電源)ボタンと音量ボタン、またはスリープ(電源)ボタンを押し続けると表示される、「スライドで電源オフ」を右にスワイプすると本体の電源が切れる。その後スリープ(電源)ボタンを長押しして再起動。

2 本体を強制的に再起動する

音量を上げるボタンを押してすぐ離し、続けて音量を下げるボタンを押してすぐ離す。最後にスリープ(電源)ボタンを長押しすれば強制再起動できる

「スライドで電源オフ」が表示されない場合や、画面が真っ暗な状態、タッチしてもフリーズして反応しない時は、本体を再起動させよう。iPhone X以降と8、SE(第2世代)は上記手順で、iPhone 7はスリープ(電源)ボタンと音量を下げるボタンを同時に長押しし、iPhone 6s以前の機種はスリープ(電源)ボタンとホームボタンを同時に長押しすればよい。

3 それでもダメなら各種リセット

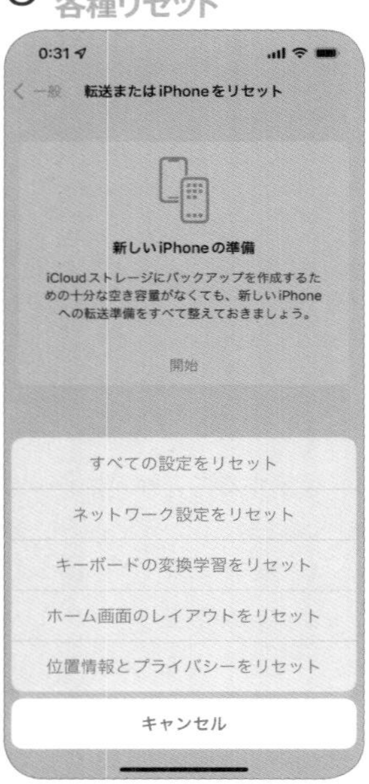
転送またはiPhoneをリセット
新しいiPhoneの準備
すべての設定をリセット
ネットワーク設定をリセット
キーボードの変換学習をリセット
ホーム画面のレイアウトをリセット
位置情報とプライバシーをリセット
キャンセル

まだ調子が悪いなら「設定」→「一般」→「転送またはiPhoneをリセット」→「リセット」の項目を試してみよう。端末内のデータが消えていいなら、「すべてのコンテンツと設定を消去」(No241で解説)で初期化するのが確実。

マスト!

214 紛失対策 なくしてしまったiPhoneを見つけ出す方法

所在地のマップ確認やメッセージ送信など緊急の対処が可能

iPhoneの紛失に備えて、iCloudの「探す」機能を有効にしておこう。紛失したiPhoneが発信する位置情報をマップ上で確認できるようになる。探し出す際は、iPhoneやiPad、Macの「探す」アプリを使うか、Windowsなどの場合はWebブラウザでiCloud.comへアクセスし、「iPhoneを探す」メニューを利用しよう。

紛失した端末のバッテリーが切れたりオフラインであっても諦める必要はない。バッテリー切れ直前の位置情報を発信したり、バッテリーが切れたあとも最大24時間は位置情報を取得できる。オフラインの時は、近くに第三者のiPhoneやMacがあれば位置情報を取得できる仕組み。さらに、iPhoneが初期化された状態でも探し出すことが可能だ。初期化されたiPhoneの画面には、現在ロック中で、位置を特定でき、所有者は今も元のユーザーであることが表示されて盗品の売買を防止する。

また、「紛失としてマーク」（iCloud.comでは「紛失モード」）を利用すれば、即座にiPhoneをロック（パスコード非設定の場合は遠隔で設定）したり、画面に拾ってくれた人へのメッセージと「電話」ボタンを表示することが可能だ。これでこのiPhoneを、遠隔で設定した電話番号への発信のみ操作が可能な状態にできる。地図上のポイントを探しても見つからない場合は、「サウンドを再生」や「iPhoneを消去」で徐々に大きくなる音を鳴らしてみる。発見が絶望的で情報漏洩阻止を優先したい場合は、「このデバイスを消去」ですべてのコンテンツや設定を削除してしまおう。

>>> 事前の設定と紛失時の操作手順

1 Apple IDの設定で「探す」をタップ

Apple ID
西川希典
名前、電話番号、メール
パスワードとセキュリティ
支払いと配送先
サブスクリプション
iCloud
メディアと購入
探す
ファミリー共有
タップ
西川のiPhone
DESKTOP-EGGK3LG

設定の一番上に表示されるApple IDをタップし、「探す」→「iPhoneを探す」をタップ。なお、「設定」→「プライバシー」→「位置情報サービス」で「位置情報サービス」のスイッチもオンにしておくこと。

2 「iPhoneを探す」の設定を確認

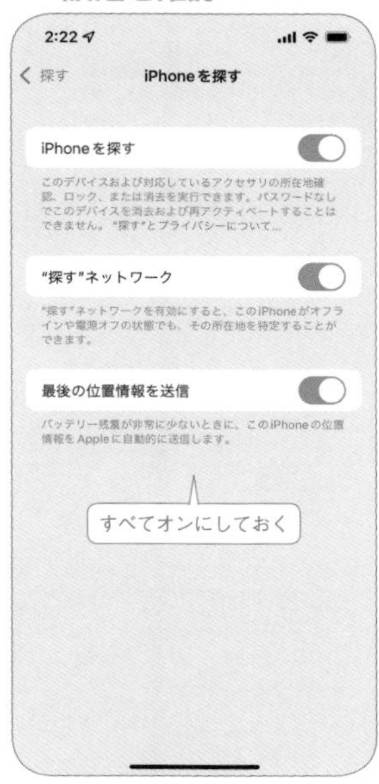
iPhoneを探す
"探す"ネットワーク
最後の位置情報を送信
すべてオンにしておく

「iPhoneを探す」がオンになっていることを確認しよう。また、「"探す"ネットワーク」をオンにしておけば、この端末がオフラインや電源オフの時でも、他のiPhoneやiPadで探せるようになる。「最後の位置情報を送信」もオンにしておけば、バッテリーが切れる直前にあった場所を確認できる。

3 「探す」アプリで紛失したiPhoneを探す

「デバイスを探す」画面で紛失したiPhone名をタップ
デバイスを探す
西川のiPhone
iPad
MacBook Pro
西川のiPhone

iPhoneを紛失した際は、他のiPhoneやiPad、Macで「探す」アプリを起動するか、Windowsなどの場合はWebブラウザでiCloud.comにアクセスし、「iPhoneを探す」を表示しよう。どちらも紛失したiPhoneと同じApple IDでサインインすること。「デバイスを探す」（iCloud.comでは「すべてのデバイス」）をタップして紛失したiPhoneを選択すると、現在地がマップ上に表示される。オフラインの場合は、検出された現在地が黒い画面の端末アイコンで表示される。

4 サウンドを鳴らして位置を特定

西川のiPhone
タップ
サウンドを再生
経路
通知
手元から離れたときに通知
紛失としてマーク

マップ上のポイントを探しても見つからない時は、「サウンド再生」をタップしよう。徐々に大きくなるサウンドが約2分間再生される。ただし、端末がオフラインの時は鳴らすことはできない。「検出時に通知」をオンにしておけば、紛失した端末がオンラインに復帰した時に、メールで知らせてくれる。また、「手元から離れたときに通知」をオンにしておけば、そのデバイスをどこかに置き忘れたときにiPhoneに通知してくれる。

5 「紛失としてマーク」で端末をロックする

紛失モード
西川のiPhone
検出時に通知
アクティベーションロック
端末がオフラインだと「紛失としてマーク（紛失モード）」は有効にできない

「紛失としてマーク」の「有効にする」をタップ（iCloud.comでは「紛失モード」を選択）すると、端末が紛失モードになる。電話番号と拾った人へのメッセージを入力しよう。パスコードロックを設定していない場合は、遠隔で新しいパスコードの設定も可能だ。紛失モード中は画面がロックされ、入力した番号への「電話」ボタンのみ表示されるほか、Apple Payも無効化される。

6 情報漏洩の阻止を優先するなら端末を消去

iPhoneを消去しますか?
このiPhoneがインターネットに接続されると、すべてのコンテンツと設定が消去されます。"探す"ネットワークが有効な場合、このiPhoneの所在地を確認することは引き続き可能です。
オフラインのデバイスは「このデバイスを削除」（iCloud.comでは「アカウントから削除」）も選択できるが、削除を実行するとApple IDとの関連付けが解除され、初期化後は誰でも使える状態になる。売却などで完全に手放すとき以外は選ばないよう注意しよう

情報漏洩の阻止を優先する場合は、「このデバイスを消去」をタップ（iCloud.comでは「iPhoneを消去」を選択）。電話番号やメッセージの入力を進めていき、iPhoneのすべてのデータを消去しよう。消去したあとでもiPhoneの現在地を確認できるし、アカウントからデバイスを削除しなければ、持ち主の許可なしにデバイスを再アクティベートできないので、紛失した端末を勝手に使ったり売ったりすることはできない。

マスト!

215 Apple Pay Apple Payの紛失対策と復元方法

Apple Payのカード情報を削除・復元する方法を知っておこう

Apple Pay（No028で解説）にクレジットカードやSuicaを登録しておけば、iPhoneで手軽に支払いできて便利だが、不正利用されないかセキュリティ面も気になるところ。iPhoneを紛失した場合や、登録したクレジットカードやSuicaが消えた場合など、万一の際の対策方法を知っておこう。

Apple Payの利用には、基本的にFace IDやパスコードの認証が必要だが、エクスプレスカードとして登録されたSuicaやPASMOだけは認証なしで利用できてしまうので、不正利用されるリスクが高い。そこで、iPhoneを紛失した際は、まず「探す」（No214で解説）で紛失モードを有効にしよう。これでApple Payが一時的に利用できなくなる。ただしiPhoneがオフラインの状態だと、紛失モードでSuicaの利用を停止できない。万全を期すなら、iCloud.comの「アカウント設定」画面から、Apple Payに登録されたカード情報をすべて削除してしまうのが安心だ。これで完全にApple Payの利用ができなくなる。

Apple Payの登録カードをすべて削除しても、復元は簡単に行える。紛失モードを解除してウォレットアプリを起動したら、クレジットカードの場合はあらためて登録し直すだけだ。Suicaは削除した時点で残高などの情報がiCloudにバックアップされているので、履歴からカードを再追加すれば復元できる。ただし、午前2～4時にSuicaを削除した場合は、午前5時以降でないと復元できないので注意しよう。

SECTION 8

>>> iPhoneを紛失した場合の対処法

1 紛失に備えて設定を確認しておく

iPhoneを探す
オンを確認
"探す"ネットワーク
最後の位置情報を送信

iCloud
ホーム
ヘルスケア
ウォレット
Game Center
Siri
オンを確認

「設定」を開いたら上部のApple IDをタップし、「探す」→「iPhoneを探す」→「iPhoneを探す」と「iCloud」→「ウォレット」が、それぞれオンになっていることを確認。

2 紛失としてマークしApple Payを停止

西川のiPhone
サウンドを再生
経路
通知
手元から離れたときに通知
紛失としてマーク
タップ
有効にする
このデバイスを消去

iPhoneを紛失した際は、「探す」アプリで紛失した端末を選択し、「紛失としてマーク」の「有効にする」をタップしよう（iCloud.comで操作する場合は、「紛失モード」を選択）。これでApple Payの利用を一時的に停止することができる。

3 念のためカード情報も削除しておく

アカウント設定 ›

デバイス
すべてを削除...

デバイスがオフラインだと、紛失モードを実行してもSuicaが不正利用される可能性があるので、念のため削除しておこう

パソコンがあるならカード情報も削除しておこう。ブラウザでiCloud.com（https://www.icloud.com/）にアクセスし、「アカウント設定」画面で紛失したiPhoneを選択。Apple Pay欄の「すべてを削除」をクリックする。

>>> Suicaやクレカが消えた場合の復元方法

1 ウォレットアプリを起動して「＋」をタップ

ウォレット
Apple Payを始めましょう
一度Apple IDをサインアウトした場合、またはパスコードをオフにした場合も、Apple Payのカード情報が削除されてしまうので、「＋」をタップして追加し直そう
App Store & iTunes
¥0

自分で削除した、または何らかのトラブルで消えたクレジットカードやSuicaを復元するには、ウォレットアプリを起動して、「＋」をタップ。復元するカードの種類を選択しよう。

2 クレジットカードは登録履歴から復元

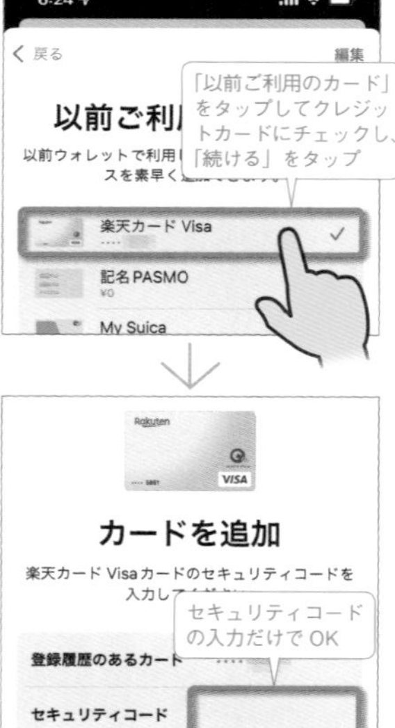
以前ご利用
「以前ご利用のカード」をタップしてクレジットカードにチェックし、「続ける」をタップ
楽天カード Visa
記名PASMO
My Suica
カードを追加
セキュリティコードの入力だけでOK
登録履歴のあるカード
セキュリティコード

削除したクレジットカードは、改めて登録し直す必要がある。ただ、一度登録したカードは履歴が残っているので、セキュリティコードを入力するだけで復元できる。

3 削除したSuicaやPASMOを復元

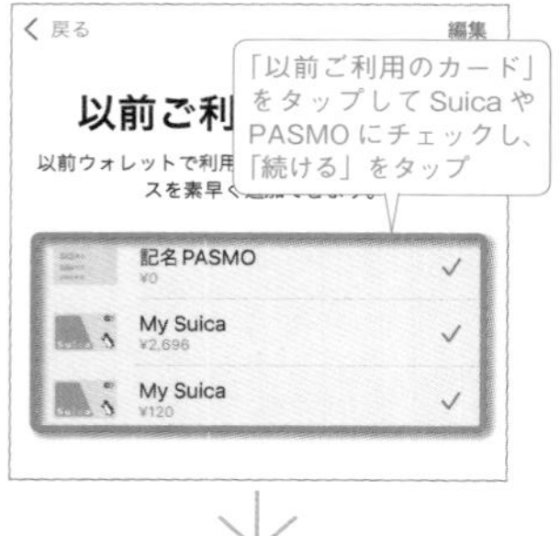
以前ご利
「以前ご利用のカード」をタップしてSuicaやPASMOにチェックし、「続ける」をタップ
記名PASMO
My Suica
My Suica

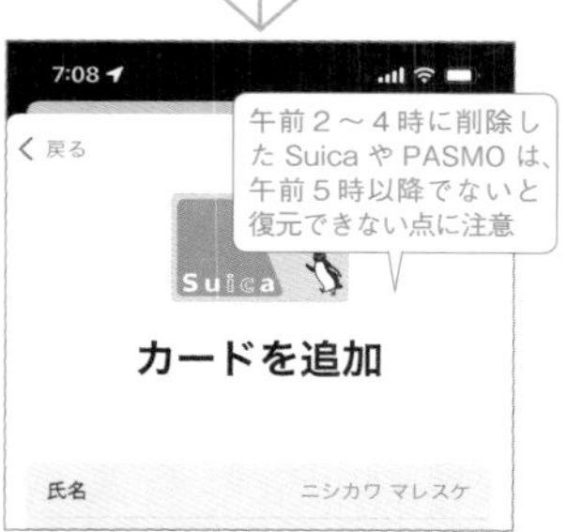
午前2～4時に削除したSuicaやPASMOは、午前5時以降でないと復元できない点に注意
カードを追加
氏名
ニシカワ マレスケ

SuicaやPASMOの場合は、端末やiCloud.comから削除した時点で、データがiCloudに保存されている。「以前ご利用のカード」からSuicaやPASMOを選択すれば、残高が復元される。

マスト!

216 いざという時に備えてiPhoneの環境をiCloudにバックアップする

バックアップ

iPhone単体で自動的にバックアップできる

iPhoneは「iCloudバックアップ」が有効で、電源およびWi-Fi（設定を有効にすればモバイル通信でも可）に接続中の状態なら、毎日定期的に自動バックアップを作成してくれる。本体の設定、メッセージや通話履歴、インストール済みアプリなどは、このiCloudバックアップで一通り復元可能だ。アプリ内で保存した書類やデータも復元できる。アプリのパスワードなどは基本的に消えるので再ログインが必要だが、「iCloudキーチェーン」（No170で解説）で保存されたパスワードは、ワンタップで呼び出してログインできる。

1 「iCloudバックアップ」をオンにしておく

ストレージを管理
タップ
写真
iCloudバックアップ
キーチェーン
プライベートリレー
iCloud
バックアップ
オンにする
iCloudバックアップ
モバイル通信経由でバックアップ
オンにしているとモバイル通信接続時でも自動でバックアップを作成し、膨大な通信量を消費してしまうので、オフにしておくのがおすすめ

「設定」上部のApple IDをタップし、「iCloud」→「iCloud バックアップ」をタップ。スイッチをオンにしておけば、電源およびWi-Fi接続中に自動でバックアップを作成する。

2 バックアップを手動で作成する

iCloud
バックアップ
iCloudバックアップ
モバイル通信経由でバックアップ
今すぐバックアップを作成

タップして手動でiCloudバックアップを作成。ただしiCloudの無料版は容量5GBまでなので、写真や動画のバックアップには容量が足りないことが多い。iCloudの容量を増やすか（No217で解説）、写真ライブラリ（No127で解説）のバックアップをオフにしておこう。または、iTunes（MacではFinder）で暗号化バックアップを行えば、パソコンのHDD容量が許す限り完全にバックアップできる

また、「今すぐバックアップを作成」をタップすれば、手動ですぐにiCloudバックアップを作成できる。最後に作成されたバックアップの日時も確認できる。

POINT

空き容量が足りなくてもバックアップ可能

iCloudの空き容量が足りないとiCloudバックアップは作成できないが、「設定」→「一般」→「転送またはiPhoneをリセット」で、「新しいiPhoneの準備」の「開始」をタップすると、iCloudの容量が不足しているときでも、無料でiCloudの空き容量を超えたサイズのバックアップを作成できる。ただし保存されるのは最大3週間の一時的なバックアップなので、機種変更や初期化時にiCloudの空き容量が足りないときに利用しよう（No141で解説）。なお、この方法で一度バックアップを作成すると、新しいiPhoneを設定するまで、その後も自動でバックアップされ常に最新の状態に保たれる。

217 iCloudのストレージの容量を管理する

iCloud

どうしても足りないならiCloud容量を追加購入しよう

iCloudは無料で5GBまで利用できるクラウドストレージだが、iOSデバイスのバックアップをはじめさまざまなデータの保存に利用され、しかも同じApple IDを利用する他のiOSデバイスとも共通の容量なので、保存項目を厳選しないとすぐに容量が足りなくなる。写真をiCloudに保存していると（No127で解説）、無料の5GBだけではとても運用できないので、機能をオフにするか、不要な写真やビデオを削除してバックアップ容量を減らそう。どうしても容量が足りない時は、素直に有料でiCloudの容量を追加するのがおすすめだ。

1 iCloud写真はオフにする

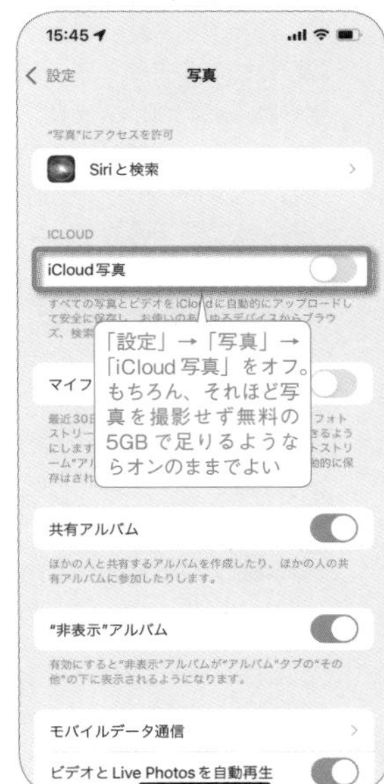

設定
写真
Siriと検索
iCloud写真
「設定」→「写真」→「iCloud写真」をオフ。もちろん、それほど写真を撮影せず無料の5GBで足りるようならオンのままでよい
共有アルバム
"非表示"アルバム
モバイルデータ通信
ビデオとLive Photosを自動再生

「iCloud写真」は、複数のデバイスの写真や動画をすべてアップロードして、iCloud上で同期する機能なので、無料の5GBではまず足りない。オフにしておこう。

2 写真ライブラリのバックアップもオフ

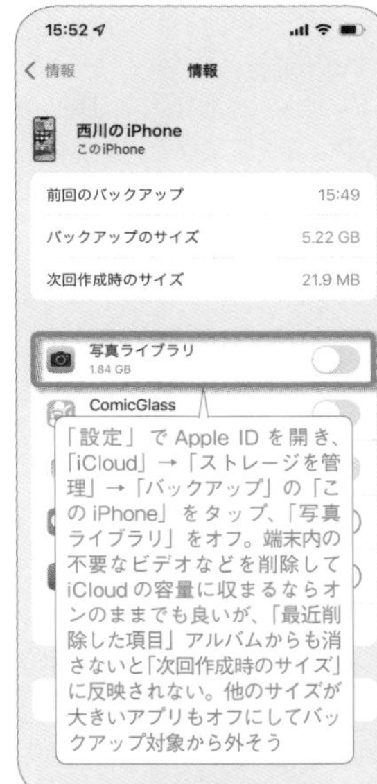

情報
西川のiPhone
このiPhone
前回のバックアップ 15:49
バックアップのサイズ 5.22 GB
次回作成時のサイズ 21.9 MB
写真ライブラリ
ComicGlass
「設定」でApple IDを開き、「iCloud」→「ストレージを管理」→「バックアップ」の「このiPhone」をタップ、「写真ライブラリ」をオフ。端末内の不要なビデオなどを削除してiCloudの容量に収まるならオンのままでも良いが、「最近削除した項目」アルバムからも消さないと「次回作成時のサイズ」に反映されない。他のサイズが大きいアプリもオフにしてバックアップ対象から外そう

「iCloud写真」がオフでも、iCloudバックアップの「写真ライブラリ」がオンだと、端末内の写真がiCloudに保存されるのでオフに。写真はパソコンに保存しておこう（No219で解説）。

3 iCloudの容量を追加購入する

戻る
iCloud+のアップグレード
購入する
50GB 月額¥130
200GB 月額¥400
2TB 月額¥1,300
ダウングレードオプション
iCloudの容量が足りない時の、最も簡単な解決方法は、iCloudストレージのアップグレードだ。Apple ID画面で「iCloud」→「ストレージを管理」→「ストレージプランを変更」をタップ。月額130円で容量を50GBまで増やせるほか、200GB／月400円、2TB／月1,300円のプランもある

218 ストレージ iPhoneの空き容量が足りなくなったときの対処法

「iPhoneストレージ」で簡単に空き容量を確保できる

iPhoneの空き容量が少ないなら、「設定」→「一般」→「iPhoneストレージ」を開こう。アプリや写真などの使用割合をカラーバーで視覚的に確認できるほか、空き容量を増やすための方法が提示され、簡単に不要なデータを削除できる。使用頻度の低いアプリを書類とデータを残しつつ削除する「非使用のAppを取り除く」、ゴミ箱内の写真を完全に削除する「"最近削除した項目"アルバム」、サイズの大きいビデオを確認して削除できる「自分のビデオを再検討」などを実行すれば、空き容量を効果的に増やすことができる。

1 非使用のアプリを自動的に削除する

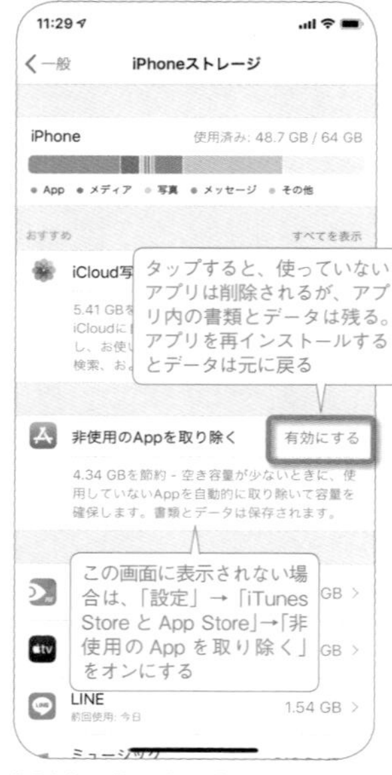
タップすると、使っていないアプリは削除されるが、アプリ内の書類とデータは残る。アプリを再インストールするとデータは元に戻る
この画面に表示されない場合は、「設定」→「iTunes Store と App Store」→「非使用の App を取り除く」をオンにする

「設定」→「一般」→「iPhoneストレージ」→「非使用のAppを取り除く」の「有効にする」をタップ。iPhoneの空き容量が少ない時に、使っていないアプリを書類とデータを残したまま削除する。

2 最近削除した項目を完全削除

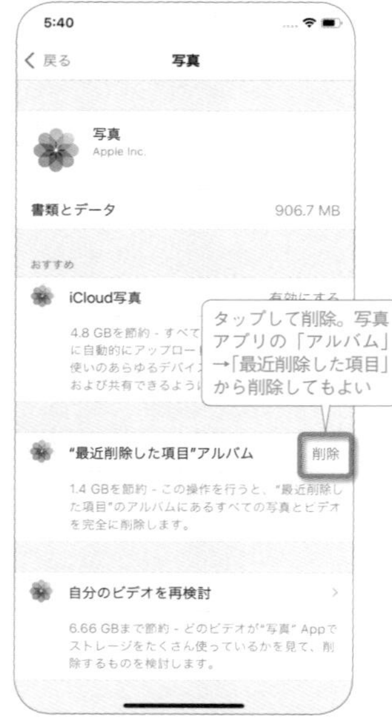
タップして削除。写真アプリの「アルバム」→「最近削除した項目」から削除してもよい

「iPhoneストレージ」画面下部のアプリ一覧から「写真」をタップ。「"最近削除した項目"アルバム」の「削除」で、端末内に残ったままになっている削除済み写真を完全に削除できる。

3 サイズの大きい不要なビデオを削除する

「編集」ボタンで不要な動画にチェックして、右上の「削除」をタップ。なお、動画配信アプリで保存したビデオを削除したい時は、「iPhoneストレージ」画面下部のアプリ一覧からそのアプリをタップしよう。ダウンロード済みのビデオが一覧表示され、左スワイプで削除できる

「iPhoneストレージ」画面下部のアプリ一覧から「写真」をタップ。「自分のビデオを再検討」をタップすると、端末内のビデオがサイズの大きい順に表示されるので、不要なものを消そう。

SECTION 8

219 バックアップ 写真や動画をパソコンにバックアップ

iCloudの容量は無料版だと5GBまで。iPhoneで撮影した写真やビデオをすべて保存するのは無理があるので、パソコンがあるなら、iPhone内の写真やビデオは手動でバックアップしておきたい。写真やビデオのファイルは、iTunesを使わなくても、ドラッグ＆ドロップで簡単にパソコンへコピーできる。なお、iPhoneがロックされたままだとiPhone内のフォルダにアクセスできないので、ロックを解除しておこう。

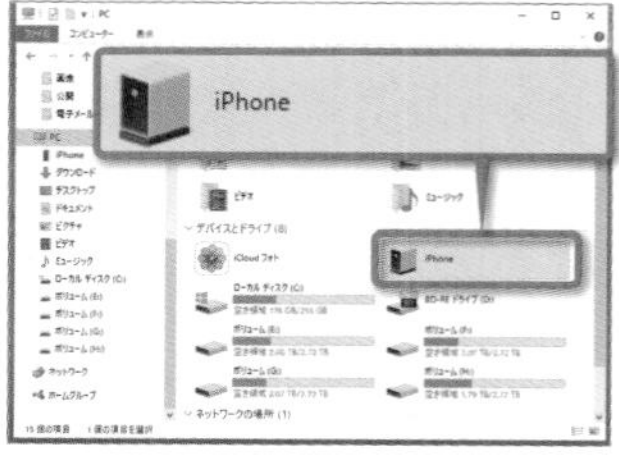

iPhoneとパソコンを初めてLightningケーブルで接続すると、iPhoneの画面に「このコンピュータを信頼しますか？」と表示されるので、「信頼」をタップ。iPhoneが外付けデバイスとして認識される。

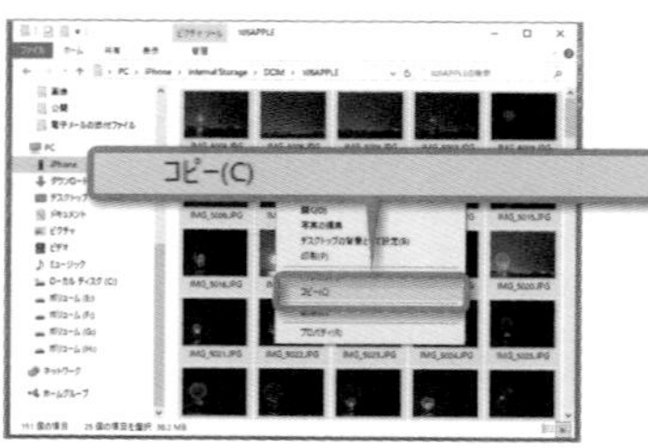

iPhoneの画面ロックを解除すると、「Internal Storage」→「DCIM」フォルダにアクセスできる。「100APPLE」フォルダなどに、iPhoneで撮影した写真やビデオが保存されているので、パソコンにコピーしよう。

マスト! 220 アプリ アップデートしたアプリが起動しなくなったら

iPhoneの各種アプリは、新機能の追加や安定性の強化、不具合の解消などでアップデート版が公開される。しかし、まれにうまくアップデートされず、起動しなくなるなどのトラブルが発生する。そんな時は、そのアプリを一度削除して、再度App Storeからインストールしてみよう。たいていの場合、再インストール後は問題なく利用できるはずだ。一度購入した有料アプリも、無料で再インストールできる。

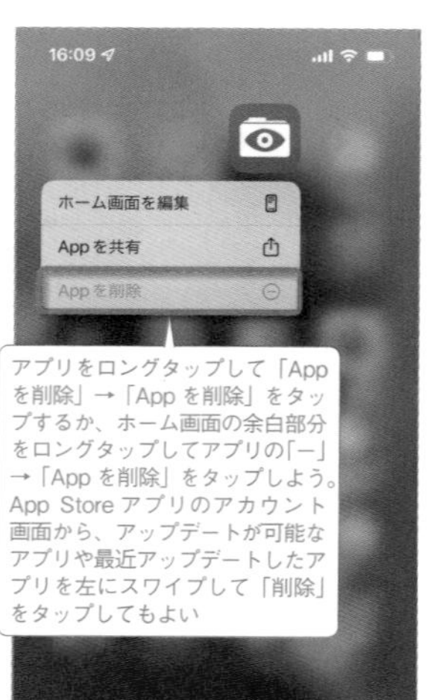
アプリをロングタップして「Appを削除」→「Appを削除」をタップするか、ホーム画面の余白部分をロングタップしてアプリの「－」→「Appを削除」をタップしよう。App Storeアプリのアカウント画面から、アップデートが可能なアプリや最近アップデートしたアプリを左にスワイプして「削除」をタップしてもよい

App Storeで削除したアプリを検索するか、アカウント画面を開いて「購入済み」から選択。雲の絵柄のボタンをタップして再インストールしよう

221 アカウント Apple IDのID（アドレス）やパスワードを変更する

設定から簡単に変更できる

App StoreやiTunes Store、iCloudなどで利用するApple IDのID（メールアドレス）やパスワードは、「設定」の一番上のApple IDから変更できる。IDを変更したい場合は、「名前、電話番号、メール」をタップ。続けて「編集」をタップして現在のアドレスを削除後、新しいアドレスを設定する。ただし、作成して30日以内の@icloud.comメールアドレスはApple IDにできない。パスワードの変更は、「パスワードとセキュリティ」画面で行う。「パスワードの変更」をタップし、本体のパスコードを入力後、新規のパスワードを設定できる。

1 Apple iDの設定画面を開く

変更したい項目をタップ

「設定」の一番上のApple IDをタップしよう。続けて登録情報を変更したい項目をタップする。

2 Apple iDのアドレスを変更する

編集
「編集」でApple IDアドレスの「ー」をタップして削除し、新しいアドレスを設定する。ただし、Apple IDの末尾が@icloud.com、@me.com、@mac.comの場合は、Apple IDを他社のメールアドレスに変更できないので要注意

IDのアドレスを変更するには、「名前、電話番号、メール」をタップし、続けて「編集」をタップ。現在のアドレスを削除後、新しいアドレスを設定する。

3 Apple iDのパスワードを変更

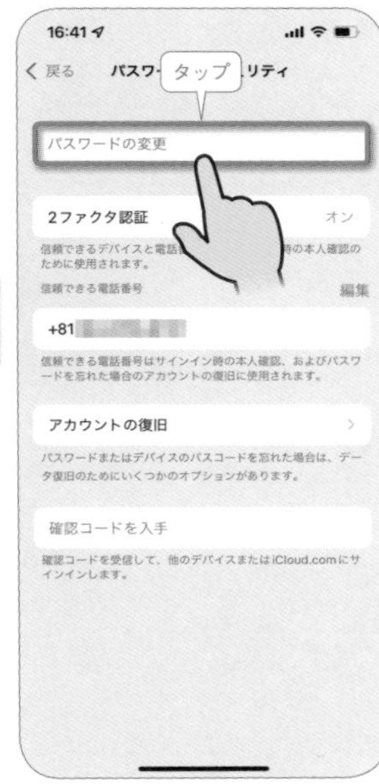
タップ

「パスワードとセキュリティ」で「パスワードの変更」をタップし、本体のパスコードを入力後、新規のパスワードを設定することができる。

222 Wi-Fi Wi-Fiで高速通信を利用するための基礎知識

マスト!

Wi-Fiルータの対応規格にも注目しよう

iPhone 11以降のWi-Fi機能は、最大9.6Gbpxの高速通信を行える11axという規格に対応している。Wi-Fiルータ側も11axに対応していると、最も高速な通信を行えるが、ひとつ前の規格の11acでも6.9Gbpsと十分高速な通信速度を得ることはできる。ただし、もうひとつ前の11nまでにしか対応していないと、最大600Mbpsとかなり速度が落ちるので、Wi-Fiルータの買い換えを検討したいところだ。また、Wi-Fi規格以前に、接続元の固定回線の速度に依存する点も注意しよう。なお、Wi-Fiは5GHzと2.4GHzの2つの帯域で接続できることも理解しておこう。

11ax対応のおすすめWi-Fiルータ

最も高速だが価格も高い

NEC
Aterm WX3000HP
実勢価格／10,000円

3階建て（戸建）、4LDK（マンション）までの間取りに向き、36台／12人程度まで快適に接続できる11ax（Wi-Fi 6）対応ルータ。iPhone 12で高速なWi-Fi通信を行いたいなら、11ax対応のWi-Fiルータとの組み合わせがベストなパフォーマンスを発揮する。価格は1万円前後からとやや高め。

11ac対応のおすすめWi-Fiルータ

十分高速でお手頃価格

バッファロー
WSR-1166DHPL2
実勢価格／3,500円

2階建て（戸建）、3LDK（マンション）までの間取りに向き、12台／4人程度まで快適に接続できる11ac（Wi-Fi 5）対応ルータ。11acは最大6.9Gbpxと十分高速に通信できる1つ前のWi-Fi規格で、対応ルータも今の所11ax対応ルータと比べて半額以下の製品が主流。価格を抑えるなら11ac対応ルータの購入がおすすめだ。

5GHzと2.4GHzどちらに接続する？

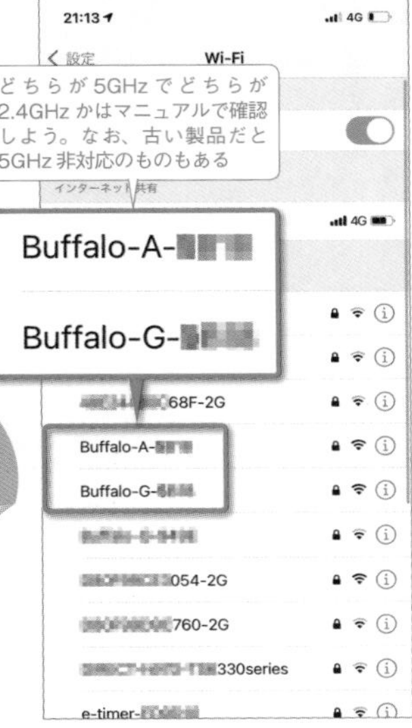
どちらが5GHzでどちらが2.4GHzかはマニュアルで確認しよう。なお、古い製品だと5GHz非対応のものもある
Buffalo-A-
Buffalo-G-

Wi-Fiは5GHzと2.4GHzの2つの帯域で接続できるので、このように2つのアクセスポイントが表示される。基本は安定してより高速な通信を行える5GHzに接続すればよい。遮蔽物が多い環境では2.4GHzがよい場合もある。

マスト!

223 意外と忘れやすい自分の電話番号を確認する方法

電話

契約書などの記入時にうっかり自分の電話番号を忘れてしまった場合は、「設定」→「電話」をタップしてみよう。「自分の番号」欄に、自分の電話番号が表示されているはずだ。または、あらかじめ「設定」→「連絡先」→「自分の情報」で自分の連絡先を選択しておけば、連絡先アプリや電話アプリの連絡先画面で、一番上に「マイカード」が表示されるようになる。これをタップすれば自分の電話番号を確認することが可能だ。覚えておくといざというときに役立つ。

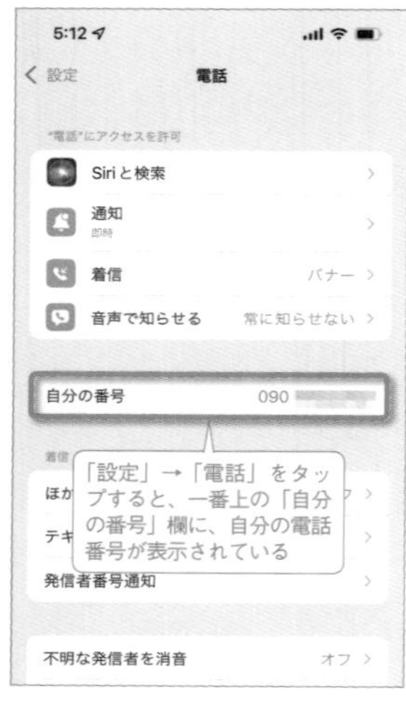

「設定」→「電話」をタップすると、一番上の「自分の番号」欄に、自分の電話番号が表示されている

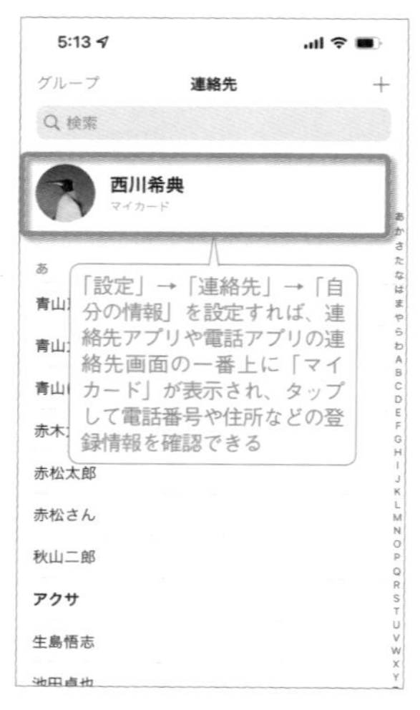

「設定」→「連絡先」→「自分の情報」を設定すれば、連絡先アプリや電話アプリの連絡先画面の一番上に「マイカード」が表示され、タップして電話番号や住所などの登録情報を確認できる

224 位置情報の許可を聞かれた時は?

位置情報

位置情報を使うアプリを初めて起動すると、「位置情報の使用を許可しますか?」と確認される。これは基本的に「Appの使用中は許可」を選んでおけばよい。位置情報へのアクセス権限は、あとからでも「設定」→「プライバシー」→「位置情報サービス」でアプリを選べば変更できる。ウィジェットも使う場合は「このAppまたはウィジェットの使用中のみ許可」に変更しよう。またアプリによっては、「常に」を選択しないと一部使えない機能もある。

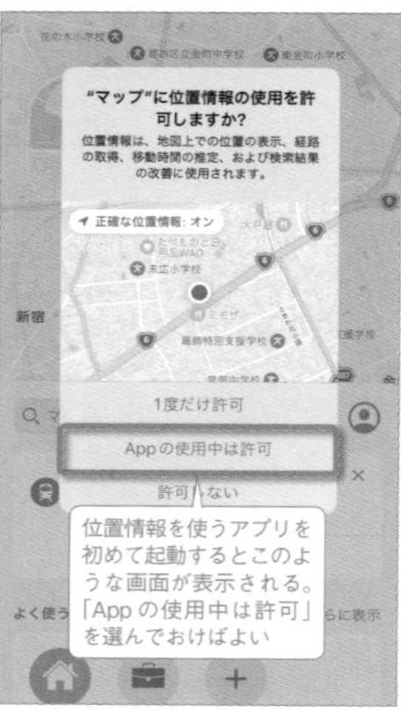

位置情報を使うアプリを初めて起動するとこのような画面が表示される。「Appの使用中は許可」を選んでおけばよい

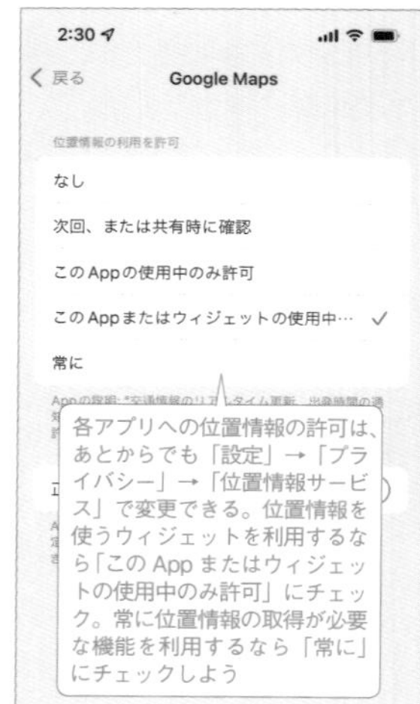

各アプリへの位置情報の許可は、あとからでも「設定」→「プライバシー」→「位置情報サービス」で変更できる。位置情報を使うウィジェットを利用するなら「このAppまたはウィジェットの使用中のみ許可」にチェック。常に位置情報の取得が必要な機能を利用するなら「常に」にチェックしよう

SECTION 8

マスト!

225 電波が圏外からなかなか復帰しない時は

電話

地下などの圏外から通信可能な場所に戻ったのに、なかなか電波がつながらない時は、機内モードを一度オンにしてからオフに戻してみよう。すぐに接続可能な電波をキャッチしに行くので、通信可能な場所で実行すれば電波が回復するはずだ。この方法でもつながらない時は、モバイルデータ通信を一度オフにしてもう一度オンにするか、iPhoneを再起動してみる。それでも駄目なら、いったんSIMカードを取り外して、もう一度挿入すると直る場合がある。

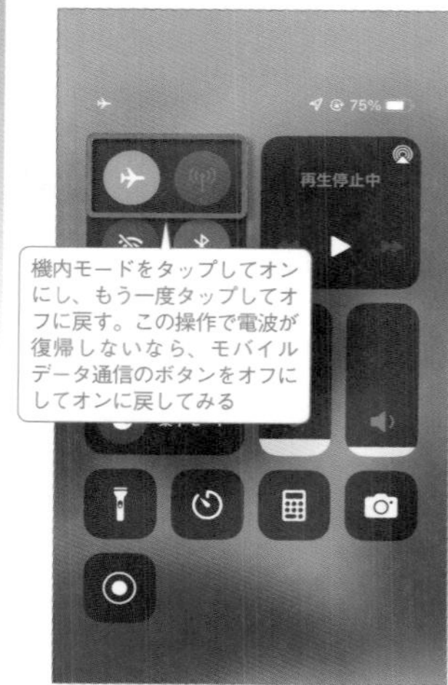

機内モードをタップしてオンにし、もう一度タップしてオフに戻す。この操作で電波が復帰しないなら、モバイルデータ通信のボタンをオフにしてオンに戻してみる

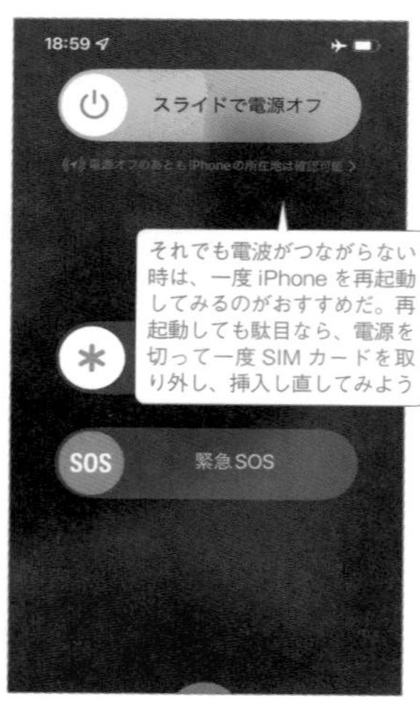

それでも電波がつながらない時は、一度iPhoneを再起動してみるのがおすすめだ。再起動しても駄目なら、電源を切って一度SIMカードを取り外し、挿入し直してみよう

226 誤って「信頼しない」をタップした時の対処法

セキュリティ

iPhoneをパソコンなど他のデバイスに初めて接続すると、「このコンピュータを信頼しますか?」と警告表示され、「信頼」をタップすることでiPhoneへのアクセスを許可する。この時、誤って「信頼しない」をタップしてしまった場合は、iPhoneの「設定」→「一般」→「転送またはiPhoneをリセット」→「リセット」→「位置情報とプライバシーをリセット」をタップしよう。これで、「信頼しますか?」の警告画面が再表示されるようになる。

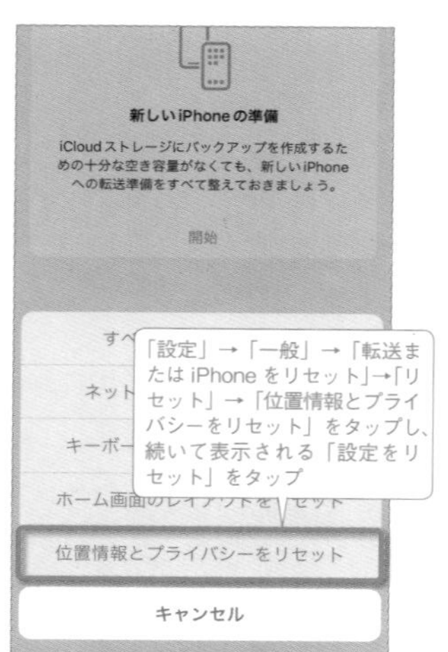

「設定」→「一般」→「転送またはiPhoneをリセット」→「リセット」→「位置情報とプライバシーをリセット」をタップし、続いて表示される「設定をリセット」をタップ

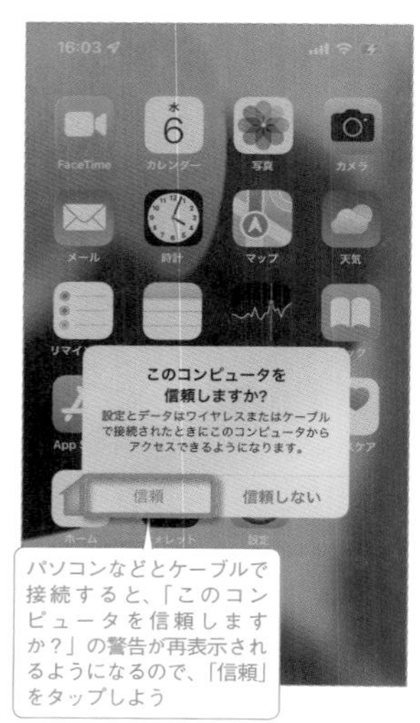

パソコンなどとケーブルで接続すると、「このコンピュータを信頼しますか?」の警告が再表示されるようになるので、「信頼」をタップしよう

227 Apple IDの90日間制限を理解する

Apple ID

iPhoneでApple Musicを使ったり、iTunes StoreやApp Storeで購入済みアイテムをダウンロードしたり、自動ダウンロードを有効にしたりすると、このiPhoneとApple IDは関連付けられる。以後90日間は、他のApple IDに切り替えても購入済みアイテムをダウンロードできなくなる場合があるので注意しよう。別のApple IDで購入したアイテムをiPhoneにダウンロードするには、90日間待って関連付けし直す必要がある。

Apple Musicなどを利用すると、このiPhoneに購入済みアイテムをダウンロードできるApple IDは、基本的にiTunes／App Storeにサインイン中のものだけになる。複数のApple IDを使い分けている人は気をつけよう

他のApple IDでサインインし直して購入済みのアイテムをダウンロードしようとすると、「すでにApple IDに関連付けられている」と警告が表示される

228 写真ウィジェットに表示したくない写真があるときは

写真

写真ウィジェットで表示される写真は、自分で選択できず、写真アプリの「For You」で自動的にピックアップされた「おすすめの写真」や「メモリー」から選ばれる仕組みになっている。このため、あまりウィジェットで表示させたくない写真やメモリーも、勝手に表示されてしまうことがある。表示したくない写真は、「おすすめの写真」や「メモリー」からそれぞれ削除しておくことで、以降は写真ウィジェットで表示されなくなる。

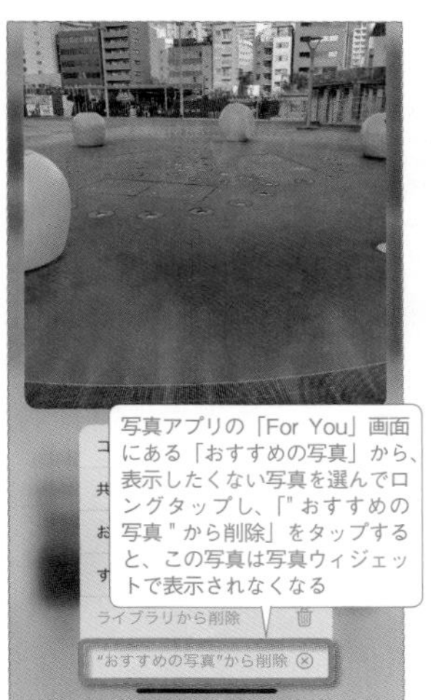

写真アプリの「For You」画面にある「おすすめの写真」から、表示したくない写真を選んでロングタップし、「"おすすめの写真"から削除」をタップすると、この写真は写真ウィジェットで表示されなくなる

メモリーの場合は、「For You」にあるメモリー一覧から、表示したくないメモリーの「…」→「メモリーを削除」をタップして削除すれば表示されなくなる。一度削除したメモリーは復元できないので注意しよう

229 支払い情報なしでApple Storeを利用する

Apple ID

Apple IDのお支払い方法を「なし」に変更

Apple IDの支払い情報は、「設定」の一番上のApple IDを開き、「支払いと配送先」→「お支払い方法」でいつでも変更できる。iTunes StoreやApp Storeの利用には、基本的にクレジットカードの登録かキャリア決済の設定が必要になるが、有料アイテムを購入しない場合や、ギフトカードのみで支払いたい時は、支払い情報を削除することも可能だ。ただし、ファミリー共有を設定中のほか、未払い残高や契約中のサブスクリプションがある場合、国または地域を変更した場合などは、削除できないので注意しよう。

1 「お支払い方法」欄をタップする

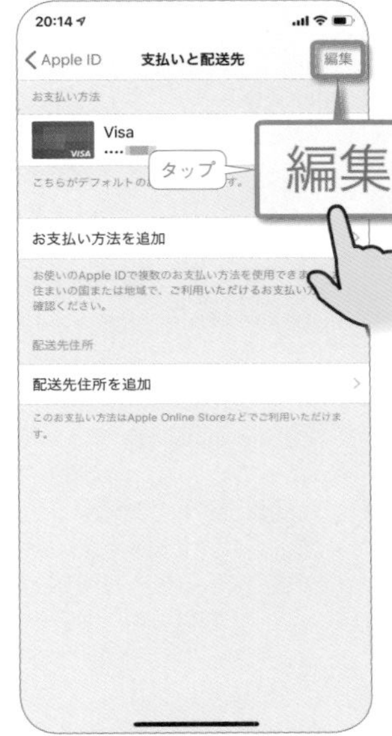
タップ
編集

「設定」一番上のApple IDを開き、「支払いと配送先」をタップ。「お支払い方法」に登録済みのクレジットカードなどが表示されているので、右上の「編集」タップする。

2 登録済みの支払い情報を削除する

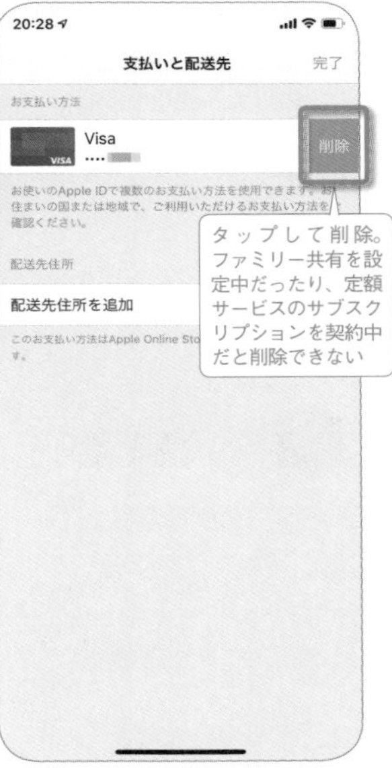

タップして削除。ファミリー共有を設定中だったり、定額サービスのサブスクリプションを契約中だと削除できない

支払い方法の「－」ボタンをタップするか左にスワイプして、表示された「削除」をタップすると、この支払い方法を削除できる。

3 支払い情報なしで利用できる

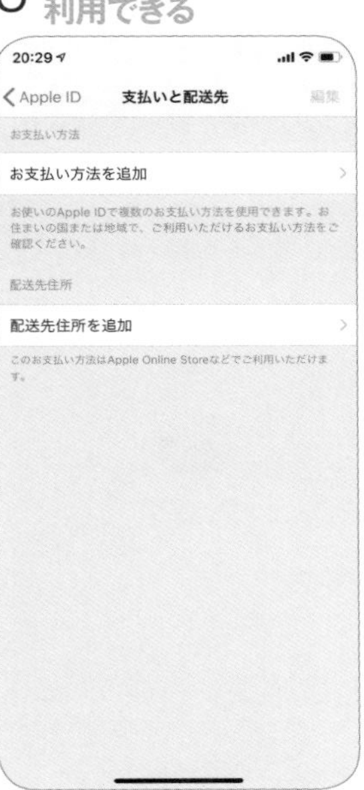

登録済みの支払い情報をすべて削除すると、このような画面になる。この状態でも、無料アプリのインストールなどは問題なく行える。

230 共有シートのおすすめを消去する

共有

アプリの共有ボタンをタップすると、以前にメッセージやLINE、AirDropなどを使ってやり取りした相手とアプリが、おすすめの連絡先として表示される。いつも連絡する相手が決まっているなら便利な機能だが、あまり使わない連絡先が表示されると誤タップの危険もある。不要な連絡先は、アイコンをロングタップして「おすすめを減らす」をタップし、表示されないようにしておこう。設定でおすすめの連絡先欄自体を非表示にすることもできる。

共有シートの一番上に表示されるおすすめの連絡先のうち、あまり使わない不要な連絡先があれば、アイコンをロングタップ。続けて「おすすめを減らす」をタップすると非表示になる

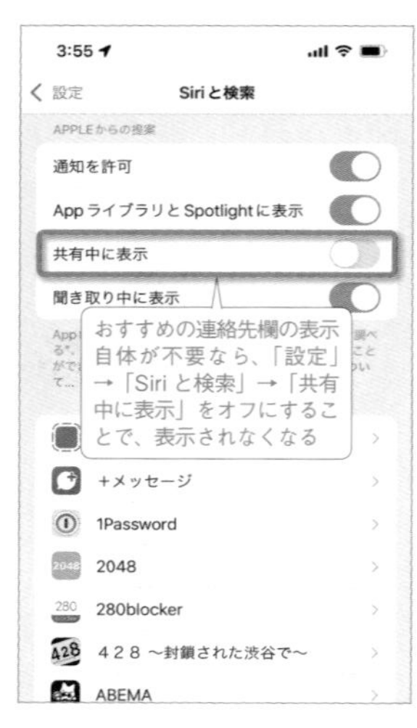
おすすめの連絡先欄の表示自体が不要なら、「設定」→「Siriと検索」→「共有中に表示」をオフにすることで、表示されなくなる

231 ユーザーIDの使い回しに注意しよう

セキュリティ

ログインパスワードは気を付けてサービスごとに使い分けていても、ユーザーIDはどれも同じという人は多いだろう。しかし実は、サービスや企業から流出しない限り公開されることのないパスワードよりも、ネット上で公開されることの多いユーザーIDを使い回している方が危険性は高いと言える。いつも使っているユーザーIDで検索してみるといい。自分のツイートやFacebookのプロフィール、オークションの落札結果、掲示板での書き込み履歴などがヒットし、複数のSNSやWebサービスのアカウントと容易に結び付いてしまうのだ。特に、仕事用とプライベート用のアカウントは、異なるユーザーIDで登録して、しっかり使い分けておくことをおすすめする。

「設定」→「パスワード」では、iCloudキーチェーンに保存されたWebサービスのIDとパスワードが一覧表示される。それぞれで同じユーザーIDを使い回しているようなら危険だ。パスワードと同じように、なるべく違うユーザーIDを使い分けよう

マスト!

232 気付かないで払っている定期購読をチェック

定期購読

アプリやサービスによっては、買い切りではなく、月単位などで定額料金の支払いが発生する。このような支払形態を、「サブスクリプション」(定期購読)と言う。必要な時だけ利用できる点が便利だが、うっかり解約を忘れると、使っていない時にも料金が発生するし、中には無料を装って月額課金に誘導する悪質なアプリもある。いつの間にか不要なサービスに課金し続けていないか、確認方法を知っておこう。

「設定」の一番上のApple IDをタップし、「サブスクリプション」をタップ

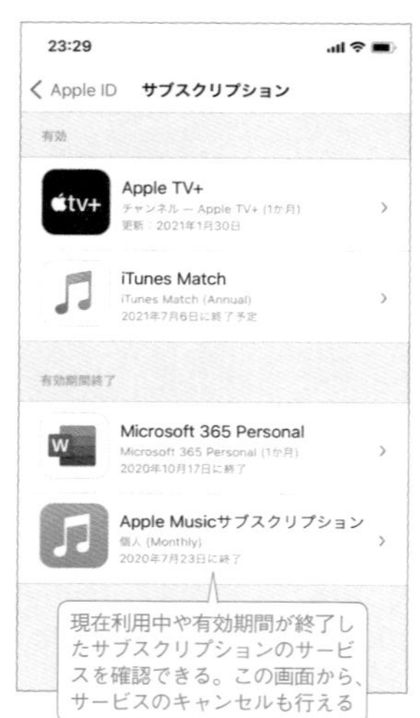
現在利用中や有効期間が終了したサブスクリプションのサービスを確認できる。この画面から、サービスのキャンセルも行える

マスト!

233 iPhoneの充電器の正しい選び方

充電

iPhone 13シリーズには、充電に必要な電源アダプタが同梱されていない。別途自分で購入する必要があるので、iPhone 13シリーズに最適な充電器の選び方を知っておこう。まず、完全にバッテリーが切れたiPhoneを再充電する際などは、純正の電源アダプタとケーブルを使わないとうまく充電できないことがあるので、純正品を購入しておいた方が安心だ。また、高速充電するには、20W以上のUSB PD対応充電器と、USB-C - Lightningケーブルとの組み合わせで充電する必要がある。これらを踏まえて、とりあえず純正の「20W USB-C電源アダプタ」を購入しておけば間違いない。他社製の電源アダプタを選ぶ場合も、「USB PD対応で20W以上」を目安にしよう。

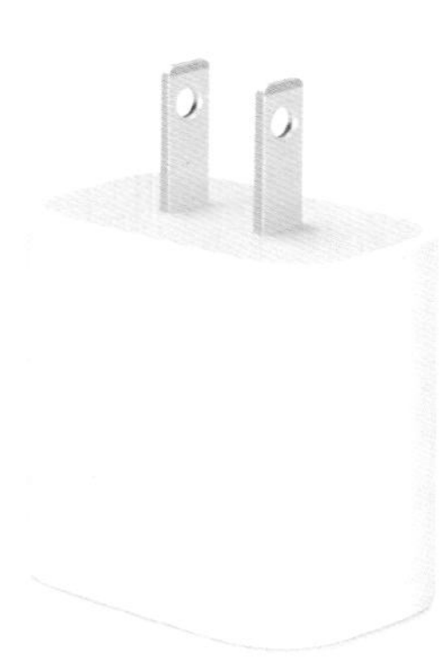

Apple
20W USB-C電源アダプタ
2,200円(税込)

Apple純正の電源アダプタ。20W以上の充電器を購入しておけば、付属のUSB-C - Lightningケーブルと組み合わせて、iPhone 13シリーズを高速充電できる。他社製の充電器を選ぶ場合も、USB PD対応で20W以上の高速充電に対応する製品を購入しよう。

234 ワイヤレス充電器で快適に充電する

充電

No233で解説した通り、iPhone 13シリーズには充電器が付属しない。新しく充電器を購入するなら、iPhoneを上に乗せるだけで手軽に充電できる、ワイヤレス充電器を使うのもおすすめだ。iPhone 13シリーズは背面に磁石を内蔵しており、同じく磁石が内蔵された「MagSafe」対応のワイヤレス充電器を使えば、ピタッと吸着して充電位置がズレないようになっている。また Apple純正の「MagSafe充電器」なら、最大15Wの高速充電も可能だ。

Apple MagSafe充電器
4,950円(税込)

Apple純正のMagSafe充電器。iPhone 13や12シリーズとの組み合わせなら正常な充電位置に磁石で吸着でき、最大15Wでの高速充電が可能だ。Qi規格のワイヤレス充電と互換性があるので、Qiに対応したiPhone 8〜11の旧機種でも、磁石でしっかり吸着はしないがワイヤレス充電は可能。ただしQiワイヤレス充電の場合は最大7.5Wになる。なお、MagSafe充電器を接続するための電源アダプタも別途必要となる。No233で紹介した「20W USB-C電源アダプタ」と組み合わせて使うのがおすすめだ。

235 どこでも充電できるモバイルバッテリーを用意しよう

マスト!

バッテリー

省エネ設定などで電池をもたせる工夫はできるが、それでも電池切れはiPhoneの最大の敵。いざという時のために、iPhoneとケーブル接続して充電できるモバイルバッテリーを持ち歩こう。だいたい10,000mAh程度の容量があれば、iPhoneを2〜3回は充電できる。なお、急速充電を行うには、USB PDに対応した製品と、USB-C - Lightningケーブルが必要（iPhone 13シリーズには標準で付属）になる。

ANKER

Anker PowerCore 10000 PD Redux 25W
実勢価格／3,990円
サイズ／約107x52x27mm
重量／約194g

容量10000mAhの、USB PD対応モバイルバッテリー。出力はUSB-Aと、USB PD対応のUSB-Cポートを備える。iPhoneを急速充電するなら、USB-Cポートで接続しよう。

236 誤って登録された予測変換を削除する

文字入力

iPhoneの日本語入力システムは、よく変換する文字列を学習し、最初の一文字を入力するだけで、その文字列を予測変換候補の上位に優先的に表示する。入力補助としては便利な機能なのだが、普段使わない語句やタイプミス、表示されると恥ずかしい用語が学習されてしまうことも。そんな不要な予測変換候補を消してしまいたい場合は、「設定」→「一般」→「転送またはiPhoneをリセット」→「リセット」→「キーボードの変換学習をリセット」をタップしよう。画面下部に表示される「変換学習をリセット」ボタンをタップすれば、キーボード辞書が初期化され、学習した予測変換候補が表示されなくなる。ただし、学習した内容を個別に削除することはできず、すべての内容がまとめて削除されるので注意しよう。

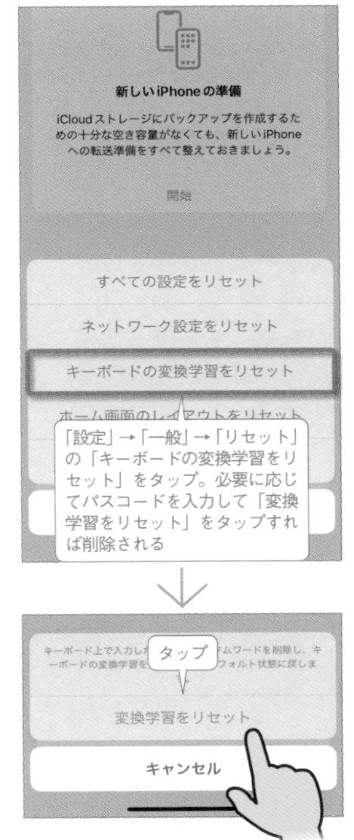
新しいiPhoneの準備
iCloudストレージにバックアップを作成するための十分な空き容量がなくても、新しいiPhoneへの転送準備をすべて整えておきましょう。
開始
すべての設定をリセット
ネットワーク設定をリセット
キーボードの変換学習をリセット
タップ
変換学習をリセット
キャンセル

「設定」→「一般」→「リセット」の「キーボードの変換学習をリセット」をタップ。必要に応じてパスコードを入力して「変換学習をリセット」をタップすれば削除される

237 iOSの自動アップデートを設定する

マスト!

アップデート

iPhoneの基本ソフト「iOS」は、アップデートによってさまざまな新機能が追加されるので、なるべく早めに更新しておきたい。設定で「自動アップデート」をオンにしておけば、電源／Wi-Fi接続中の夜間に、自動でダウンロードおよびインストールを済ませてくれて便利だ。ただ、最新アップデートの不具合を確認してから更新したい慎重派もいるだろう。その場合は、設定をオフにし、自分のタイミングで手動アップデートすればよい。

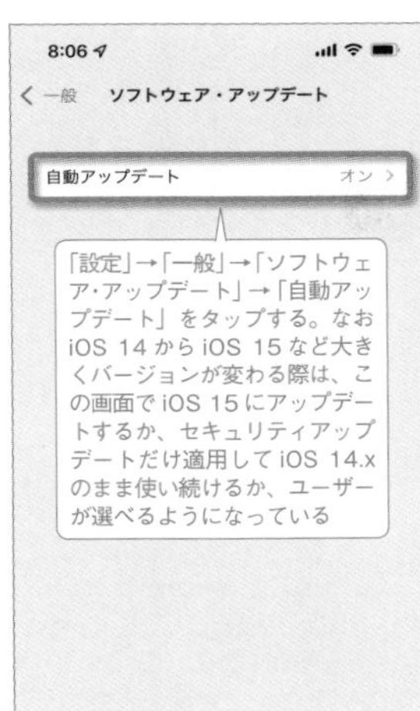
8:06
一般
ソフトウェア・アップデート
自動アップデート
オン

「設定」→「一般」→「ソフトウェア・アップデート」→「自動アップデート」をタップする。なおiOS 14からiOS 15など大きくバージョンが変わる際は、この画面でiOS 15にアップデートするか、セキュリティアップデートだけ適用してiOS 14.xのまま使い続けるか、ユーザーが選べるようになっている

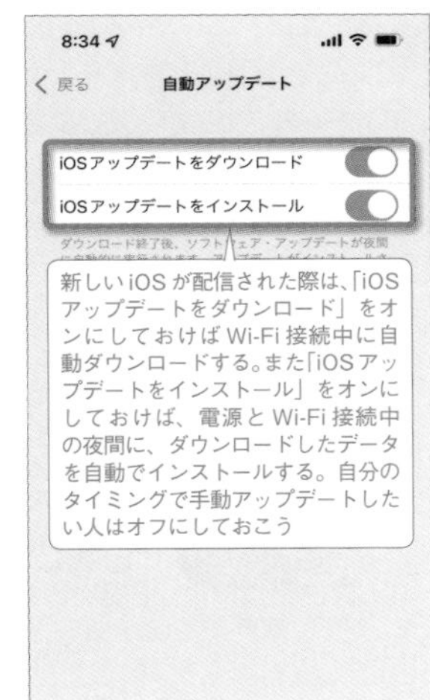
8:34
戻る
自動アップデート
iOSアップデートをダウンロード
iOSアップデートをインストール

新しいiOSが配信された際は、「iOSアップデートをダウンロード」をオンにしておけばWi-Fi接続中に自動ダウンロードする。また「iOSアップデートをインストール」をオンにしておけば、電源とWi-Fi接続中の夜間に、ダウンロードしたデータを自動でインストールする。自分のタイミングで手動アップデートしたい人はオフにしておこう

238 通信量 使用したデータ通信量を正確に確認する

各キャリアのアプリを使えば正確に分かる

使った通信量によって段階的に料金が変わる段階制プランだと、少し通信量をオーバーしただけでも次の段階の料金に跳ね上がる。また定額制プランでも段階制プランでも、決められた上限を超えて通信量を使い過ぎると、通信速度が大幅に制限されてしまう。このような、無駄な料金アップや速度制限を避けるためには、現在のモバイルデータ通信量をこまめにチェックするのが大切だ。各キャリアの公式アプリを使えば、現在までの正確な通信量を確認できるほか、料金アップや速度低下までの残りデータ量、過去の履歴なども確認できる。

My docomo
作者／株式会社NTTドコモ
価格／無料

docomo版は「My docomo」アプリをインストールし、dアカウントでログイン。データ・料金画面で、当月／先月分の合計や、過去の利用データ通信量を確認できる。

My au
作者／KDDI CORPORATION
価格／無料

au版は「My au」アプリをインストールし、au IDでログイン。ホーム画面から、今月のデータ残量やデータの利用履歴などを確認することができる。

My SoftBank
作者／SoftBank Corp.
価格／無料

SoftBank版は「My SoftBank」アプリをインストールし、SoftBank IDでログイン。ホーム画面から、今月のデータ残量をグラフで確認できる。

SECTION 8

マスト!

239 サポート Appleサポートアプリで各種トラブルを解決

初心者必携の公式トラブル解決アプリを利用しよう

Apple公式のサポートアプリを使えば、iPhoneやApple製品に関する、さまざまなトラブルの解決方法を確認できる。また、電話によるサポートや、持ち込み修理を予約することも可能だ。端末の残り保証期間なども確認できるので、特に初心者ユーザーにはインストールをおすすめしたい。利用するにはApple IDでのサインインが必要となる。

App

Apple サポート
作者／Apple
価格／無料

1 サポートが必要な端末とトラブル内容を選択

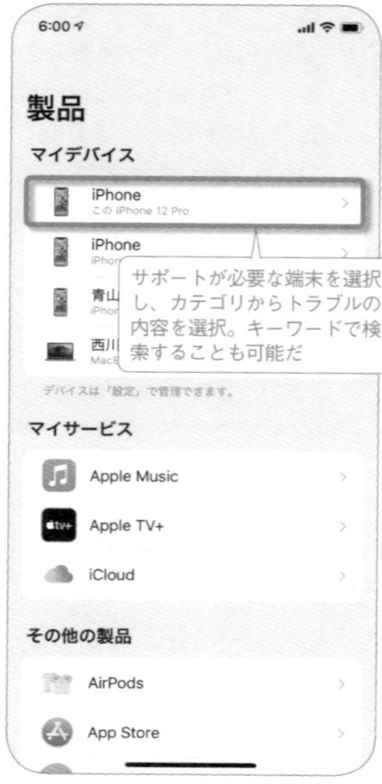

サポートが必要な端末を選択し、カテゴリからトラブルの内容を選択。キーワードで検索することも可能だ

アプリを起動しApple IDのサインインを確認したら、マイデバイス一覧からサポートが必要な端末を選択。続けてトラブルの内容を選択していこう。

2 トラブルの解決方法を選択する

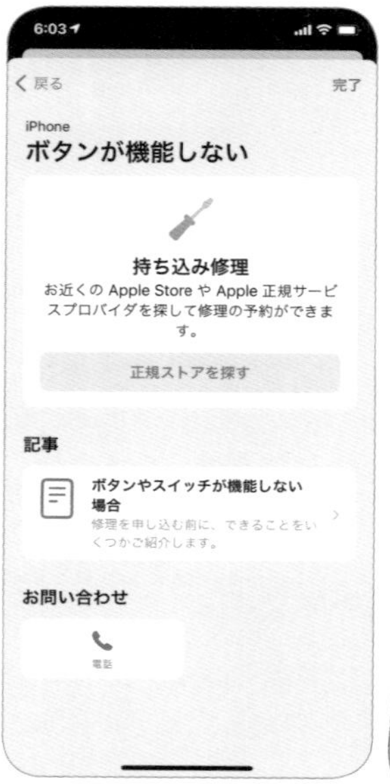

まずは記事を確認してトラブルの解決方法をチェックしよう。解決しなかった場合は、近くの店舗に持ち込み修理を予約したり、チャットや電話で問い合わせできる。

3 端末の保証状況を確認する

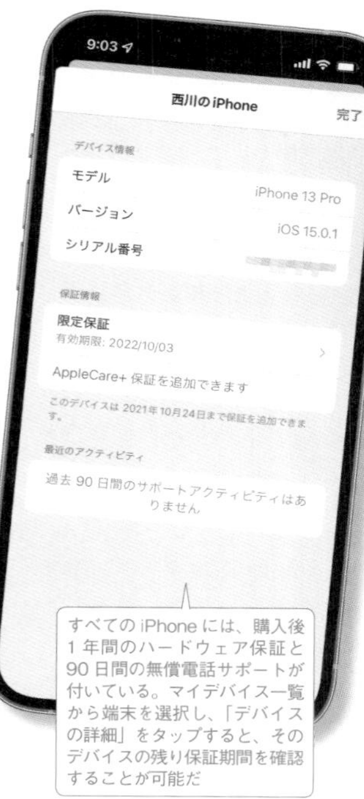

すべてのiPhoneには、購入後1年間のハードウェア保証と90日間の無償電話サポートが付いている。マイデバイス一覧から端末を選択し、「デバイスの詳細」をタップすると、そのデバイスの残り保証期間を確認することが可能だ

240 パスコード パスコードを忘れて誤入力した時の対処法

iPhoneを初期化してパスコードなしの状態で復元しよう

iPhoneのロック画面で、Face IDの認証を失敗すると、パスコード入力を求められる。このパスコードも忘れてしまうとiPhoneにはアクセスできない。また11回連続で間違えるとパソコンに接続して初期化を求められる。

このような状態でも、「iCloudバックアップ」（No216で解説）さえ有効なら、そこまで深刻な状況にはならない。「探す」アプリやiCloud.comでiPhoneのデータを消去（No214で解説）したのち、初期設定中にiCloudバックアップから復元すればいいだけだ。ただし、iCloudバックアップが自動作成されるのは、電源とWi-Fiに接続中の場合（設定が有効ならモバイル通信中も）のみ。最新のバックアップが作成されているか不明なら、電源とWi-Fiに接続された状態で一晩置いたほうが安心だ。一度同期したパソコンがあればもっと確実だ。iTunes（MacではFinder）に接続すれば、ロックを解除しなくても「今すぐバックアップ」で最新バックアップを作成できるので、そのバックアップから復元すればよい。ただし、「探す」機能がオンだと復元を実行できないので、「探す」アプリなどで一度iPhoneを消去する手順は必要となる。これらの手順で初期化できない場合でも、リカバリーモードで強制的にiPhoneを初期化し、iCloudバックアップから復元することが可能だ。ただしこの操作にはパソコンのiTunesが必要となる点と、機種によってリカバリモードへの入り方が異なる点に注意しよう。

>>> パスコードを初期化する手順

1 パスコードを間違え続けるとロックされる

docomo
1:57
10月14日 月曜日
iPhoneは使用できません
1分後にやり直してください
緊急

パスコードを6回連続で間違えると1分間使用不能になり、7回で5分間、8回で15分間と待機時間が増えていく。11回失敗すると完全にロックされ、パソコンに接続して初期化を求められる。

2 「探す」アプリなどでiPhoneを初期化

3:48
キャンセル
iPhoneを消去しますか?
このiPhoneがインターネットに接続されると、すべてのコンテンツと設定が消去されます。"探す"ネットワークが有効な場合、このiPhoneの所在地を確認することは引き続き可能です。
西川のiPhone
@icloud.com
タップ
続ける

他にiPhoneやiPad、Macを持っているなら、「探す」アプリで完全にロックされたiPhoneを選択し、「このデバイスを消去」→「続ける」でiPhoneを初期化しよう。または、パソコンのWebブラウザでiCloud.comにアクセスし、「iPhoneを探す」画面から初期化することもできる。

3 iCloudバックアップから復元する

9:41
戻る
Appとデータ
このiPhoneにAppとデータを転送する方法を選択してください。
iCloudバックアップから復元
MacまたはPCから復元
iCloudバックアップのデータが最新のものか不安な時は、端末を消去する前に、電源とWi-Fiに接続した状態で一晩置いておこう。iCloudバックアップの自動作成タイミングは分からないので確実ではないが、最新のバックアップが作成される可能性がある

初期設定中の「Appとデータ」画面で「iCloudバックアップから復元」をタップして復元しよう。前回iCloudバックアップが作成された時点に復元しつつ、パスコードもリセットできる。

4 同期済みのiTunesがある場合は

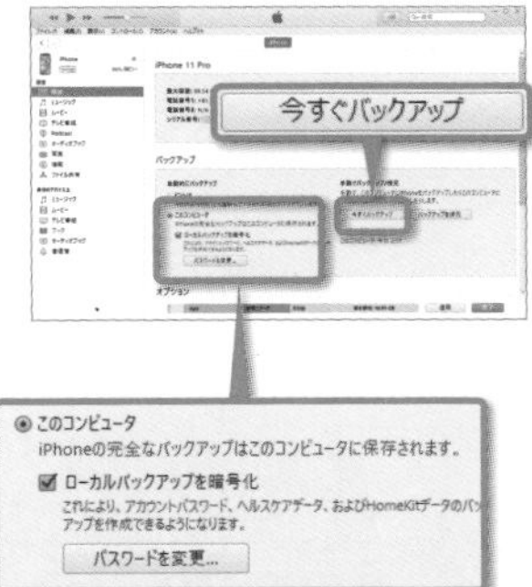
今すぐバックアップ
このコンピュータ
iPhoneの完全なバックアップはこのコンピュータに保存されます。
ローカルバックアップを暗号化
パスワードを変更...

一度iPhoneと同期したパソコンがあるなら、iPhoneのロックがかかった状態でもiTunes（MacではFinder）と接続でき、「今すぐバックアップ」で最新のバックアップを作成することが可能だ。念の為、「このコンピュータ」と「ローカルバックアップを暗号化」にチェックして、各種IDやパスワードも含めた暗号化バックアップを作成しておこう。続けて手順2の通り、「探す」アプリやiCloud.comの「iPhoneを探す」で、iPhoneを初期化する。

5 パソコンのバックアップから復元する

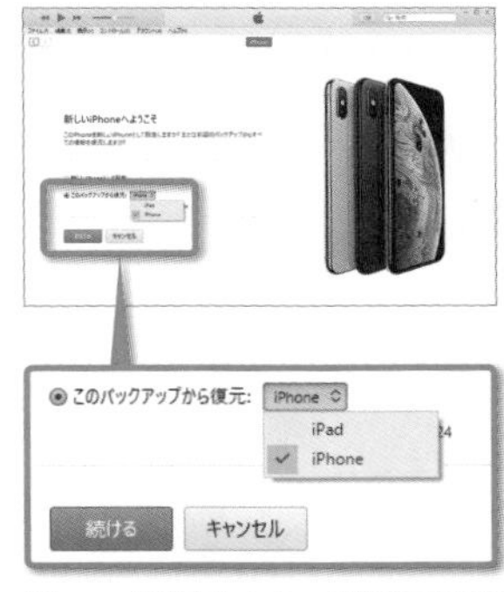
このバックアップから復元:
iPhone
iPad
iPhone
続ける
キャンセル

iPhoneを消去したら、初期設定を進めていき、途中の「Appとデータ」画面で「MacまたはPCから復元」をタップ。iTunes（MacではFinder）に接続して「このバックアップから復元」にチェックし、先ほど作成しておいたバックアップを選択。あとは「続ける」で復元すれば、パスコードが削除された状態でiPhoneが復元される。

6 「iPhoneを探す」がオフならリカバリーモード

support.apple.com/iphone/restore

パソコンと同期したことがなく、「探す」機能でもiPhoneを初期化できない場合は、「リカバリーモード」（No241で解説）で端末を強制的に初期化しよう。その後iCloudバックアップから復元すればよい。ただし、この操作はパソコンが必要になるほか、機種によって操作が異なるので注意しよう。

マスト!

241 初期化 トラブルが解決できない時のiPhone初期化方法

バックアップさえあれば初期化後にすぐ元に戻せる

No213で紹介しているトラブル対処をひと通り試しても動作の改善が見られないなら、「すべてのコンテンツと設定を消去」を実行して、端末を初期化してしまうのがもっとも簡単&確実なトラブル解決方法だ。

ただ初期化前には、バックアップを必ず取っておきたい。iCloudは無料だと容量が5GBしかないので、以前は空き容量が足りない際にバックアップ項目を減らす必要があった。しかし現在は、iCloudの空き容量が足りなくても、「新しいiPhoneの準備」を利用することで、一時的にすべてのアプリやデータ、設定を含めたiCloudバックアップを作成できる。写真ライブラリ(No217で解説)をバックアップすれば、端末内の写真の復元も可能だ。バックアップが保存されるのは最大3週間なので、その間に復元を済ませよう。iCloudでバックアップを作成できない状況なら、パソコンで暗号化バックアップする。パソコンのストレージ容量が許す限りiPhoneのデータをすべてバックアップでき、iCloudではバックアップしきれない一部のログイン情報なども保存される。

なお、iPhoneが初期化しても直らないような深刻なトラブルであれば、最終手段として「リカバリモード」を試そう。リカバリモードを実行すると、完全に工場出荷時の状態に初期化されたのち、iTunesからデータを復元することになる。それでもダメなら、他の端末でAppleサポートアプリ(No239で解説)を使うか、Webブラウザでhttps://getsupport.apple.com/にアクセスして、アップルストアなどへの持ち込み修理を予約しよう。

>>> iPhoneを初期化してiCloudバックアップで復元

1 「新しいiPhoneの準備」を開始

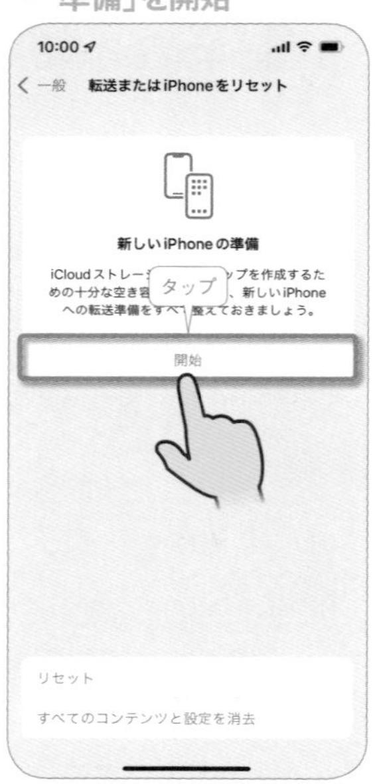
10:00
< 一般 転送またはiPhoneをリセット
新しいiPhoneの準備
タップ
開始
リセット
すべてのコンテンツと設定を消去

まず「設定」→「一般」→「転送またはiPhoneをリセット」で、「新しいiPhoneの準備」の「開始」をタップし、一時的にiPhoneのすべてのデータを含めたiCloudバックアップを作成しておく。

2 iPhoneの消去を実行する

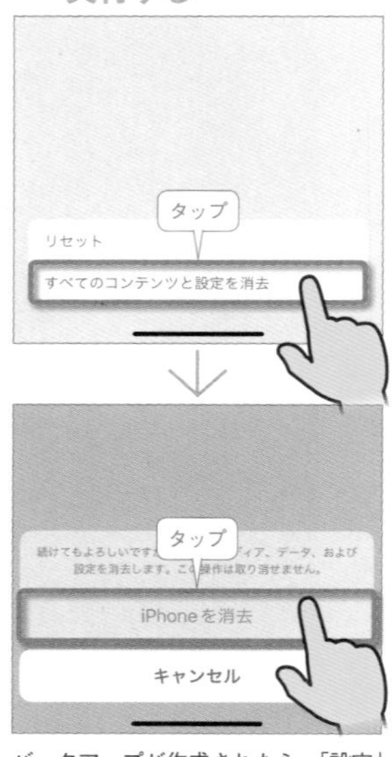
タップ
リセット
すべてのコンテンツと設定を消去
タップ
iPhoneを消去
キャンセル

バックアップが作成されたら、「設定」→「一般」→「転送またはiPhoneをリセット」→「すべてのコンテンツと設定を消去」をタップ。「続ける」で開始されるiCloudバックアップの作成はスキップして、「iPhoneを消去」で消去を実行しよう。

3 iCloudバックアップから復元する

9:41
< 戻る
Appとデータ
タップ
iCloudバックアップから復元
MacまたはPCから復元
iPhoneから直接転送する
Androidからデータを移行
Appとデータを転送しない

初期化した端末の初期設定を進め、「Appとデータ」画面で「iCloudバックアップから復元」をタップ。最後に作成したiCloudバックアップデータを選択して復元しよう。

>>> パソコンを使った復元とリカバリモード

1 パソコンでバックアップを作成する

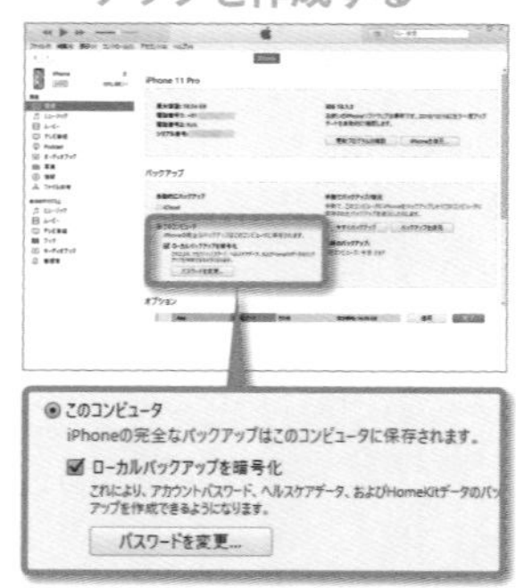
このコンピュータ
iPhoneの完全なバックアップはこのコンピュータに保存されます。
ローカルバックアップを暗号化
パスワードを変更...

iPhoneでiCloudバックアップを作成できないなら、パソコンのiTunes(MacではFinder)でバックアップを作成してみよう。iPhoneをパソコンと接続して、「このコンピュータ」と「ローカルバックアップを暗号化」にチェックし、パスワードを設定。すると、自動的に暗号化バックアップの作成が開始される。この暗号化バックアップから復元すれば、ログイン情報なども引き継げるほか、手動で保存していないLINEのトーク履歴なども復元できる。

2 MacまたはPCから復元する

9:41
< 戻る
Appとデータ
このiPhoneにAppとデータを転送する方法を選択してください。
タップ
iCloudバックアップから復元
MacまたはPCから復元
iPhoneから直接転送する
Androidからデータを移行
Appとデータを転送しない

iPhoneを消去したら初期設定を進めていき、途中の「Appとデータ」画面で「MacまたはPCから復元」をタップ。パソコンに接続し作成したバックアップから復元する。

3 最終手段はリカバリモードで初期化

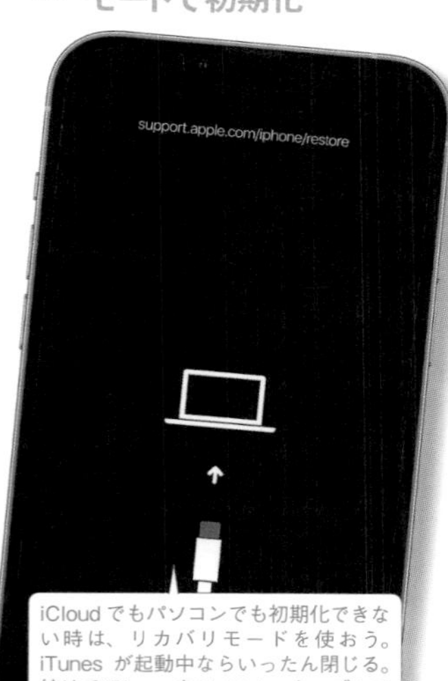
support.apple.com/iphone/restore

iCloudでもパソコンでも初期化できない時は、リカバリモードを使おう。iTunesが起動中ならいったん閉じる。続けてiPhoneをLightningケーブルでパソコンと接続してiTunes(MacではFinder)を起動。パソコンと接続した状態のまま、音量を上げるボタンを押してすぐ離す、音量を下げるボタンを押してすぐ離す、最後にリカバリモードの画面が表示されるまでスリープ(電源)ボタンを押し続ける。iTunes(MacではFinder)でリカバリモードのiPhoneが検出されたら、まず「アップデート」をクリックして、iOSの再インストールを試そう。それでもダメなら「復元」をクリックし、工場出荷時の設定に復元する

SECTION 8

掲載アプリINDEX

気になるアプリ名から記事掲載ページを検索しよう。

iPhone 13 Pro/13 Pro Max/13/13 mini 便利すぎる! テクニック

S T A F F

Editor 清水義博(standards)

Writer 西川希典

Designer 高橋コウイチ(wf)

DTP 越智健夫

2021年11月15日発行

編集人 清水義博

発行人 佐藤孔建

発行・発売所 スタンダーズ株式会社
〒160-0008
東京都新宿区四谷三栄町
12-4 竹田ビル3F
TEL 03-6380-6132

印刷所 三松堂株式会社

本書の記事内容に関するお電話でのご質問は一切受け付けておりません。編集部へのご質問は、書名および何ページのどの記事に関する内容かを詳しくお書き添えの上、下記アドレスまでEメールでお問い合わせください。内容によってはお答えできないものやお返事に時間がかかってしまう場合もあります。

info@standards.co.jp

ご注文FAX番号 03-6380-6136

https://www.standards.co.jp/